海外特殊岩土工程实践丛书

非洲红砂工程特性研究与应用

张　炜　夏玉云　刘争宏　唐国艺　乔建伟　等著

中国建筑工业出版社

图书在版编目（CIP）数据

非洲红砂工程特性研究与应用／张炜等著. — 北京：
中国建筑工业出版社，2021.5
（海外特殊岩土工程实践丛书）
ISBN 978-7-112-26139-0

Ⅰ．①非… Ⅱ．①张… Ⅲ．①岩土工程－特性－研究
Ⅳ．①TU4

中国版本图书馆 CIP 数据核字(2021)第 083368 号

　　　　广泛分布于南部非洲地区的红砂是一种特殊岩土体，具有湿陷性和显著的水
敏性，处理不好可能会导致不同程度的工程问题，甚至影响工程安全。本书以非
洲红砂为研究对象，利用现场试验、室内试验、模型试验和理论分析等手段，对
其工程性质和地基处理技术开展了专题研究和工程实践，系统揭示了非洲红砂的
工程特性并提出适宜的地基处理方法。
　　　　本书可供从事岩土工程勘察设计的有关技术人员和科研人员参考。

　　　　责任编辑：咸大庆　杨　允
　　　　文字编辑：刘颖超
　　　　责任校对：李美娜

海外特殊岩土工程实践丛书
非洲红砂工程特性研究与应用
张　炜　夏玉云　刘争宏　唐国艺　乔建伟　等著
*
中国建筑工业出版社出版、发行（北京海淀三里河路 9 号）
各地新华书店、建筑书店经销
北京红光制版公司制版
北京中科印刷有限公司印刷
*
开本：787 毫米×1092 毫米　1/16　印张：19½　字数：487 千字
2021 年 5 月第一版　　2021 年 5 月第一次印刷
定价：**98.00** 元
ISBN 978-7-112-26139-0
（37680）

作者简介

张炜，1962 年出生，安徽庐江人，教授级高级工程师，全国工程勘察设计大师。先后获国家科技进步二等奖 1 项，国家优秀勘察设计奖 12 项，省部级科学技术奖、优秀勘察设计奖 20 多项。主编参编国家、行业及地方技术标准，已出版 7 部，正在编制 5 部。现任国机海南发展有限公司党委书记、董事长，中国成套工程有限公司党委书记、董事长，曾长期担任机械工业勘察设计研究院总工程师、院长等职务。兼任中国土木工程学会土力学岩土工程分会副理事长，中国地质学会工程地质专业委员会副主任，国际工程地质与环境协会（IAEG）会员，国际力学及岩土工程学会（ISSMGE）会员。

夏玉云，1968 年出生，陕西定边人，教授级高级工程师。长期从事岩土工程勘察工作，主持完成的岩土工程勘察项目达数百项。近十余年来主要致力于海外岩土工程勘察，主要研究海外各种特殊岩土的工程特性和欧美国家的岩土工程建设标准。先后获国家优秀勘察设计奖 5 项，省部级科学技术奖、优秀勘察设计奖 10 多项，参编国家及行业标准 4 项。现任机械工业勘察设计研究院有限公司副总经理，兼任中国建筑学会工程勘察分会副理事长，中国工程建设标准化协会会员。

序一

岩土工程（*geotechnical engineering*）在学科上是土木工程的一个重要基础性的分支，在工程实践中岩土工程技术服务在联合国统计署和发达国家的行业划分标准中也早已被确立为特定的一类。在当年国家计委和建设部的领导和推动下，历经 30 多年的改革发展，我国传统的"工程勘察行业"基本实现了与国际上岩土工程技术服务业的接轨，为社会创造了种类不断丰富、价值十分显著的科技服务。

在工程设计中，地基与基础在理念上被视为结构（工程）的一部分，然而却与以钢筋混凝土和钢材为主的结构工程之间确有着巨大的差异，这是因为岩土工程师的工作对象和必须妥善处理的风险主要是因地而异的地质、地貌环境下天然形成或人工随机填筑、组分复杂、工程性状随环境多变的材料。卡尔·太沙基先生（*Karl Terzaghi*）说过，"不走运的是，土是天然形成而不是人造的，作为大自然的产品却一直是很复杂的，一旦当我们从钢材、混凝土转到土，理论的万能性就不存在了。天然土绝不会是均匀的，其性质因地而异，而我们对其性质的认知只是来自少数的取样点。"因此，岩土工程的地域性和实践性极强，其中特殊性岩土又因其独特的工程性质很容易引发工程地基方面的质量安全事故，因而一直是岩土工程界关注的重点。

进入 21 世纪，响应国家"走出去"的战略号召，以机械工业勘察设计研究院（简称"机勘院"）等为代表的我国部分大型勘察设计骨干企业积极投身海外工程建设，其中又以非洲地区作为我国对外工程总承包的重要市场之一。"红砂"是南部非洲地区工程建设常遇的地基岩土层，同时也是当地工程建设的主要建筑材料，广泛分布于南部非洲地区的棕红色粉砂，其在天然含水率状态时具有较高的强度和较好直立性，但浸水饱和后强度急剧降低，表现出与中国黄土相似的湿陷性和软化性，却又有其自身的独特性，在以往的工程中曾被忽略和误判。因此，及时总结和研究非洲红砂的特殊工程性质和适用的地基处理技术，对在相关地区确保工程质量安全和项目运营安全十分关键和重要。由中国土木工程学会土力学及岩土工程分会副理事长、全国工程勘察设计大师张炜领衔的机勘院研究团队在南部非洲地区深耕岩土工程十余年，针对红砂工程性质和地基处理技术开展大量的室内外试验，在系统总结研究成果和工程实践的基础上形成了《非洲红砂工程特性研究与应用》专著。

本专著内容丰富，通过系统总结和研究非洲红砂的地质成因、物理性质、承载特性和湿陷特性，揭示了其遇水湿陷软化的机理；通过现场原型浸水试验、强夯试验和静载荷试验，提出了适宜红砂场地的地基处理方法，并给出了垫层设计和强夯加固设计的关键技术参数。本书为我国勘察设计企业走向海外提供了良好的技术范例，书中所列举的试验研究项目全部结合实际工程进行，相关试验研究成果后经诸多工程检验证明安全可靠，可有效指导南部非洲红砂地区的工程建设，对推动我国勘察设计企业加强海外特殊性土的研究与工程实践，指导我国勘察设计企业高质量地践行好国家"一带一路"倡议，具有特殊的意义和十分重要的价值。

全国工程勘察设计大师
中国勘察设计协会副理事长兼
岩土工程与工程测量分会会长

序二

有幸读到中国学者撰写的《非洲红砂工程特性研究与应用》，又应著者之邀作序，十分欣喜，也倍感荣幸。

近几十年来，我国一大批工程建设和勘察设计单位积极响应"一带一路"建设倡议，走出国门，承接了大量国际工程建设任务。中国企业从事境外工程建设遇到的突出困难是对当地地质环境的认知和技术标准的接轨。

机械工业勘察设计研究院有限公司是我国较早走出去的勘察设计单位之一。近二十年来，机勘院已在遍布全球的五十多个国家和地区开展了数百项工程的工程地质与岩土工程工作。在海外项目建设过程中经常遇到具有不同性质的特殊岩土，由于其工程性质的特殊性，在工程建设和运营过程中可能导致一些工程问题，如湿陷性土的湿陷变形、软土的次固结、膨胀岩土的胀缩变形、盐渍土的溶陷和盐胀等均可能导致一些工程次生灾害，甚至可能造成工程事故。这些问题是威胁海外项目的建设和安全运营的主要隐患。

伴随土木工程建设的发展，我国已在黄土、软土、膨胀土、多年冻土、盐渍土等特殊岩土的工程性质和地基处理措施方面取得了大量研究成果，有效地解决了工程建设和运营中可能产生的工程问题。但是，由于全球各地区岩土体的物质组成不同，所受的地质作用的差异性，以及地质与气候环境的多样性等因素，岩土体工程性质可能与国内类似岩土存在显著不同，我国已有的研究成果和工程经验能否直接应用于国外特殊岩土地区的工程建设还有待研究分析并进行工程验证。

非洲是我国"一带一路"倡议的重要参与区，在南部非洲的诸多工程中，经常遇到以棕红色粉砂作为基础持力层的情况。早期中国相关建设单位未注意到红砂的特殊工程性质，按一般岩土进行设计和施工，未针对红砂的特殊性进行有效的地基处理，导致了一些工程问题的发生。

2005年以来，机勘院在安哥拉陆续完成了诸多红砂场地的工程地质与岩土工程勘察、设计及地基处理工作，发现安哥拉红砂具有不同于一般砂土的特殊性，即湿陷性和水敏性。在大量工程勘察试验的基础上，他们结合安哥拉社会住房等多个项目，对红砂进行了长达十余年的专题研究，取得了一系列研究成果。本书即以该研究成果和诸多工程实践结果编写而成。

本书介绍了非洲大陆地质与自然地理条件，并通过大量微观结构分析试验、室内试验、现场试验，系统研究揭示了安哥拉红砂的成因、常规物理力学性质、承载力特征、湿陷特征和渗透特征，揭示了造成红砂特殊性质的机理，并提出了适用于处理红砂地区多层建筑地基的垫层法、强夯法成套技术。该书内容丰富，研究成果理论联系实际，并经过了实际工程的长时间检验，具有可靠的应用价值。

该书多项研究内容及成果在国际上尚属首次发表，部分成果达到了国际领先水平，是我国工程地质界走向世界，在国际工程建设领域解决特殊土工程问题的技术创新与典型案例。本书的大量试验研究成果对境外工程中国际技术标准的接轨起到了重要的补充和支撑作用，也极大地丰富了我国在"一带一路"建设中的技术内涵，提升了我国在海外工程地质研究与实践在国际同行中的影响力。

透过本书的国际视野、所介绍的大量试验研究工作和丰富的成果，以及全书系统严谨的逻辑结构，可以看到一个负责任的大国、一个成熟的中国企业的风范，也看到一群素养良好的中国学者的严谨治学精神！希望有更多的中国企业、中国专家学者，借助广泛的国际工程，深入研究，认真实践，让中国认识世界，让世界接受中国，为建设人类共同的宜居地球做出贡献！

伍法权

绍兴文理学院教授

国际工程地质与环境协会秘书长

IAEG 终身成就奖获得者

前　　言

在海外不同的国家和地区有各种各样的特殊土，除了本书介绍的南部非洲的红砂外，还有诸如中东地区的盐渍土和湿陷性沙漠土、非洲地区的膨胀土、印度洋岛礁上的珊瑚砂及礁灰岩、东南亚地区的软质灰岩和中亚地区的湿陷性黄土等。这些特殊岩土有的在中国尚未遇到，有的虽然在中国境内出露并已对其工程性质开展研究，但由于岩土体存在较大的地域差异性，对国内发育的特殊岩土已取得的研究成果是否可以在国外直接应用还有待进一步明确。在海外工程建设中，一定要考虑这些特殊岩土对工程的不利影响，需要对这些特殊岩土进行深入的试验研究，在充分了解其工程特性的基础上采取适宜的地基处理措施，不要照搬国内规范和经验，避免潜在的工程事故或工程问题。

红砂广泛地分布于南部非洲地区的安哥拉、纳米比亚、刚果（布）、刚果（金）、赞比亚、莫桑比克等国家，颜色为褐红色，是形成"红色非洲"的主要原因。原生红砂一般分布于地表，其高低起伏基本与地形一致，厚度从数米至二十余米不等，颜色多以褐红色为主，局部地段见褐黄色或浅黄色。红砂在现有的文献中被认为是第四纪更新世的海相沉积物，最初由中、细砂组成，在后来陆地环境下发生重塑和红土化作用，产生由高岭土、伊利石和氧化铁（赤铁矿和针铁矿）等组成的黏土矿物成分，其氧化铁是呈现棕红色的主要原因。鉴于非洲国家的科技水平较薄弱、经济较落后，当地不仅关于红砂的成因尚未形成统一认识，对红砂工程性质的研究几乎为零，已有经验很难指导该地区的工程建设。

进入 21 世纪，为响应国家"走出去"倡议，诸多国内工程建设单位开始在非洲红砂地区承接工程，但由于对红砂特殊性缺乏认识或认识不足，导致了一些工程事故或工程安全问题。如建于红砂地基的安哥拉首都罗安达某多层建筑群建成后不久几乎所有建筑物产生裂缝，最终不得不全部拆除重建，造成了大量的经济损失和负面影响。事故的原因在于整个工程建设过程中都没有认识到场地红砂地基土具有浸水软化的特性，建设期由于当地降雨量小，地基土天然状态承载力较高，勘察设计时采用天然地基，而建成后有大量废水直接排入地下，导致红砂地基土产生软化，进而发生建筑物开裂。

机械工业勘察设计研究院有限公司（以下简称机勘院）是国内最早一批在非洲红砂地区开展工程建设和科研的企业。根据多年的工程勘察实践、大量的土工试验数据和分析研究，发现红砂具有天然状态可直立、强度高，但浸水增湿后强度迅速降低的工程特性，表现出与中国黄土相似的湿陷性和软化性。2010 年机勘院承揽了安哥拉 K.K. 社会住房项目，为保证该工程的顺利实施，依托该项目，先后申请了国机集团科技发展项目《安哥拉湿陷性土工程特性及地基处理技术研究》（2011—2015）和科技部对外援助项目《安哥拉红砂工程特性及地基处理技术合作研究与示范》（2016—2018），对红砂的工程性质和地基处理技术开展了系统研究。本书是近十多年来研究和实践的系统总结，取得的成果主要包括：

（1）对安哥拉红砂开展了大量的室内土工试验，查明了红砂的颗粒组成并对其进行了工程定名，系统揭示了不同发育位置、发育深度处红砂的密度、相对密度、含水率、干密度、孔隙比和饱和度等基本物理指标，确定了红砂的最大干密度和最优含水量。

（2）通过开展原状红砂和重塑红砂的室内渗透试验和现场双环注水试验，系统揭示了天然红砂与重塑红砂的渗透系数，发现红砂的渗透系数与孔隙比存在较好的相关关系，在此基础上与中国黄土的渗透特征进行了对比分析。

（3）基于激光粒度仪、XRD衍射和电镜扫描试验，系统分析了红砂的粒度特征和颗粒特征，发现红砂的自然分布频率曲线均为三峰型或不对称双峰型，红砂的矿物成分主要为石英和高岭石，红砂碎屑颗粒按磨圆程度可分为圆状、次圆状和次棱角状，红砂碎屑颗粒微观结构具有明显的贝壳状断口和翻翘薄片，颗粒表面广泛发育凹坑、划痕、碟形坑、V形沟和槽沟等。

（4）基于大量的室内试验、浸水载荷试验和现场浸水试验，揭示了红砂湿陷系数和自重湿陷系数的分布范围，系统研究了结构性、压力、含水率、干密度、细粒土含量和易溶盐含量等对红砂湿陷性的影响规律。

（5）基于大量的室内试验，揭示了红砂的抗剪强度指标，研究了含水率、结构性、干密度和细粒土含量对红砂抗剪强度指标的影响规律；通过不同含水率的现场平板载荷试验、标准贯入试验和连续动力触探试验，揭示了含水率对红砂场地地基承载力的影响规律。

（6）通过换填垫层的现场平板载荷试验、"G+4"和"G+8"原型地基基础浸水试验，研究了换填垫层的地基承载特性和软化特性，揭示了换填垫层处理红砂地基的适宜性；通过室内试验、平板载荷试验和原位测试，研究了强夯法处理红砂地基的适宜性。

（7）通过两个典型工程案例，详细介绍了建于红砂地基的安哥拉某多层建筑物开裂的原因和安哥拉K.K.社会住房项目实践经验，可为同类地区开展工程建设提供借鉴和参考。

本书由张炜整体策划，各章执笔分工如下：第1章由唐立军执笔；第2、11、12章由夏玉云执笔；第3~7章由刘争宏、乔建伟执笔；第8章由于永堂、乔建伟执笔；第9章由刘争宏、唐国艺、乔建伟执笔；第10章由唐国艺、乔建伟执笔；全书由张炜和夏玉云统稿并定稿。

本书是在诸多工程勘察设计实践和项目研究的基础上凝练而成，成果汇集了很多人的辛勤劳动和心血，除本书作者外，还有张苏民、郑建国、杨永林、张继文、廖燕宏、戴彦雄、刘智、王双雨、苗士强、赵小玲、姜文、闫志富等，在此向他们致以诚挚的谢意！

目 录

第1章　非洲大陆地质与自然地理条件 ································· 1

  1.1　非洲概况 ·· 1

  1.2　非洲地质构造 ·· 1

  1.3　地层序列 ·· 5

  1.4　南部非洲自然地理条件 ·· 7

第2章　非洲红砂地区建筑场地岩土工程勘察 ························· 9

  2.1　勘探工作布置 ·· 9

  2.2　钻探 ·· 10

  2.3　取样 ·· 11

  2.4　室内试验 ·· 11

  2.5　原位测试 ·· 12

  2.6　场地评价 ·· 12

第3章　非洲红砂的基本物理力学性质 ······························· 21

  3.1　颗粒组成与定名 ·· 22

  3.2　红砂的基本物理指标 ·· 24

  3.3　红砂的相对密度 ·· 32

  3.4　红砂的击实特性 ·· 32

第4章　非洲红砂的渗透特性 ······································· 35

  4.1　室内渗透试验及渗透系数 ······································ 36

  4.2　现场注（渗）水试验 ·· 38

  4.3　非洲红砂与中国湿陷性黄土渗透性对比分析 ······················ 43

第5章　非洲红砂的微观特征及成因分析 ····························· 47

  5.1　红砂的粒度特征 ·· 48

  5.2　颗粒特征 ·· 55

  5.3　红砂成因探讨 ·· 65

第6章 非洲红砂湿陷特性的室内试验研究 ·········· 68

6.1 非洲红砂的湿陷特性 ·········· 68

6.2 结构性对湿陷性的影响 ·········· 82

6.3 压力对湿陷性的影响 ·········· 85

6.4 含水率对湿陷性的影响 ·········· 86

6.5 干密度对湿陷性的影响 ·········· 89

6.6 细粒土含量对湿陷性的影响 ·········· 90

6.7 易溶盐含量对湿陷性的影响 ·········· 91

6.8 湿陷速率 ·········· 91

第7章 非洲红砂湿陷性的现场试验研究 ·········· 93

7.1 试验场地基本概况 ·········· 94

7.2 浸水载荷试验测定的红砂湿陷性 ·········· 96

7.3 双线法载荷试验测定的红砂湿陷起始压力 ·········· 102

7.4 试坑浸水试验测定的红砂湿陷性 ·········· 104

第8章 非洲红砂的变形与强度特性 ·········· 130

8.1 天然状态非洲红砂的变形与强度特性 ·········· 130

8.2 增湿条件下非洲红砂的变形与强度特性 ·········· 146

8.3 不同含水率条件下非洲红砂承载力的评价方法 ·········· 167

第9章 非洲红砂垫层法地基处理的试验研究与评价 ·········· 170

9.1 垫层法地基处理设计 ·········· 170

9.2 垫层地基承载力与变形特征 ·········· 179

9.3 G+4 模型试验 ·········· 183

9.4 G+8 模型试验 ·········· 207

9.5 非洲红砂垫层法地基处理技术评价 ·········· 230

第10章 非洲红砂强夯法地基处理的试验研究与评价 ·········· 234

10.1 场地概况与试验设计 ·········· 234

10.2 增湿试验 ·········· 238

10.3 强夯试验 ·········· 240

10.4 最佳夯击数及停夯标准 ·········· 243

10.5 强夯效果评价 ·········· 244

第11章 非洲某红砂地基多层建筑工程变形开裂案例分析 ·········· 255

11.1 工程概况 ·········· 255

11.2 建筑物变形开裂情况 257

11.3 建筑物变形开裂原因分析 259

11.4 案例启示 263

第12章 安哥拉K.K.社会住房项目案例分析 265

12.1 K.K.社会住房项目简介 265

12.2 场地岩土工程勘察 267

12.3 红砂地基土工程性质试验研究 269

12.4 地基处理效果现场试验研究 271

12.5 项目使用情况及启示 273

参考文献 276

后记 280

第1章 非洲大陆地质与自然地理条件

1.1 非洲概况

非洲全称阿非利加州，意为"被太阳灼热的地方"，位于东半球西部，欧洲以南，亚洲以西，东濒印度洋，西临大西洋，纵跨赤道南北。非洲大陆东至哈丰角（$51°24'E$），南至厄加勒斯角（$34°51'S$），西至佛得角（$17°33'W$），北至吉兰角（本赛卡角）（$37°21'N$），南北跨纬度$72°$，最大长度约8100km，东西跨经度$69°$，最大宽度约7500km。陆地面积大约为3020万km^2，占全球陆地总面积约20%，是世界第二大洲，同时也是人口第二大洲，由54个主权国家、6个海外属地和其他特殊政区组成。

非洲自然资源丰富，区内有世界最长河流尼罗河，以及刚果河、尼日尔河、赞比西河、林波波河等外流水系，有世界最大的沙漠撒哈拉沙漠，有赤道雪山乞力马扎罗山和肯尼亚山，有野生动物天堂如塞伦盖蒂大草原、奥卡万戈三角洲等。其中，古埃及为四大文明古国之一，人文历史悠久。

按地理位置划分，通常将非洲分为5个区：北非、中非、东非、南非和西非。

1.2 非洲地质构造

1.2.1 非洲大陆的形成

新的板块构造学说认为地球的岩石圈并非铁板一块，而是被海岭、转换断层、海沟、造山带以及缝合线等构造带分割成不同的构造单元，这些构造单元称为板块。目前认为，全球岩石圈分为欧亚板块、非洲板块、美洲板块、太平洋板块、印度洋板块和南极洲板块，共6大板块。

通过大量的岩石构造组合、古生物、古地磁方面的证据得知，世界七大洲的陆地部分曾经是一个整体。人们推测，早古生代至石炭纪时期，非洲、南美洲，以及印度、澳大利亚、南极洲形成了统一的冈瓦纳古陆，与北方的劳亚古陆中间隔着一个特提斯海（中央地中海或向东开口的楔形海湾），至晚二叠纪冈瓦纳在地幔软流层热对流的作用下产生破裂，并向北漂移与欧亚大陆碰撞形成泛大陆，从晚三叠纪开始脱离欧亚大陆向南漂移并解体。侏罗纪末至白垩纪，由于大西洋的扩张，非洲与南美洲分离，而印度由于印度洋的大幅张开向北漂移，马达加斯加作为破碎的陆块被带离非洲大陆，但未随印度向北漂移。至新生代以来，南极洲与澳大利亚分开，并与南美洲最终分离。至中新世，红海开始形成，阿拉伯半岛脱离非洲，并最终形成今天的陆海格局。

1.2.2 非洲大陆地质构造概览

非洲大陆绝大部分陆地由比较稳定的高原组成，有"高原大陆"之称，也是冈瓦纳古陆的核心部分。非洲大陆前寒武系地层广泛发育，太古宇基岩多处出露，其基底由一些稳定的克拉通组成，经过长期演化，整个非洲形成了一个单一的克拉通，同时也是地球上已知最大的太古宙克拉通地区（图1.1）。前寒武系地层全部强烈褶皱并有花岗岩、混合岩侵入，古生代以来的几次全球性造山运动对非洲大陆的影响都比较小，导致高原地区缺乏近代褶皱山系，其中晚古生代的华力西运动（Variscan Orogeny，也称海西运动）仅影响了非洲大陆的北部、南部的局部地区，新生代的阿尔卑斯运动（Alpine Orogeny，也称亚平宁运动）仅在地中海与阿特拉斯山脉（Atlas）之间形成了一些新的褶皱山系。

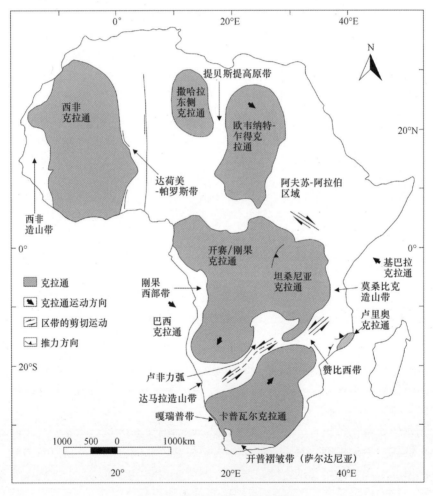

图1.1 非洲太古宙克拉通范围

从地质上看，非洲大陆由阿特拉斯山脉、阿特拉斯山脉之外的非洲大陆、马达加斯加岛和地理上属于西亚的阿拉伯半岛组成。非洲南部的太古宇地层尚未变质，是世界上前寒武系地质记录保存最好的地区，其不整合覆盖在太古宇基底之上的沉积物大部分是非海相的。

非洲大陆构造线走向主要为南北向或北东—南西向。在非洲大陆东部,发育有世界著名的东非大裂谷,沿大裂谷两侧有大范围的中、新生代火山岩分布。

1.2.3　非洲地台演化

非洲大陆在其演化发展中,经历了多期、多阶段的构造作用、岩浆作用、变质作用和沉积作用。一般认为非洲大陆的地台部分经过 4 个演化阶段。

1. 地壳初始形成阶段 (35 亿年前)

早太古代后期在非洲中南部出现了一些古老陆核,如津巴布韦克拉通 (Zimbabwe Craton) 上有 36±2.9 亿年的英闪片麻岩,卡普瓦尔克拉通 (Kaapvaal Craton) 上斯威士兰超群 (Swaziland Supergroup) 下部有 Sm-Nd (钐-钕) 同位素年龄为 35.7 亿年的火山岩,林波波带 (Limpopo Belt) 中部桑德河 (Sand River) 片麻岩的变质作用年龄为 37.86±0.3 亿年。

2. 克拉通化阶段 (35 亿~16.5 亿年前)

在这个阶段形成了许多被活动带包围的原地台。津巴布韦地台的克拉通化约始于 34 亿年前,卡普瓦尔地台始于 31 亿年前,东非地台始于 26 亿年前。大陆总体经 25 亿年前的沙姆瓦运动 (Shamvaian Orogeny) 和 16.5 亿年前的马永贝运动 (Mayombe Orogeny) 先后完成克拉通化。

3. 地台发育和内部破裂阶段 (16.5 亿~6 亿年前)

在盖层沉积阶段,地台内部发生破裂,形成裂陷槽,经构造变动后成为褶皱带。如 12.9 亿~8.5 亿年的基巴拉运动 (Kibaran Orogeny) 形成基巴拉 (Kibaran)—布隆迪 (Burundi)—卡拉圭 (Karagwec)—安科勒 (Ankole) 褶皱带。另有一些稳定区经构造运动重新活化成为活动带。6.5 亿~6.2 亿年的加丹加运动 (Katanga Orogeny) 或泛非运动 (Pan-African Orogeny) 使非洲固结成为一个整体。泛非运动是非洲大陆最广泛的一次构造活动。

4. 地台盖层和大断裂发育阶段 (6 亿年以内)

刚化了的非洲地台很少再受构造运动的影响,变形作用通常以宽阔的盆地形式出现,如刚果盆地 (Congo Basin)、卡拉哈里盆地 (Kalahari Basin)、卡鲁盆地 (Karroo Basin) 和乍得盆地 (Chad Basin) 等。这些盆地接受了石炭纪以来的盖层沉积,如卡鲁盆地 (Karoo Basin) 全部由卡鲁超群 (Karoo Supergroup) 充填,轴部深达 6000m。后期的加里东运动、华力西运动和阿尔卑斯运动仅影响大陆的西北边缘和东、西沿海地带。

其中在古生代时期,主要表现为多期、多阶段的大规模海水进退和盆地升降作用,石炭纪晚期含煤地层开始发育。

在中、新代时期,主要表现为强烈的裂谷作用和大范围的基性、超基性、中酸性岩浆侵入和喷出活动,以及现代沉积作用等。超级地幔柱携带热量上涌至地壳,上升流造成强烈的地壳运动,并在东非抬升形成高原;而地幔上升流向两侧相反方向的散流作用则撕裂了地壳薄弱地带。使该地区产生张裂、断陷,形成裂谷带。裂谷带中下陷的区域汇集水源形成了众多湖泊,而上涌造成的向上、向外的推力形成了裂谷带附近的众多火山和高原。特别是白垩纪开始,非洲大陆内部出现大规模断裂,先后形成中西非裂谷和东非大裂谷,是两条世界上最大的裂谷带。它们具有典型的大陆裂谷特征,沿裂谷形成一系列狭长而深陷的峡谷、湖泊和盆地，边缘为相互平行的阶梯状断层群，并伴有火山和地震活动。裂谷带一般深 1000～2000m，宽 30～60km（图 1.2）。

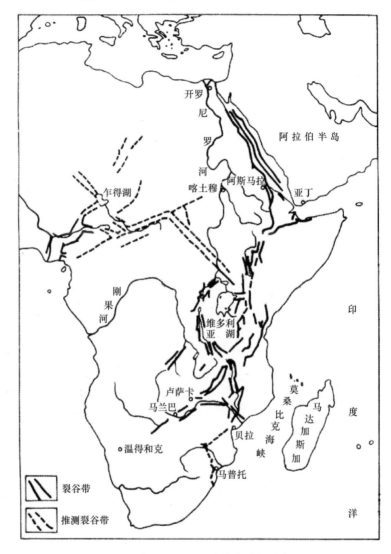

图 1.2　中西非裂谷及东非大裂谷示意图

1.2.4　新元古代造山带发育的 4 个阶段

泛非造山运动几乎贯穿了整个新元古代时期，一直到早寒武纪结束（9.5 亿～5.0 亿年前）。泛非运动对非洲大陆影响深远，并以构造-热事件为主要形式发生了多期造山运动，分别发生于 9.50 亿、7.85 亿、7.20 亿、6.85 亿～6.60 亿和 6.00 亿～4.50 亿年前。一般认为，此期造山带的形成导致了冈瓦纳古陆的聚合。

按照威尔逊旋回板块构造理论，新元古代造山带的发育可分为 4 个阶段，且这 4 个阶段具有周期性，在单个造山带内可重复出现。

1. 裂谷阶段

古克拉通在扩张时被完全破坏，形成了洋壳或内陆板块，局部表现为张扭性坳拉槽，但此时并未完全形成裂谷，也有部分坳拉槽是古老陆壳的断裂在新的应力场下重新活动形成的。

2. 俯冲和初始碰撞

在非洲东北部，随着火山岩沉积物组合在克拉通前陆的逐渐沉积，原始盆地开始逐渐闭合。主要的构造-热事件形成了逆冲断裂和褶皱带，并伴随岩浆作用。

3. 克拉通碎块之间的碰撞

持续的构造-热事件和岩浆作用扩展到克拉通前陆，造山带的主要走滑断裂带沿着造山带走向方向近于平行。

4. 碰撞期后的岩浆冷凝和大地隆升

随着克拉通碎块之间的相碰，使克拉通前陆边缘堆积的沉积物强烈变形，并隆起成山。

1.3　地层序列

非洲大陆各时代地层均有发育，但前寒武系基底几乎覆盖了整个非洲大陆，显生宙覆盖层只占有限的面积范围。在前寒武系基底中，太古宙地层主要为一套中深变质的铁镁质到长英质火山岩、火山碎屑岩系，上部含较多沉积岩。古元古代地层主要分布在西部非洲和中部非洲一带，岩性为一套中浅变质的中基性、中酸性火山岩、火山碎屑岩和沉积岩系；南部非洲主要分布的是中、新元古代地层，为一套浅变质到未变质的碎屑岩系和碳酸岩系，新生代的地层则以现代碎屑沉积和风沙沉积为主。

前寒武系基底覆盖了大部分非洲地区，由变质程度不同的岩层组成，并受到不同程度的混合岩化作用和花岗岩化作用，其中以南非发育最全。南非的斯威士兰超群和津巴布韦的塞巴奎超群（Sebakwian Supergroup）是非洲出露最老的岩层（最小年龄约 30 亿~35 亿年）。下部是一套超镁铁质岩为主的火山岩，是地球的原始基性地壳。古元古代的德兰士瓦超群（Transvaal Supergroup）以巨厚的白云质灰岩为主。中元古代的瓦特堡超群（Waterberg Supergroups）是一套夹火山岩的陆相碎屑沉积，中非的基巴拉群（Kibaran Group）和布隆迪群（Burundi Group）也是盖层沉积。新元古代主要分布在中非和西非，为陆相和陆表海沉积，并有三期冰成岩沉积。

古生界大部分出露在非洲北部，寒武系除南非纳马群（Nama Group）外，只见于西北非的摩洛哥和西奈半岛以东的亚喀巴湾。奥陶系限于西北非和撒哈拉地区，大多为浅水砂岩沉积。海相志留系主要为笔石页岩，出露在西非和撒哈拉地区，南非、刚果和坦噶尼喀则广泛发育陆相红色砂岩和砾岩。北非的泥盆系与志留系为海相连续沉积，分布广泛，层序完整，化石丰富。南非下泥盆统为海相砂页岩。西北非从石炭系莫斯科阶（Moscovian）开始为陆相含煤沉积。赤道以南的卡鲁超群（Karoo Supergroup）厚度很大，是晚石炭世到早侏罗世的陆相沉积，底部有冰碛层。二叠系含典型冈瓦纳相舌羊齿（Glossopteris Indica）植物群，其上三叠系的博福特组（Beaufort Group）以富含爬行类和两栖类动物化石而著称。顶部德拉肯斯山组（Drakensberg Group）具有高原玄武岩特征。

中生代地层在北非主要是海相沉积，三叠系碳酸盐岩中夹有盐岩和石膏层。侏罗系除发育高原玄武岩外，整个大陆几乎都处在剥蚀时期，晚侏罗世海水沿索马里进入坦噶尼喀境内。白垩纪海侵范围扩大，沿东、西海岸一直伸向南非开普山。在大陆内部的撒哈拉、提贝斯提和苏丹等地则是陆相和泻湖相沉积。

新生代以来，海域范围缩小，在北非隆起上保存了一系列始新统—上新统的湖相沉积，赤道以南的卡拉哈里群（Kalahari Group）为多相砂岩，海相沉积仅出现于北非和大陆东、西海岸一带，为灰岩及页岩、泥灰岩。第四系有冲积物、海成阶地、沙漠沙和火山熔岩、凝灰岩等。

非洲地区主要沉积盆地如图1.3所示。

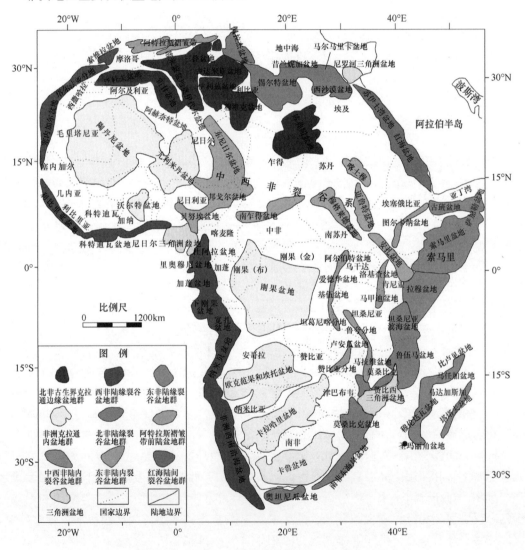

图1.3 非洲地区主要沉积盆地分布（彩图见文末）

1.4　南部非洲自然地理条件

地理上的南部非洲包含了非洲大陆上的安哥拉、赞比亚、马拉维、莫桑比克、纳米比亚、博茨瓦纳、津巴布韦、南非、莱索托、斯瓦蒂尼（原斯威士兰）10 个国家，以及非洲大陆以东的科摩罗、马达加斯加、毛里求斯、法属留尼汪岛、法属马约特岛及大陆以西的英属圣赫勒拿岛、英属特里斯坦—达库尼亚群岛等国家和地区，基本上在南纬 10°以南。

非洲以刚果河口至埃塞俄比亚高原北缘为界，西北部称低非洲，海拔多在 500m 以下，东南称高非洲，多为海拔 1000m 以上的高原。南部非洲都在高非洲区域，发育的高原有：隆达高原（Lunda Plateau）、比耶高原（Bié Plateau）、加丹加高原（Katanga Plateau）、马塔贝莱高原（Matabele Plateau）、东非高原（East African Plateau）等，主要山脉有：伊尼扬加山（Inyanga）、德拉肯斯山脉（Drakensberg）、穆钦加山脉（Muchinga）等。沿海岸地带通常有一条狭窄的滨海平原，宽度几公里至几十公里不等，在莫桑比克的林波波河及赞比西河入海口处的三角洲平原宽度稍宽，但最宽处也不过 200 多公里。滨海平原与内陆高原"泾渭分明"，边界十分清晰，通常以陡崖作为分隔。

区内大部分属于热带草原气候，主要表现为夏季（雨季）多雨，冬季（旱季）干旱，降水集中在某几个月份，其他月份则干旱少雨，但总体而言全年降水量较少。西部的纳米布沙漠及卡拉哈里沙漠降水稀少，属于热带沙漠气候，其中纳米比亚是撒哈拉以南非洲最干旱的国家。区内主要的河流有：刚果河（Congo River）、宽扎河（Cuanza River）、赞比西河、奥卡万戈河（Okavango River）、库内内河（Cunene River）、林波波河、奥兰治河（Orange River）、鲁伍马河（Ruvuma River）及马达加斯加的贝齐布卡河（Betsiboka River）等，主要的湖泊是位于东非裂谷东支的马拉维湖（Lake Malawi）。

区内总体来说分为旱季和雨季两个季节。旱季凉爽，早晚温差较大；雨季湿热，白天温度较高。

区内发育有两大盆地：卡拉哈里盆地（Kalahari Basin）和大卡鲁盆地（Great Karroo Basin），均为高原盆地。其中，季节性的奥卡万戈河在卡拉哈里沙漠形成了世界最大的内陆三角洲：奥卡万戈三角洲。每年的 3～4 月份，奥卡万戈河（上游为安哥拉境内的库邦戈河）带来了充沛的雨水，在奥卡万戈三角洲形成了大片的湿地，面积可达 22000km²，让这里成为野生动植物的天堂；每年 5～10 月的旱季，河水水量大幅减少，湿地退缩至不到 9000km²。离奥卡万戈三角洲不到 200km 的地方，还发育有马卡迪卡迪盐沼（Makgadikgadi Pan），其是世界上最大的盐碱滩之一。

马达加斯加是非洲最大的岛屿，也是世界第四大岛，与非洲大陆隔莫桑比克海峡相望。其东部属于热带雨林气候，终年湿热，降水量较高，山地地形，起伏不平；中部属热带高原气候，气候温和宜人，以高原为主，分布有高原平原、山地及盆地等；西部属热带草原气候，降水量较少，地形平缓；北部以盆地为主，地形起伏不定，发育有火山及喀斯特地貌；南部属半干旱气候，降水最少，基本为平原，地形平缓。与非洲大陆相似，马达加斯加也分旱季和雨季。

毛里求斯、科摩罗及其他海岛均为火山岛，气候上从热带海洋性气候、热带雨林气候到温带海洋性气候及高山气候均有分布，除科摩罗终年湿热外，其他岛屿全年也分雨季和旱季两季，雨季高温多雨，气候湿热，旱季多风少雨，气候凉爽。毛里求斯沿海为平原，中部为高原，浅海主要被珊瑚礁环绕。科摩罗群岛大部分为山地，地势崎岖，其中大科摩罗岛上的卡尔塔拉火山（Kartala Volcano）是世界上最活跃的火山之一，近代以来已多次喷发。这些海岛大多风景秀丽，是旅游胜地。

第2章 非洲红砂地区建筑场地岩土工程勘察

本章根据非洲红砂的工程性质和工程实践，结合我国《岩土工程勘察规范》GB 50021—2001（2009 年版）的有关规定，对非洲红砂地区建筑场地岩土工程勘察进行总结，可供在此地区从事岩土工程勘察的技术人员参考。

本章涉及岩土工程勘察的内容均与非洲红砂的工程特性有关，根据在非洲红砂地区诸多勘察与科研资料，将非洲红砂的显著工程特性总结如下：

（1）红砂的力学性质对含水率非常敏感，即含水率的微小变化就可以导致红砂力学性质产生较大变化。

（2）红砂土层往往具有湿陷性。

（3）砂土颗粒组成粒径范围很小，基本为 0.005～1mm，砂土颗粒较细，属粉细砂；砂土中含有细粒土（＜0.075mm 的颗粒），细粒土的平均含量一般为 10％～30％；黏粒（＜0.005mm 的颗粒）含量一般为 3％～10％。

（4）天然状态下砂土具有明显的黏聚力，即砂土颗粒在细粒土的作用下呈胶结状，黏聚力 c 大于 0，尤其是在含水率较小的情况下，具有较大的黏聚力（可达 50kPa 以上）。

2.1 勘探工作布置

根据我国《岩土工程勘察规范》GB 50021—2001（2009 年版）和《湿陷性黄土地区建筑规范》GB 50025—2004，并结合红砂具有的上述工程特性，勘察工作布置可按如下原则进行：

1. 勘探方法

根据大量工程勘察实践，红砂土层一般能够在钻孔中采取到Ⅰ级试样，具体取样方法见 2.3 节。鉴于此，勘探方法主要以钻孔为主，可以布置少量探井，以探井中采取土样的试验结果来验证钻孔取样的可靠性。钻孔可以分为三种：采取不扰动土试样钻孔、标准贯入（动力触探）试验钻孔和鉴别钻孔。剪切波速可以在任何钻孔中进行。湿陷性试验主要以室内土工试验为主，必要时布置适当数量的现场浸水载荷试验和现场试坑浸水试验。此外，非洲红砂的力学性质对含水率的变化非常敏感，而砂土的天然含水率往往与地面水源、地面植被等因素有关，现场勘探之前有必要调查红砂场地周边的水文条件，了解红砂场地的水文特征。

2. 勘探点间距

对于一般建（构）筑物，参照《岩土工程勘察规范》GB 50021—2001（2009 年版）的有关规定，地基的复杂程度等级一般可按Ⅱ级对待，勘探点间距可按 15～30m 考虑。特殊情况可结合建（构）筑物结构特征，适当增大或缩小勘探点间距。对于其他类型工程

（如公路、输变电线路、管道等），可结合工程特点参照有关规范规定，确定勘探点间距。

3. 勘探深度

勘探深度原则上按同时满足以下两方面要求确定：

（1）满足建（构）筑物结构设计和地基处理对勘探深度的要求。有关这方面的具体规定可参见相关规范的规定，在此不多赘述。

（2）满足湿陷性评价对勘探深度的要求。就目前掌握的勘察资料而言，非洲红砂的厚度一般介于数米至十余米，厚度较小的地段有 2～3m，厚度较大地段可达 20m 左右。湿陷性砂土的厚度一般不超过 10m。为满足对湿陷性评价的需要，勘探深度应揭穿湿陷性砂土层。

4. 湿陷性试验工作布置

对非洲红砂的湿陷性试验一般有室内湿陷性试验、现场浸水载荷试验和现场试坑浸水试验三种。

对所有工程均应采取不扰动土试样进行室内湿陷性试验；对重要工程或没有可靠资料可供参考的工程建议进行现场浸水载荷试验或现场试坑浸水试验。

参照《湿陷性黄土地区建筑规范》GB 50025—2004 和《岩土工程勘察规范》GB 50021—2001（2009 年版）的有关规定，采取不扰动土试样进行湿陷性试验的勘探点可按不少于勘探孔总数的 1/3 考虑。每层砂土的湿陷性试验数量应不少于 6 件（组）。

湿陷性试验主要考虑测定 200kPa 压力下的湿陷系数。其他试验（如自重湿陷系数、湿陷起始压力）视情况进行。一般而言，由于非洲红砂遇水饱和后其强度大幅度下降，其湿陷起始压力很小（一般不大于 50kPa），测定湿陷起始压力的工程意义不大。从已有试验资料和调查结果看，非洲红砂极少见有明显的自重湿陷现象，是否进行自重湿陷系数试验可视情况布置。

2.2 钻探

非洲红砂一般由粉细砂颗粒和细粒土组成，砂土具有明显的结构强度，即具有一定的黏聚力。随着含水率的减小，其黏聚力显著增加，在干燥状态时，黏聚力一般可达 50kPa 以上。非洲红砂中极少见粒径大于 2mm 的颗粒。针对非洲红砂的这种颗粒组成及力学性质，可以选择如下的钻探方法。

钻探可采用回转钻进或冲击钻进。采用回转钻进时，可采用一般螺旋钻头；采用冲击钻进时，钻头壁厚不宜太大，以避免对孔底土层产生扰动，但壁太薄，可能刚度不够，钻头容易被损坏。根据已有工程经验，黄土薄壁取土器或清孔器均可作为钻头使用。为了尽量减少钻探对取样的影响，钻孔直径建议不小于 146mm。钻机可根据场地条件选用车载钻机、台式钻机、履带式钻机等。

回次进尺不宜超过 1.0m，在地层发生变化等重点部位，回次进尺不宜超过 0.5m。

钻探编录除按有关规范的规定执行外，尚应重点对砂土的干强度和遇水软化或崩解情况进行描述。

2.3 取样

取样应保证取样质量，即所取砂土试样不被显著扰动，试验结果不影响对砂土湿陷性的判定和评价。根据我国黄土地区取样经验，影响湿陷性黄土取样质量的因素主要有三种：取样器、钻探方法和取样方法。根据在安哥拉红砂地区的诸多工程实践，现对其分别叙述如下：

取样器：可采用目前黄土地区广泛采用的无内衬薄壁取样器，该取样器主要参数为：最大外径 127mm，刃口内径 116mm，样筒内径 118mm，盛土筒长度 185mm，盛土壁厚 2mm，废土筒长度 264mm，切削刃口角度 12.5°。

钻探方法：根据诸多工程实践，可采用回转钻进或冲击钻进法，最好采用回转钻进；采用冲击钻进时，钻头盛土筒壁厚不宜超过 3mm，以尽量减少冲击钻探对孔底砂土的扰动。

取样方法：有条件时尽量采用静压法，如砂土含水率太小采用静压法有困难时，可采用锤击法，锤击法应尽量锤击一次完成，尽量避免因多次锤击而导致土样碎裂。钻探时应根据砂土的天然含水率，通过反复试验掌握合适的提锤高度。

无论采用何种钻探方法，在取样前均应清孔，清除孔底的虚土和受扰动的砂土，清孔深度一般应不少于 5cm。

一般情况下，安哥拉红砂天然含水率均较小（小于 4％～6％），砂土具有明显的结构强度，取样的关键是避免土样碎裂；当含水率较大（大于 4％～6％）时，取样的关键是避免钻探过程中孔底砂土被压密扰动。

2.4 室内试验

非洲红砂室内试验项目主要有三项基本指标（含水率、密度、相对密度）、界限含水率（液限和塑限）、压缩试验（各级压力下的压缩系数和压缩模量）、湿陷试验（湿陷系数、自重湿陷系数、湿陷起始压力）、抗剪强度试验（直接剪切和三轴压缩）、压实特性试验（轻型击实试验、重型击实试验）等。试验方法可参照我国现行标准《土工试验方法标准》GB/T 50123 的有关规定执行，也可参照我国有关行业标准执行。本节根据非洲红砂的特点重点对湿陷系数试验应注意的问题进行叙述，供有关人员参考。

由于砂土的颗粒组成与黄土有较大的差别，在测定湿陷系数时有如下两个环节应引起注意：

（1）制样与样品安装

用环刀制出的砂土样品极容易脱出环刀，即环刀内的砂土样品与环刀内侧壁的摩擦力很小，以至于该摩擦力不足以抵抗环刀内样品的自重，使样品在自重力作用下从环刀内脱出。这种现象导致将环刀及样品装入压缩容器的过程中极容易使样品损坏。因此，将制成的环刀样品装入压缩容器的过程应特别小心、谨慎，一般可将环刀与压缩容器均在竖向放置的情况下将环刀样品装入压缩容器，然后再将压缩容器在水平状态下装入压缩仪。

如这个过程操作不当，可能会使环刀内的样品某个边缘受损，导致测出的湿陷系数或压缩系数误差较大。

（2）浸水饱和后样品中的细颗粒流失

在对非洲红砂进行湿陷性试验时，经常会发现有个别土样在浸水饱和后，砂土中的少许细颗粒从环刀和透水石之间的缝隙流出，这种现象有可能导致测出的湿陷系数偏大。试验时应对有这种现象发生的土样做详细记录，必要时应进行重复试验，以便在评价土层的湿陷性时对有关数据进行取舍。

2.5 原位测试

在非洲红砂勘察中常用的原位测试手段有标准贯入、浸水载荷试验、天然载荷试验和剪切波速测试等。这些原位测试的试验方法在《岩土工程勘察规范》GB 50021—2001（2009年版）及有关手册中均有详细的规定，在此不多赘述。本节根据非洲红砂的特性重点对浸水载荷试验进行叙述。

前已述及，非洲红砂浸水饱和后强度显著下降，且强度降低的速度非常快。这种特性导致在浸水载荷试验时表现出如下特征：

（1）浸水前，载荷板一般不会发生较大的沉降。以安哥拉罗安达地区的红砂浸水载荷试验为例，当采用 $0.25m^2$ 的圆形载荷板，200kPa 压力下沉降稳定后的总沉降量一般为 0.5～10mm，且总沉降量有比较明显的随含水率减小而减小的趋势。

（2）浸水饱和后，载荷板发生迅速而明显的沉降。同样以安哥拉红砂为例，在 200kPa 压力下沉降稳定后，向载荷试坑浸水，可以看到载荷板的沉降发生得非常快，肉眼可以看到百分表的转动。随着沉降的快速发生，压力也随之松弛，需要不停地补压，以维持 200kPa 的压力不变。在罗安达某医院浸水载荷试验中，浸水后的附加沉降量为 30～35mm，超过 95% 的附加沉降量是在 30min 内完成的。

2.6 场地评价

根据非洲红砂工程特性，本节重点对红砂区域地层、地基承载力、地基土的湿陷性、地基处理及防排水应注意的问题进行探讨，其他有关评价可按一般场地执行。

2.6.1 区域地层与物质组成概况

我院在南部非洲地区（含安哥拉、纳米比亚、赞比亚和津巴布韦、莫桑比克等国）完成了诸多项目的岩土工程勘察，也收集到了一些区域地质资料和岩土工程勘察资料。根据已有资料，非洲红砂区域地层和物质组成概况叙述如下：

1. 区域地层

以广泛分布于安哥拉罗安达地区的红砂为例，根据收集到的罗安达地区地质图，区域地层概况为：

Quelo 组地层（Qp）：中-细（粉）砂，红色，杂色，涉及多个沉积循环。此层即为安哥拉罗安达地区的红砂层。

Areias Cinzentas 组地层（Qp）：砂，以粉质黏土为基质，混亚圆形卵砾石。

Luanda 组地层（N2）：泥岩，细（粉）-粗砂岩，有时和含海洋生物化石（浮游有孔虫）的钙质层互层。

Cacuaco 组地层（N1）：生物碎屑泥灰岩，含瓣鳃动物、苔藓虫、红藻、有孔虫等化石。

Quifangondo 组地层（N1）：泥岩和含浮游有孔虫的泥灰岩互层。

上述地层走向总体为东南-西北向，向西南方向倾斜。除上述地层外，在一些低洼地貌或海岸边还分布有次生的非洲红砂。如在一些河谷地带分布有冲洪积成因的红砂；在沿海部分地段有全新世海砂分布。罗安达地区的典型地层结构如图 2.1 所示。

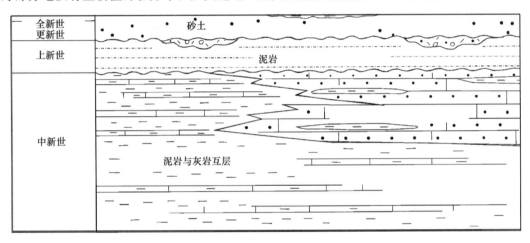

图 2.1　罗安达地区典型地层结构

2. 非洲红砂的物质组成概况

非洲红砂的颗粒组成粒径范围很小，基本为 0.005～1mm，砂土颗粒较细，属粉细砂；砂土中含有细粒土（<0.075mm 的颗粒），细粒土的平均含量一般为 10%～30%；黏粒（<0.005mm 的颗粒）含量一般为 3%～10%。

非洲红砂的矿物组成主要以石英为主，含少量高岭石和蒙脱石。根据某机场项目带回国内样品的 X 射线衍射分析结果，石英含量高达 91%，高岭石含量为 7%，蒙脱石含量为 2%。

2.6.2　非洲红砂土地基承载力

前已述及，非洲红砂随着含水率的变化，其强度发生大幅度的变化。本节分别从浅层平板载荷试验、抗剪强度指标和标准贯入试验说明非洲红砂的强度与含水率的关系。

1. 浅层平板载荷试验

根据在罗安达地区已完成的红砂浅层平板载荷试验，不同含水率红砂的 p-s 曲线如图 2.2 所示。

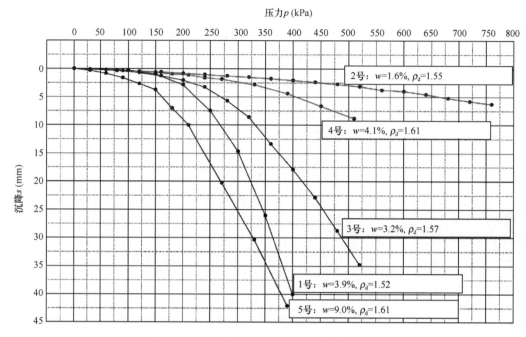

图 2.2　罗安达地区红砂平板载荷试验 p-s 曲线

由图 2.2 可见，不同含水率的红砂土其载荷试验曲线有如下特点：

天然状态砂土（含水率为 1.6%～4.1%）：在压力小于 150kPa 时，同一压力下不同含水率的砂土载荷板沉降量差异不大，沉降曲线几乎都在比例极限内，最大沉降量不足 1.5mm；当压力超过 150kPa 后，不同含水率的砂土载荷板沉降差异随着压力的增大逐渐加大；在 200kPa 时，沉降差约为 2mm；在 400kPa 时，沉降差可达 38mm。

人工浸水状态（含水率为 9%）：载荷板的沉降量在同一压力下明显大于天然状态下的沉降量，p-s 曲线的拐点大致在 150kPa 附近。

天然状态与人工浸水状态对比：4 号和 5 号曲线为同一试坑的载荷试验，分别为天然状态和人工浸湿状态，200kPa 时的沉降差为 7.96mm，载荷板直径为 564mm，附加沉降与载荷板直径之比为 0.014。

2. 抗剪强度随含水率的变化情况

基于安哥拉罗安达某住房项目，我们结合浸水载荷试验做了几组浸水前后直接剪切试验（直剪快剪），即于浸水前在载荷试验坑采取几组试样，分别进行天然含水率及加湿至不同含水率的直剪试验（快剪），试验对比结果如表 2.1 所示。

浸水前后直剪（快剪）指标对比表　　　　　　　　　　　表 2.1

试验编号	状态	含水率（%）	干密度（g/cm³）	黏聚力 c（kPa）	内摩擦角 φ（°）
T01	浸水前	3.0	1.66	54	43.0
	浸水后	3.7	1.63	12	35.3
		4.4	1.65	5	35.8
		8.6	1.64	5	32.2
		10.6	1.64	3	32.7
		12.7	1.62	2	32.7

由表 2.1 可见，6 组试样取自同一载荷试验坑，其干密度相近（$1.62 \sim 1.66$ g/cm³）。随着含水率的增加，砂土的抗剪强度指标均有不同程度的降低。黏聚力 c 降低程度非常显著，含水率由 3.0% 增加至 4.4%，黏聚力 c 由 54kPa 大幅度降低至 5kPa，在含水率大于 4.4% 以后，黏聚力 c 降低幅度有限。同样，内摩擦角 φ 也随着含水率的增高而降低，含水率由 3.0% 增加至 4.4%，内摩擦角 φ 由 43.0° 降低为 35.8°，在含水率大于 4.4% 以后，内摩擦角 φ 降低幅度不大。

对比黏聚力 c 和内摩擦角 φ 随含水率变化情况，随着含水率的增加，主要是黏聚力 c 降低幅度非常显著，内摩擦角 φ 有一定程度的降低，但并未像黏聚力 c 那么显著。

由这组试验大致可以看出，对于该场地砂土，其抗剪强度的变化主要发生在含水率 4%～5%，当砂土的含水率大于该含水率后，其强度将显著降低。

3. 标准贯入试验

在罗安达某项目场地，我们做了一组天然状态与浸湿状态下标准贯入试验锤击数对比试验。试验在钻孔中进行，先将钻孔钻至预定深度并进行天然状态下的标准贯入试验，然后再将钻孔多钻 0.5m，将孔底砂土缓慢浸湿后进行浸湿后的标准贯入试验。试验结果如表 2.2 所示。

浸水前后标准贯入试验锤击数对比表　　　　　　　　　　　　表 2.2

天然状态		浸湿状态	
试验深度（m）	锤击数（击）	试验深度（m）	锤击数（击）
1.0	16	1.5	3
2.0	17	2.5	3.5
3.0	19	3.5	3.5
4.0	23	4.5	4
6.0	31	6.5	11
8.0	51	8.5	11

试验钻孔处砂土天然状态含水率为 2%～3%，浸湿状态含水率为 7%～9%。由表 2.2 可见，与天然状态相比较，浸湿状态标准贯入试验锤击数降低幅度非常显著。

4. 非洲红砂地基承载力建议值

既然非洲红砂地基土的强度与含水率有密切的关系，那么其地基承载力建议值如何确定？根据近年来在安哥拉及南部非洲地区诸多项目岩土工程勘察经验，对于非洲红砂地基的承载力一般可按以下原则确定其建议值：

（1）对于采用天然地基且地基有浸水可能的建（构）筑物，一般应按浸湿状态考虑地基承载力建议值；

（2）对于一些基本无浸水可能且因地基差异沉降而导致的结构损坏基本不影响使用功能的次要建（构）筑物，可按天然状态含水率考虑地基承载力建议值；

（3）对于其他建（构）筑物，可根据具体情况考虑对天然地基承载力进行适当折减后作为建议值。

2.6.3　湿陷性

关于非洲红砂湿陷性评价，本节主要讨论三方面内容，即室内试验的可靠性分析、现场浸水载荷试验的可靠性分析和非洲红砂场地湿陷类型。其他有关评价方法和内容可参考《湿陷性黄土地区建筑规范》GB 50025—2004 和《岩土工程勘察规范》GB 50021—2001（2009 年版）的有关规定。

1. 室内试验的可靠性分析

前已述及，湿陷系数试验有室内试验和现场浸水载荷试验两种。对于室内试验，在试样制备和浸水过程中有一些细节问题要特别注意，以免试验得到的湿陷系数不能反映试样的实际情况，有关问题的叙述详见 2.4 节。由于试验过程存在一些问题，那么，室内试验结果是否可靠呢？这里我们从试样的干密度对其湿陷系数进行估算，用估算结果和实际试验结果进行对比，来验证试验结果是否可靠。与湿陷试验相比，干密度试验比较简单可靠，除了可在室内进行外，还可在现场用灌水法或灌砂法进行大体积密度试验，以保证密度试验的可靠性。

众所周知，在压力不变的情况下，土样是否具有湿陷性，与其干密度和含水率密切相关，干密度（孔隙比）是决定湿陷性的根本因素。对于同一类土（相对密度相同），随着干密度的增大，土颗粒之间的空隙就变小。当干密度大到一定程度（土颗粒之间的空隙小到一定的程度），土颗粒没有发生湿陷的空间，无论含水率的大或小，均不会发生湿陷。根据土力学基本原理，我们可以推导出在一定压力下的湿陷系数与干密度之间的关系式（推导过程从略）：

$$\delta_s = \frac{\rho_d (\rho_{dwp} - \rho_{dp})}{\rho_{dp}\rho_{dwp}} \tag{2.1}$$

式中　　δ_s——湿陷系数；

　　　　ρ_d——土的天然干密度；

　　　　ρ_{dp}——在压力 p 作用下浸水前土的压缩干密度；

　　　　ρ_{dwp}——在压力 p 作用下浸水后土的压缩干密度。

以罗安达某住房项目为例，用式（2.1）估算表层红砂（深度 2m 以内）可能达到的湿陷系数。

当土样的天然含水率较大，土样的结构强度在压力 p 作用下被破坏，土样在浸水前即已产生了较大的压缩变形，即土样浸水前的压缩干密度接近浸水后的压缩干密度，此时湿陷系数 δ_s 会变得很小。极端情况下，土样浸水前的压缩干密度与浸水后的压缩干密度相同，此时湿陷系数 δ_s 为 0。

相反，当土样的含水率较小，土样的结构强度在压力 p 作用下不致于被破坏，土样在浸水前的压缩变形也会较小。极端情况下，当含水率小到一定程度，如基本处于干燥状态，土样在压力 p 作用下不会发生变形，此时，浸水前的压缩干密度就等于天然干密度，即 $\rho_{dp} = \rho_d$，将其代入式（2.1），得到式（2.2）。

$$\delta_s = \frac{\rho_{dwp} - \rho_{dp}}{\rho_{dwp}} = \frac{\rho_{dwp} - \rho_d}{\rho_{dwp}} \tag{2.2}$$

当浸水后，土样的结构强度迅速降低，在压力 p 作用下发生显著湿陷变形，这种情况的湿陷系数会达到最大值。如湿陷系数试验值大于该最大值，极有可能是试验误差所致，应考虑其可靠性。

以罗安达某住宅项目为例，根据室内试验结果，将表层砂土（深度 2m 以内）的有关试验指标统计如下：

天然干密度 ρ_d 变化范围为 $1.53 \sim 1.73 \mathrm{g/cm^3}$，$\rho_d$ 平均值为 $1.64 \mathrm{g/cm^3}$。根据现场浸水载荷试验结束后从载荷板下采取试样进行的密度和含水率试验结果，200kPa 压力下浸水后的压缩干密度为 ρ_{dw200} 为 $1.72 \mathrm{g/cm^3}$。以天然干密度平均值（$1.64 \mathrm{g/cm^3}$）代入式（2.2），计算得到湿陷系数最大值为 0.047，即深度 2m 以内砂土的湿陷系数平均应为 $0 \sim 0.047$。实际室内湿陷性试验结果显示，对于表层土（深度 2m 以内），湿陷系数实测值为 $0.001 \sim 0.042$，平均值为 0.017。由此可见，室内试验结果应该是可信的。

2. 现场浸水载荷试验可靠性分析

采用现场浸水载荷试验测定地基土的湿陷系数的有关规定见《岩土工程勘察规范》GB 50021—2001（2009 年版）6.1 节。有关条文对湿陷性的判定标准为："在 200kPa 压力下浸水载荷试验的附加湿陷量与承压板宽度之比等于或大于 0.023 的土，应判定为湿陷性土。"该规定的假定前提如下：

（1）假设在 200kPa 压力作用下载荷试验主要受压层的深度范围 z 为载荷板下 1.5 倍的载荷板宽度；

（2）浸水后产生的附加湿陷量 F_s 与深度 z 之比 F_s/z，相当于土的单位厚度产生的附加湿陷量；

（3）与室内浸水压缩试验相比，把单位厚度的附加湿陷量作为判定湿陷性土的定量界限指标，其值按《湿陷性黄土地区建筑规范》GB 50025—2004 的规定为 0.015，即 $F_s/z=0.015$，深度 $z=1.5b$（b 为载荷板宽度），$F_s/b=1.5 \times 0.015=0.023$。

按上述假定，用浸水载荷试验测定湿陷系数除以 1.5 与室内浸水压缩试验测定的湿陷系数相当。

从理论上讲，现场载荷试验与室内压缩试验的应力状态和变形机制是不同的，主要表现在以下几方面：

（1）室内压缩试验是在完全侧限条件下进行的，而现场载荷试验的侧限条件与室内试验不同，载荷板下的地基土是可以有侧向变形的，尤其是在浸水饱和条件下，载荷板下的地基土还有可能被侧向挤出，导致载荷板的竖向变形偏大；

（2）载荷板下的实际受压土层深度假定为载荷板宽度的 1.5 倍，但实际情况不一定如此。

根据在安哥拉某住房项目和某医院项目共完成的 4 组浸水载荷试验，试验得到的 200kPa 压力下的湿陷系数、折算为相当于室内试验的湿陷系数及按式（2.2）计算的理论最大湿陷系数如表 2.3 所示。

浸水载荷试验结果一览表　　　　　　表 2.3

组号	项目	试验方法	干密度 (g/cm³)	天然含水率 (%)	200kPa 压力下的湿陷系数	折算为室内试验的湿陷系数	室内试验含水率范围值（平均值）	室内试验湿陷系数范围值（平均值）
1	某住房	双线法	1.61	4.1	0.014	0.009	2.7~8.8 (5.6)	0.001~0.042 (0.017)
2			1.65	6.1	0.013	0.009		
3	某医院	单线法	1.62	7.1	0.053	0.035	4.6~23.4 (14.8)	0.000~0.020 (0.005)
4			1.56	9.5	0.062	0.041		

由表 2.3 可见，第 1 组和第 2 组载荷试验天然含水率相对偏小，浸水试验得到的湿陷系数分别为 0.014 和 0.013，折算为室内试验的湿陷系数均为 0.009；室内试验测得湿陷系数为 0.001~0.042，平均值为 0.017，两个载荷试验砂土的含水率与室内试验测得的该层土含水率平均值较为接近，但浸水载荷试验测得的湿陷系数明显偏小。第 3 组和第 4 组浸水载荷试验地基土天然含水率较大，分别为 7.1% 和 9.5%，按理浸水前应该有较大的压缩变形，浸水后的湿陷变形应该较小，但其湿陷系数明显偏大。造成这种结果的原因可能有如下几方面的因素：

（1）单线法和双线法在浸水后地基土的受力机理不同；

（2）第 3 组和第 4 组试验在浸水后地基土有被侧向挤出的可能；

（3）天然砂土的含水率不同，其有效压缩层深度不同；

（4）砂土本身性质不同。

从两个项目的勘察资料看，两个项目场地为同一个地貌单元，地层结构相似，表层砂土的颗粒组成亦相近。两个项目的浸水载荷试验最明显的差别：一是地基土的含水率，二是试验方法（单线法和双线法）。究竟是什么因素导致两个项目的浸水载荷试验测得的湿陷系数相差如此之大，需要在后续研究中继续探索。同样是浸水载荷试验，两个项目测出的湿陷系数不但与室内试验结果相差较大，也明显不符合含水率与湿陷系数的一般变化规律。

从以上分析可知，采用浸水载荷试验测出的湿陷系数没有明显的规律性，试验结果的可靠性及湿陷系数的计算方法和湿陷性的评价方法尚需进一步总结完善。

目前，在可以采取到不扰动土试样的情况下，建议湿陷性试验仍以室内试验为主。采用浸水载荷试验是在无法采取不扰动土试样的情况下不得已而采用的替代方法。

3. 非洲红砂场地湿陷类型

关于非洲红砂场地的自重湿陷性，从目前调查和实测资料看，未见场地有自重湿陷的迹象，有限的现场试坑浸水试验结果显示场地属非自重湿陷性场地。

（1）罗安达地区已有房屋调查情况

在进行安哥拉罗安达某住房项目勘察时，正逢 2008 年 3~4 月的雨季，罗安达市内及周边可见很多集水坑，积水时间一般都可保持在 2 周~2 个月不等，地面积水至旱季来临后逐渐消失。从对诸多集水坑地面调查结果看，未见有明显的地面沉降和地面开裂等迹象，说明罗安达地区的红砂场地湿陷类型为自重的可能性不大。

（2）现场试坑浸水试验

2011 年，在罗安达某住房项目完成一例试坑浸水试验。试验场地红砂厚度大约 15m，室内试验结果显示，深度 12m 以上土层均具湿陷性。现场开挖直径 16m、深度 0.8m 的浸水试坑，持续向坑内浸水 10d，具体试验有关资料见第 7 章。根据试验前埋设于土层不同深度和平面位置的土壤水分计观测结果，浸水试坑及外围一定范围以下的砂土全部被浸湿饱和。根据对埋设于不同深度和平面位置的沉降观测标的观测结果，所有标点均未出现下沉，在浸水期间有 10~20mm 的抬升。

根据对罗安达地区雨季天然积水坑的调查及现场试坑浸水试验结果，对于罗安达地区的非洲红砂，除非有明显的证据显示场地具有自重湿陷性，一般情况下可按非自重湿陷场地考虑。

2.6.4　地基基础方案

根据中国有关公司在南部非洲地区诸多工程实践经验，在非洲红砂场地进行工程建设采用的地基基础方案主要与建（构）筑物的基础形式和荷载有关，常见的地基基础方案主要有天然地基、换填垫层、强夯和桩基。

1. 天然地基

对于一些荷载不大的小型或次要的建（构）筑物，当天然地基承载力满足要求时，可以考虑采用天然地基。

在安哥拉罗安达地区，一些由欧洲公司设计的小型建（构）筑物（如别墅），多采用天然地基和筏形基础，采用筏形基础的作用一是减小基础底面平均附加压力，二是可有效调节基础的不均匀沉降。在罗安达市有部分别墅采用天然地基加筏形基础，极少见这类建筑物发生明显的开裂和不均匀沉降等事故。

采用天然地基时，应避免采用对差异沉降敏感的结构，如框架结构和独立基础。一旦某个基础下的砂土浸水导致湿陷和强度大幅降低，发生了超过结构允许的差异沉降，就极有可能导致结构开裂等现象。轻者影响美观，重者影响结构功能甚至造成事故。罗安达某建筑物就是采用了框架结构和柱下独立基础，在地基不均匀浸水后造成结构开裂。详细介绍见第 11 章。

2. 换填垫层

对于一些荷载不是太大的建（构）筑物，为有效减小因湿陷和强度降低而产生的沉降和不均匀沉降，在垫层和下卧层承载力验算及沉降和差异沉降验算均满足要求的情况下，可以考虑采用换填垫层方案。换填垫层材料可采用就地开挖的红砂或水泥土（在红砂中掺入一定比例的水泥），垫层的厚度可根据承载力验算和沉降验算确定。有关垫层的详细研究和评价见第 9 章。

3. 强夯

采用强夯无需将基础底面以下的土层挖出。采用强夯方案时，地基土的含水率应控制在最优含水率附近，以避免夯不动或将地基土夯散的情况发生。有关强夯的详细研究和评价见第 10 章。

4. 桩基

在安哥拉罗安达地区，有部分红砂场地建（构）筑物采用桩基穿透红砂层，将桩端置于红砂以下的第三系半成岩状的泥岩、砂岩层中。根据已有工程经验，采用桩基时，桩侧土的极限摩侧阻力也随着含水率的升高而大幅度降低，对单桩竖向极限承载力影响较大，在勘察及桩基设计时应予以足够的重视。为了避免桩侧土含水率的变化对单桩承载力产生显著影响，桩端应深入到较深的稳定土层中，即桩长不宜太短。具体工程案例见第 11 章。

2.6.5　场地防排水问题

因非洲红砂的强度与含水率有密切的关系，随着含水率的增加，强度会大幅度下降。为了减小地表水及地表水的渗入对地基基础的影响，可参照《湿陷性黄土地区建筑标准》GB 50025—2018 的有关规定，对场地的防排水进行合理设计。可从以下几方面考虑：

（1）应采取有效措施使地面排水通畅，避免地面积水长期下渗对地基土产生不利影响；

（2）散水的排放应尽量远离基础；

（3）绿化浇水应适量，避免长期绿化用水下渗对地基基础的影响；

（4）在没有市政排水系统的场地如采用渗井，在条件允许的情况下渗井位置应尽量远离建筑物基础；

（5）尽量采取措施避免上下水管道接头漏水且易于检修。

第3章　非洲红砂的基本物理力学性质

　　土力学和土木工程研究的土是由固体颗粒、水和气体三部分组成的三相体系。三相组成的性质，特别是固体颗粒的性质，直接影响土的工程特性。但是，同样一种土，密实时强度高，松散时强度低。对于细粒土，水含量少时则硬，水含量多时则软。这说明土的力学性质不仅与三相组成的性质有关，而且三相之间的比例关系也是一个很重要的影响因素。

　　结合安哥拉 K.K. 社会住房项目，选择其中央景观带以东的皮尔森预留地为试验场地，试验场地原始地形大致平坦，西南高东北低，场地内杂草丛生（图 3.1），并零星分布有树木，试验前没有明显的人类活动痕迹，受人类活动影响很小。

图 3.1　试验场地原始实景

本章通过在试验场地布置 18 个钻孔（图 3.2）进行取样并结合大量室内试验揭示非洲红砂的颗粒组成、化学成分、颗粒相对密度、密度、含水率等基本物理性质，从而为后期分析

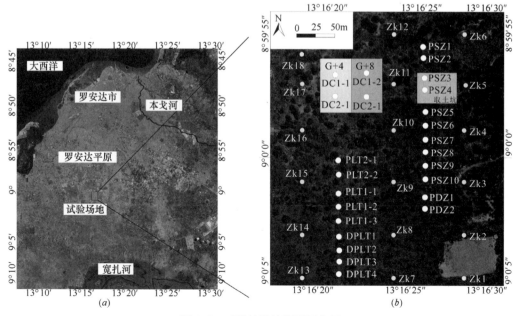

图 3.2　工程地质钻探平面布置

红砂的力学性质提供数据支撑。此外，为研究不同取样方法对红砂地层物理性质的影响，分别对探井和工程地质钻探取样土体进行室内试验研究。试验场地的地层结构及编号详见第7章。

3.1 颗粒组成与定名

为了便于研究土的工程性质，需要按红砂主要特征进行工程分类。当前国内使用的土的分类方法并不统一，不同规范中的规定也不完全一样。由于本次研究主要结合场地岩土工程勘察完成，因此本次对红砂的分类依据《岩土工程勘察规范》GB 50021—2001（2009 年版）。

通过现场取样并采用筛分法与密度计法相结合的颗粒分析试验，确定不同红砂地层的颗粒大小组成，统计不同红砂地层的颗粒大小，结果如表 3.1 所示，并分别绘制不同红砂地层的颗粒级配曲线如图 3.3～图 3.5 所示。

不同地层颗粒分析试验成果（累计百分含量）统计表　　　　　表 3.1

层号	类别	小于各粒径(mm)重量百分比(%)								
		5	2	1	0.5	0.25	0.075	0.05	0.01	0.005
②层粉砂	最大值	100	100	100	98	73	33	23	14	8
	最小值	100	100	100	97	65	17	12	4	3
	平均值	100	100	100	97	69	26	18	8	6
	统计频数	17	17	16	17	16	16	15	16	15
③₁层粉砂	最大值	100	100	100	97	74	35	28	15	13
	最小值	100	100	99	97	72	30	24	10	8
	平均值	100	100	100	97	73	32	25	13	11
	统计频数	4	4	4	4	4	4	4	4	4
③₂层粉砂	最大值	100	100	100	97	76	41	36	20	17
	最小值	100	98	96	93	68	33	27	12	8
	平均值	100	100	98	96	73	37	30	17	14
	统计频数	6	6	6	6	6	6	6	6	6

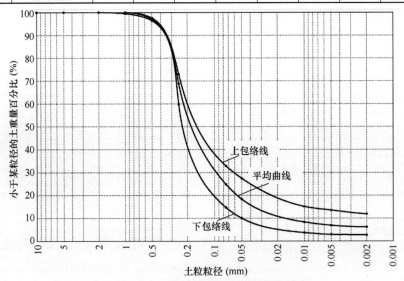

图 3.3　②层粉砂颗粒粒径级配曲线

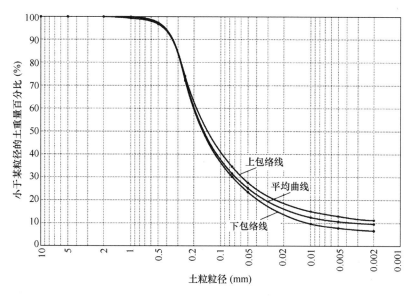

图 3.4　③₁ 层粉砂颗粒粒径级配曲线

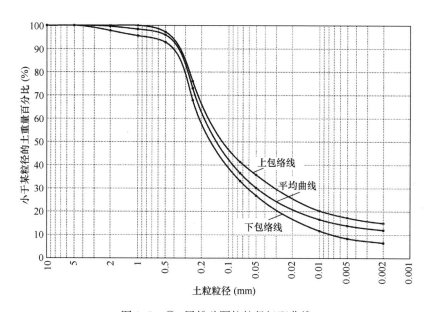

图 3.5　③₂ 层粉砂颗粒粒径级配曲线

从表 3.1 可以看出②层粉砂粒径大于 0.25mm 颗粒质量占总质量的 31％，大于 0.075mm 颗粒质量占总质量的 74％；③₁ 层粉砂粒径大于 0.25mm 颗粒质量占总质量的 27％，大于 0.075mm 颗粒质量占总质量的 68％；③₂ 层粉砂粒径大于 0.25mm 颗粒质量占总质量的 27％，大于 0.075mm 颗粒质量占总质量的 63％。因此试验场地红砂地层的分类均为粉砂。进一步分析表 3.1 发现红砂场地地层中的粉粒（$0.005\text{mm} \leqslant d \leqslant 0.075\text{mm}$）和黏粒（$d \leqslant 0.005\text{mm}$）质量占总质量的百分比随深度增加而相应增加，如②层红砂粉粒质量占总质量的百分比为 20％，黏粒质量占总质量的百分比为 6％；③₁ 层砂粉粒质量占总质量的百分比为 21％，黏粒质量占总质量的百分比为 11％；③₂ 层粉砂粉粒质量占总

23

质量的百分比为 23%，黏粒质量占总质量的百分比为 14%。

从图 3.3～图 3.5 可以看出②层粉砂控制粒径 d_{60} 为 0.22mm，有效粒径 d_{10} 为 0.018mm，d_{30} 为 0.096mm；③$_1$ 层粉砂控制粒径 d_{60} 为 0.20mm，有效粒径 d_{10} 为 0.002mm，d_{30} 为 0.07mm；③$_2$ 层粉砂控制粒径 d_{60} 为 0.18mm，有效粒径 d_{10} 为 0.001mm，d_{30} 为 0.05mm。因此，根据式（3.1）和式（3.2）分别计算不同红砂地层的不均匀系数 C_u 和曲率系数 C_c。计算结果得②层、③$_1$ 层和③$_2$ 层粉砂的不均匀系数 C_u 分别为 12.2、100 和 180，②层、③$_1$ 层和③$_2$ 层粉砂的曲率系数 C_c 分别为 2.32、12.25 和 13.89。三层红砂的不均匀系数均大于 5，因此表明红砂地层均为不均匀土；此外除了②层粉砂的曲率系数位于 1～3 之间外，③$_1$ 层和③$_2$ 层粉砂的曲率系数均大于 3。综上可判定，②层粉砂为级配良好土，③$_1$ 层和③$_2$ 层粉砂为级配不良土。

$$C_u = d_{60}/d_{10} \tag{3.1}$$

$$C_c = \frac{d_{30}^2}{d_{60} \times d_{10}} \tag{3.2}$$

式中　d_{10}——小于此种粒径的土的质量占总质量的 10%；

　　　d_{30}——小于此种粒径的土的质量占总质量的 30%；

　　　d_{60}——小于此种粒径的土的质量占总质量的 60%。

3.2　红砂的基本物理指标

由于土是三相体系，不能用一个单一指标来说明三相间量的比例，需要在试验室实测三个基本物理指标，分别为土的密度、土粒相对密度和含水率。根据测定的三个基本物理指标计算其他物理指标，计算结果与分析如下。

3.2.1　红砂的密度（ρ）与重度（γ）

土的密度是指单位体积土的质量，常以 g/cm³ 或 kg/m³ 计。工程上还常用重度来表示类似的概念，土的重度定义为单位体积土的重量，是重力的函数，以 kN/m³ 计。

根据《土工试验方法标准》GB/T 50123—1999 采用环刀法分别测试了试验场地 17 个钻孔不同深度红砂地层的密度，并将测试结果绘制成图 3.6。从图 3.6 发现试验场地红砂密度具有以下规律：

（1）红砂密度基本分布在两条相互平行的直线（A 和 B）区间内，约占 90.9%，两条直线斜率均为正值，表明红砂密度与深度呈正比，具有随深度增加而增加的特征；

（2）同一深度不同钻孔红砂密度变化较大，表明红砂密度在横向上具有不均匀性；

（3）分布在直线 A 和 B 外侧的密度主要位于深度 5m 以上的红砂地层中，且主要分布在直线 B 的外侧，表明深度 5m 以上红砂密度的变化范围大于深度 5m 以下红砂密度的变化范围，分析其原因可能是深度 5m 以上红砂地层密度由外部环境造成。

统计试验场地红砂密度测试结果如表 3.2 所示，从表 3.2 可知试验场地红砂密度的统计个数为 230 个，最小值为 1.57g/cm³，最大值为 2.05g/cm³，平均值为 1.80g/cm³，标准差为 0.10，变异系数为 0.05。

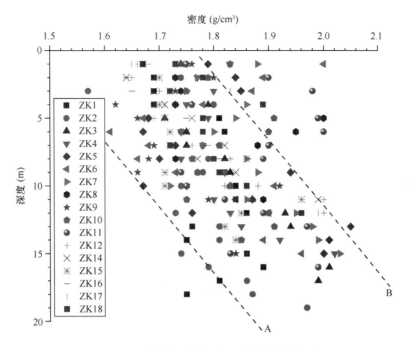

图 3.6　不同钻孔不同深度红砂密度变化规律

红砂密度统计结果表　　　　表 3.2

统计个数	最小值(g/cm³)	最大值(g/cm³)	平均值(g/cm³)	标准差	变异系数
230	1.57	2.05	1.80	0.10	0.05

根据红砂定名和分层结果进一步分析试验场地不同红砂地层的密度特征，为后期工程应用方便，本次研究主要针对不同红砂地层的重度进行分析，不同红砂地层重度的分析结果如表 3.3 所示。从表 3.3 可知，②层粉砂重度最小值为 15.7kN/m³，最大值为 20.0kN/m³，平均值为 17.7kN/m³，其统计个数为 164 个，标准差为 0.81，变异系数为 0.05；③₁ 层粉砂重度最小值为 17.3kN/m³，最大值为 20.0kN/m³，平均值为 18.6kN/m³，其统计个数为 27 个，标准差为 0.76，变异系数为 0.04；③₂ 层粉砂重度最小值为 17.4kN/m³，最大值为 20.5kN/m³，平均值为 19.0kN/m³，其统计个数为 34 个，标准差为 0.89，变异系数为 0.05。以上结果表明试验场地上部②层粉砂重度最小，下部③₂ 层粉砂重度最大，进一步说明试验场地红砂重度随深度增加而增加。此外，各层红砂重度统计的标准差和变异系数基本相同，表明各层红砂重度的离散性基本相同。

不同红砂地层重度统计结果表　　　　表 3.3

层号	②层粉砂	③₁ 层粉砂	③₂ 层粉砂
最小值 (kN/m³)	15.7	17.3	17.4
最大值 (kN/m³)	20.0	20.0	20.5
平均值 (kN/m³)	17.7	18.6	19.0
标准差	0.81	0.76	0.89
变异系数	0.05	0.04	0.05
统计个数	164	27	34

3.2.2　红砂土粒相对密度（G_s）

土粒相对密度指土固体颗粒重量与其相同体积 4℃纯水的重量之比，是土的基本物理性质指标中需直接测定的三个物理指标之一，是一个非常重要的指标。天然土的颗粒由不同的矿物组成，不同矿物的相对密度一般不同，试验测得的土粒相对密度一般为平均相对密度。土的相对密度变化范围不大，细粒土（黏性土）一般为2.70～2.75；砂土的土粒相对密度一般为2.65左右。《岩土工程勘察规范》GB 50021—2001（2009年版）允许有经验的地区可根据经验判定，但在缺乏经验的地区仍应直接测定。

根据《土工试验方法标准》GB/T 50123—1999，采用相对密度瓶法分别测试不同红砂地层的土粒相对密度，统计测试结果如表3.4所示。从表3.4可知试验场地红砂的土粒相对密度为2.66～2.70，②层粉砂可取2.67，③$_1$层粉砂和③$_2$层粉砂均可取2.68。因此，红砂地层的土粒相对密度均大于一般砂土的土粒相对密度。

此外试验结果表明，试验场地红砂土粒相对密度变化较小，且离散性也较小，因此不再详细分析土粒相对密度与随深度变化特征。

不同红砂地层土粒相对密度统计结果表　　　　　　　　　表3.4

层号	红砂②层	红砂③$_1$层	红砂③$_2$层
最大值	2.66	2.67	2.67
最小值	2.69	2.70	2.70
平均值	2.67	2.68	2.68
统计频数	34	9	11

3.2.3　红砂的含水率（w）

土的含水率是指土中水的质量与土粒质量之比，以百分数表示。根据《土工试验方法标准》GB/T 50123—1999采用烘干法分别测试不同红砂地层的含水率，根据测试结果绘制试验场地17个钻孔不同深度红砂含水率变化特征，如图3.7所示。从图3.7可知红砂

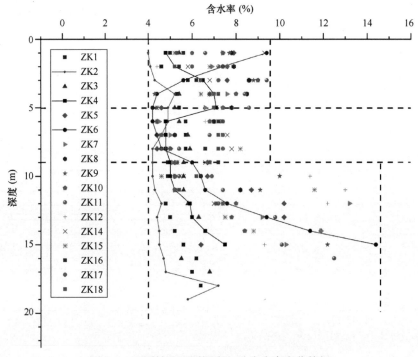

图3.7　不同钻孔不同深度红砂含水率变化特征

的天然含水率具有以下特征：

（1）试验场地不同深度红砂的天然含水率均大于4%，其中10m以上红砂含水率位于4%～9.6%，10m及其以下红砂含水率位于4%～14.8%；

（2）地表至深度5m的红砂含水率与深度关系不显著，部分钻孔（ZK2）含水率随深度增加而增加，部分钻孔（ZK6）含水率随深度增加而减小，表明试验场地5m以上红砂受降雨和蒸发影响较大；

（3）地表5m以下红砂含水率与深度呈正比，其基本随深度增加而增加，其原因可能是下部膨胀岩土隔水性较好，从而在上部形成滞水层。

统计试验场地红砂含水率测试结果如表3.5所示，从表3.5可知试验场地红砂含水率的统计个数为230个，最小值为4.0%，最大值为14.4%，平均值为6.6%，标准差为0.02，变异系数为0.29。

红砂含水率统计结果表　　　　　　　　　　表3.5

统计个数	最小值（%）	最大值（%）	平均值（%）	标准差	变异系数
230	4	14.4	6.6	0.02	0.29

根据红砂定名和分层结果进一步分析试验场地不同红砂地层的含水率特征，结果如表3.6所示。从表3.6可知试验场地②层粉砂的含水率最小值为4.0%，最大值为11.4%，平均值为6.2%，其统计个数为164个，标准差为0.01，变异系数为0.23；③₁层粉砂的含水率最小值为4.3%，最大值为13.2%，平均值为7.6%，其统计个数为27个，标准差为0.03，变异系数为0.33；③₂层粉砂的含水率最小值为4.4%，最大值为14.4%，平均值为7.8%，其统计个数为34个，标准差为0.03，变异系数为0.34。因此，该结果进一步表明红砂场地地层含水率随深度增加而增加。此外，3层红砂含水率的标准差和变异系数为一个数量级且相差较小，表明不同深度红砂地层含水率的离散性基本相同。

不同红砂地层含水率统计结果表　　　　　　　　表3.6

层号	②层粉砂	③₁层粉砂	③₂层粉砂
最小值（%）	4.0	4.3	4.4
最大值（%）	11.4	13.2	14.4
平均值（%）	6.2	7.6	7.8
标准差	0.01	0.03	0.03
变异系数	0.23	0.33	0.34
统计频数	164	27	34

3.2.4　红砂的干密度（ρ_d）

根据试验测定的密度与含水率计算红砂干密度，并绘制试验场地17个钻孔不同深度红砂干密度变化特征，如图3.8所示。从图3.8可知，红砂干密度具有以下特征：

（1）红砂干密度基本分布在两条相互平行的直线（A和B）区间内，约占90.9%，两条直线斜率均为正值，表明红砂干密度与深度呈正比，具有随深度增加而增加的特征；

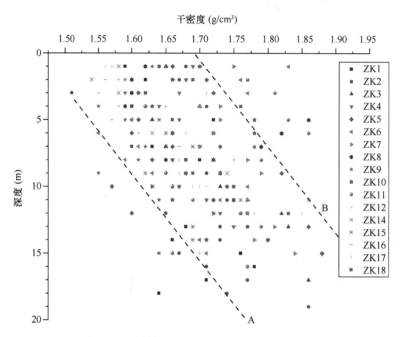

图 3.8　不同钻孔不同深度红砂干密度变化特征

（2）同一深度不同钻孔红砂干密度变化较大，表明红砂干密度在横向上具有不均匀性；

（3）分布在直线 B 外侧的干密度主要位于深度 5m 以上的红砂地层中，而分布在直线 A 外侧的干密度主要位于 10m 以下的红砂地层中，表明 5m 以上红砂局部地层会有干密度偏大和 10m 以下红砂地层会有干密度偏小的现象，当上部红砂干密度偏大时对工程建设有利，而当下部红砂干密度偏小时则对工程建设不利，因此，工程建设时需要在红砂干密度偏小区域采取一定的工程措施。

统计试验场地红砂干密度计算结果如表 3.7 所示，从表 3.7 可知试验场地红砂干密度统计个数为 230 个，最小值为 $1.51g/cm^3$，最大值为 $1.91g/cm^3$，平均值为 $1.69g/cm^3$，标准差为 0.08，变异系数为 0.05。

红砂干密度统计结果表　　　　　　　　　　　　　　　　　表 3.7

统计个数	最小值(g/cm^3)	最大值(g/cm^3)	平均值(g/cm^3)	标准差	变异系数
230	1.51	1.91	1.69	0.08	0.05

根据红砂分类和分层结果进一步分析试验场地不同红砂地层的干密度特征，分析结果如表 3.8 所示。从表 3.8 可知，②层粉砂干密度最小值为 $1.51g/cm^3$，最大值为 $1.86g/cm^3$，平均值为 $1.67g/cm^3$，其统计个数为 164 个，标准差为 0.07，变异系数为 0.04；③$_1$ 层粉砂干密度最小值为 $1.60g/cm^3$，最大值为 $1.86g/cm^3$，平均值为 $1.74g/cm^3$，其统计个数为 27 个，标准差为 0.06，变异系数为 0.03；③$_2$ 层粉砂干密度最小值为 $1.64g/cm^3$，最大值为 $1.91g/cm^3$，平均值为 $1.76g/cm^3$，其统计个数为 34 个，标准差为 0.07，变异系数为 0.04。以上结果表明，试验场地上部②层粉砂干密度最小，下部③$_2$ 层粉砂干密度最大。这进一步说明，试验场地红砂干密度随深度增加而增加。此外，各层红砂干密度统计的标准差和变异系数基本相同，表明各层红砂重度的离散性基本相同。

不同红砂地层干密度统计结果表 表 3.8

层号	②层粉砂	③₁层粉砂	③₂层粉砂
最小值(g/cm³)	1.51	1.60	1.64
最大值(g/cm³)	1.86	1.86	1.91
平均值(g/cm³)	1.67	1.74	1.76
标准差	0.07	0.06	0.07
变异系数	0.04	0.03	0.04
统计个数	164	27	34

3.2.5 红砂的孔隙比 (e)

根据试验测定的基本物理指标计算红砂孔隙比，并绘制试验场地 17 个钻孔不同深度红砂孔隙比变化特征，如图 3.9 所示。从图 3.9 可知红砂孔隙比具有以下特征：

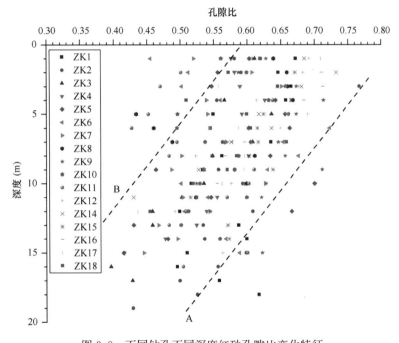

图 3.9 不同钻孔不同深度红砂孔隙比变化特征

（1）红砂孔隙比基本分布在两条相互平行的直线（A 和 B）区间内，约占 90.9%，两条直线斜率均为负值，表明红砂干密度与深度呈反比，具有随深度增加而减小的特征；

（2）同一深度不同钻孔红砂孔隙比变化较大，表明红砂孔隙比在横向上具有不均匀性；

（3）分布在直线 B 外侧的孔隙比主要位于深度 5m 以上的红砂地层中，而分布在直线 A 外侧的孔隙比主要位于 10m 以下的红砂地层中，表明 5m 以上红砂局部地层会有孔隙比偏小和 10m 以下红砂地层会有孔隙比偏大的现象，当上部红砂孔隙比偏小时对工程建设有利，而当下部红砂孔隙比偏大时则对工程建设不利，因此工程建设时需要在红砂孔隙比偏大区域采取一定的工程措施。

统计试验场地红砂孔隙比计算结果如表3.9所示，从表3.9可知试验场地红砂孔隙比统计个数为230个，最小值为0.396，最大值为0.767，平均值为0.576，标准差为0.07，变异系数为0.13。

红砂孔隙比统计结果表   表 3.9

统计个数	最小值	最大值	平均值	标准差	变异系数
230	0.396	0.767	0.576	0.07	0.13

根据红砂分类和分层结果进一步分析试验场地不同红砂地层的孔隙比特征，分析结果如表3.10所示。从表3.10可知，②层粉砂孔隙比最小值为0.427，最大值为0.767，平均值为0.597，其统计个数为164个，标准差为0.07，变异系数为0.11；③$_1$层粉砂孔隙比最小值为0.430，最大值为0.666，平均值为0.527，其统计个数为27个，标准差为0.05，变异系数为0.10；③$_2$层粉砂孔隙比最小值为0.396，最大值为0.622，平均值为0.513，其统计个数为34个，标准差为0.06，变异系数为0.12。以上结果表明，试验场地上部②层粉砂孔隙比最大，下部③$_2$层粉砂孔隙比最小，进一步说明试验场地红砂孔隙比随深度增加而减小。此外，各层红砂孔隙比统计的标准差和变异系数基本相同，表明各层红砂孔隙比的离散性基本相同。

不同红砂地层孔隙比统计结果表   表 3.10

层号	②层粉砂	③$_1$层粉砂	③$_2$层粉砂
最小值	0.427	0.430	0.396
最大值	0.767	0.666	0.622
平均值	0.597	0.527	0.513
标准差	0.07	0.05	0.06
变异系数	0.11	0.10	0.12
统计个数	164	27	34

3.2.6 红砂的饱和度 (S_r)

根据试验测定的基本物理指标计算饱和度，并绘制试验场地17个钻孔不同深度红砂饱和度变化特征，如图3.10所示。从图3.10可知，红砂饱和度具有以下特征：

(1) 试验场地不同深度红砂的饱和度均大于15%，其中深度9m以上红砂饱和度主要为15%～42%，部分为42%～57%，深度9m及其以下红砂饱和度为15%～69%；

(2) 深度9m以上饱和度大于42%的红砂较少且主要分布在6m以上，其原因可能是强降雨导致上部红砂含水率增加进而引起饱和度增加，因此，可推测试验场地6m以上红砂饱和度受降雨影响较大；

(3) 地表9m以下红砂饱和度均大于9m以上红砂饱和度，且基本随深度增加而增加，其原因可能是下部膨胀岩土隔水性较好，从而在9m以下红砂地层形成滞水层。

统计试验场地红砂饱和度计算结果如表3.11所示，从表3.11可知，试验场地红砂饱和度统计个数为230个，最小值为15%，最大值为69%，平均值为31.4%，标准差为11.3，变异系数为0.36。

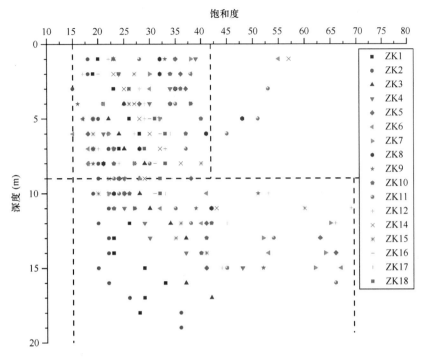

图 3.10　不同钻孔不同深度红砂饱和度变化特征

红砂孔隙比统计结果表　　　　　　　　　　　　　表 3.11

统计个数	最小值(%)	最大值(%)	平均值(%)	标准差	变异系数
230	15	69	31.4	11.3	0.36

　　根据红砂分类和分层结果，进一步分析试验场地不同红砂地层的饱和度特征，分析结果如表 3.12 所示。从表 3.12 可知，②层粉砂饱和度最小值为 15%，最大值为 57%，平均值为 28.4%，其统计个数为 164 个，标准差为 0.08，变异系数为 0.29；③$_1$ 层粉砂饱和度最小值为 20%，最大值为 69%，平均值为 38.5%，其统计个数为 27 个，标准差为 0.13，变异系数为 0.34；③$_2$ 层粉砂饱和度最小值为 20%，最大值为 67%，平均值为 41.1%，其统计个数为 34 个，标准差为 0.14，变异系数为 0.34。以上结果表明，试验场地上部②层粉砂饱和度最小，下部③$_2$ 层粉砂饱和度最大，进一步说明试验场地红砂饱和度随深度增加而增加。此外，各层红砂饱和度统计的标准差和变异系数基本相同，表明各层红砂饱和度的离散性基本相同。

不同红砂地层饱和度统计结果表　　　　　　　　　表 3.12

层号	②层粉砂	③$_1$ 层粉砂	③$_2$ 层粉砂
最小值(%)	15	20	20
最大值(%)	57	69	67
平均值(%)	28.4	38.5	41.1
标准差	0.08	0.13	0.14
变异系数	0.29	0.34	0.34
统计个数	164	27	34

3.3 红砂的相对密度

为揭示天然红砂地层的相对密度，根据《土工试验方法标准》GB/T 50123—1999 分别进行了最大和最小干密度试验，根据测试结果分别按式（3.3）计算最小孔隙比和最大孔隙比，计算结果如表 3.13 所示。

$$e = \frac{G_{\mathrm{s}}\rho_{\mathrm{w}}(1+w)}{\rho} - 1 \tag{3.3}$$

式中，e 为孔隙比；ρ 为土的天然密度，不同红砂地层取值如表 3.2 所示；ρ_{w} 为水的密度，可取 $1\mathrm{g/cm^3}$；G_{s} 为土粒相对密度，不同红砂地层取值如表 3.4 所示；w 为土的含水率，不同红砂地层取值如表 3.6 所示。

从表 3.13 可知，红砂最小干密度为 $1.36\sim1.42\mathrm{g/cm^3}$，最大干密度为 $1.83\sim1.87\mathrm{g/cm^3}$，最大孔隙比为 $0.887\sim0.971$，三层红砂地层的最大孔隙比大于理论等粒径球状体的最大孔隙比（0.91），最小孔隙比为 $0.433\sim0.464$。其中②层粉砂最大孔隙比为 0.963，最小孔隙比为 $0.451\sim0.459$，平均值为 0.455；③$_1$ 层粉砂最大孔隙比为 $0.942\sim0.971$，最小孔隙比为 $0.441\sim0.457$，平均值为 0.449；③$_2$ 层粉砂最大孔隙比为 $0.887\sim0.956$，最小孔隙比为 $0.433\sim0.464$，平均值为 0.449。

红砂最大干密度、最小干密度、最大孔隙比及最小孔隙比结果　　表 3.13

层号	干密度 ρ_{d} $(\mathrm{g/cm^3})$		孔隙比 e		最大干密度 ρ_{dmax} $(\mathrm{g/cm^3})$		最小干密度 ρ_{dmin} $(\mathrm{g/cm^3})$		最小孔隙比 $e_{\min}$		最大孔隙比 $e_{\max}$	
②层粉砂	1.67	1.62	0.768	0.659	1.83	1.84	1.36	1.36	0.459	0.455	0.963	0.963
	1.52		0.602		1.84		1.36		0.451		0.963	
③$_1$层粉砂	1.60	1.72	0.666	0.550	1.86	1.85	1.38	1.37	0.441	0.449	0.942	0.956
	1.83		0.458		1.84		1.36		0.457		0.971	
③$_2$层粉砂	1.69	1.80	0.576	0.482	1.87	1.85	1.42	1.40	0.433	0.449	0.887	0.922
	1.91		0.396		1.83		1.37		0.464		0.956	

按式（3.4）分别计算不同红砂层的相对密实度（D_{r}），计算结果得到②层粉砂的相对密度为 0.60；③$_1$ 层粉砂的相对密度为 0.80；③$_2$ 层粉砂的相对密度为 0.93。按相对密度进行密度分类，②层粉砂处于中密状态，③$_1$ 层粉砂和③$_2$ 层粉砂均处于密实状态。

$$D_{\mathrm{r}} = \frac{e_{\max} - e_0}{e_{\max} - e_{\min}} \tag{3.4}$$

式中，D_{r} 为相对密实度；$e_{\max}$ 为最大孔隙比；$e_{\min}$ 为最小孔隙比；e_0 为天然孔隙比。

3.4 红砂的击实特性

为揭示天然红砂的压实最大干密度和最优含水率，根据《土工试验方法标准》GB/T

50123—1999 分别从探井不同深度取样进行不同红砂地层的重型击实试验。各层土重型击实试验结果如图 3.11 所示，获得的最优含水率和最大干密度等参数如表 3.14 所示。此外，现场取浅部②层粉砂分别进行轻型与重型击实试验，试验结果如图 3.12 所示。

击实试验成果数据

表 3.14

土样编号	取土深度（m）	所属土层	最优含水率 w_{op}（%）	最大干密度 ρ_{dmax}（g/cm³）	对应孔隙比 e	击实类型
SN2-A	5.4～6.0	②层粉砂	6.8	2.13	0.254	重型
SN5-B	8.4～9.0	③₁层粉砂	7.6	2.16	0.241	重型
SN2-C	15.4～16.0	③₂层粉砂	6.5	2.17	0.235	重型
现场试验回填土	—	②层粉砂	7.0	2.11	0.265	重型
			7.5	1.96	0.362	轻型

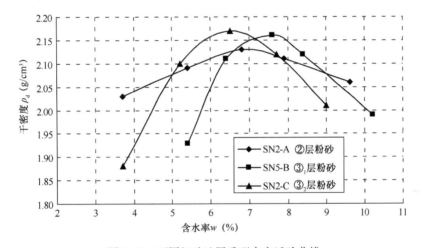

图 3.11　不同红砂地层重型击实试验曲线

表 3.14 结果表明重型击实条件下②层粉砂的最大干密度最小，约为 2.13g/cm³；③₁层和③₂层粉砂的最大干密度均大于 2.15g/cm，其中③₁层粉砂为最大干密度为 2.16g/

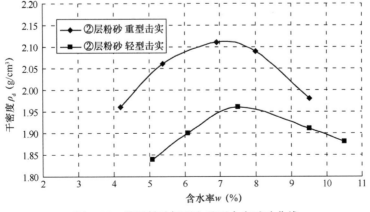

图 3.12　②层粉砂轻型和重型击实试验曲线

cm³，③₂ 层粉砂的最大干密度为 2.17g/cm³。红砂②层的最优含水率为 6.8%，③₁ 层粉砂最优含水率为 7.6%，③₂ 层粉砂最优含水率为 6.5%，根据《建筑地基处理技术规范》JGJ 79—2012，利用最优含水率和颗粒相对密度可计算击实土的最大干密度式（3.5），将表 3.4 和表 3.6 试验结果代入式（3.5），计算得②层粉砂的经验系数 η 为 0.94，③₁ 层粉砂的经验系数 η 为 0.97，③₂ 层粉砂的经验系数 η 为 0.95。

$$\rho_{dmax} = \eta \frac{\rho_w G_s}{1 + 0.01 w_{op} G_s} \tag{3.5}$$

式中　　ρ_{dmax}——压实土的最大干密度；

ρ_w——水的密度，可取 1g/cm³；

G_s——土粒相对密度，不同红砂地层取值见表 3.4；

w_{op}——压实土的最优含水率；

η——经验系数。

②层粉砂轻型与重型击实试验结果表明，相同含水率下轻型击实试验获得的干密度均小于重型击实试验获得的干密度，且轻型击实试验的最大干密度也小于重型击实试验的最大干密度，如对浅部②层粉砂，轻型击实试验获得的最大干密度为 1.96g/cm³，对应最优含水率为 7.5%；重型击实试验获得的最大干密度为 2.11g/cm³，对应最优含水率为 7.0%；根据式（3.5）分别计算轻型击实试验下的经验系数 η 为 0.88，重型击实试验下的经验系数 η 为 0.94。对比图 3.11 中③层粉砂的击实曲线，发现②层粉砂击实试验曲线相对较平缓，表明②层粉砂击实效果对含水率不敏感；对比图 3.12 轻型击实与重型击实试验曲线，发现不同含水率下重型击实试验获得的干密度均大于轻型击实试验获得的最大干密度，表明②层粉砂击实效果对击实功较敏感。

综上所述，红砂地层具有较大的干密度，可作为工程建设的垫层材料，其中②层粉砂击实效果对含水率不敏感，但对击实功较敏感，因此施工过程中可不严格控制含水率，但可增加击实功，从而获得较大的干密度。

第4章　非洲红砂的渗透特性

已有研究结果表明，非洲红砂具有典型的湿陷性、水敏性和崩解性等工程性质，这些性质的表现都与水的渗透关系密切；此外，《湿陷性黄土地区建筑规范》GB 50025—2004针对湿陷性黄土场地建筑提出了3种综合应对措施，包括地基处理措施、防水措施和结构措施，经工程实践检验其同时兼顾安全性和经济性，在安哥拉等具有湿陷性和水敏性土的发展中国家可以参考使用。由于以上3种措施与场地土的渗透特性关系密切，研究非洲红砂场地的渗透特性也就具有重大的工程意义和科学价值。本章针对典型的非洲红砂场地，采用室内变水头渗透试验和现场双环注水试验，测试了非洲红砂天然土和压（击）实土的渗透系数，统计了非洲红砂各土层渗透系数的分布范围，分析了渗透系数与孔隙比的关系，探讨了地表水的下渗浸润规律。

本次试验选取两组典型试验场地（SN1、SN2），钻探（图 4.1）揭示的场地地层自上

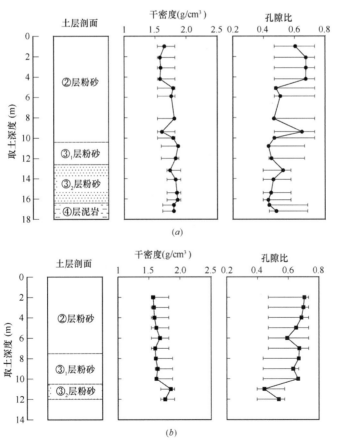

图 4.1　试验点的岩土性质及 Quelo 砂地层干密度和孔隙比随深度变化曲线

(a) SN1 试验点；(b) SN2 试验点

而下分别为：①层表土，含有机质，呈浅棕红色；②层粉砂，颜色较单一，以棕红色为主；③层粉砂（俗称"花斑土"），杂色，分为③₁层粉砂和③₂层粉砂两个亚层，③₁层粉砂以棕红色为主，含黄色和白色斑点，是②层和③₂层之间的过渡层，③₂层粉砂以灰白色粉砂为主，夹棕黄色和棕红色斑点；④层砂泥岩，砂岩以灰白色为主，一般含黄色和红色调斑点，局部颜色较纯，泥岩呈灰绿色。场地地层与区域地层一致，②层、③层均属非洲红砂，但因②层棕红色粉砂经常被作为基础的持力层以及其特殊性质表现得更为充分，②层粉砂的工程性质是工程上关注的重点。

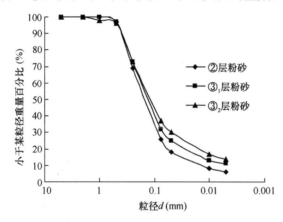

图4.2　试验地层颗粒分析粒径级配曲线

对试验场地所取非洲红砂土样采用筛析法和密度计法测试颗粒级配，根据试验结果，统计非洲红砂（②层粉砂17组、③₁层粉砂4组、③₂层粉砂6组）小于各粒径的重量百分比平均值，绘制颗粒分析级配曲线如图4.2所示。从图中可以看出，试验场地非洲红砂粒径以0.075～0.5mm（中细砂颗粒）为主，$d<$0.075mm的颗粒（粉黏粒）为辅，$d>$0.5mm的砂颗粒较少。②层粉砂、③₁层粉砂和③₂层粉砂的颗粒分析统计结果显示，中细砂颗粒含量平均值分别为71%、65%、59%，粉黏粒含量平均值分别为26%、32%、37%。随着深度增加，中细砂颗粒含量有减小的趋势，而粉黏粒含量有增加的趋势。另外，根据相对密度试验结果，非洲红砂相对密度平均值②层粉砂为2.67，③₁层粉砂为2.68，③₂层粉砂为2.68。

4.1　室内渗透试验及渗透系数

4.1.1　室内变水头渗透试验

试验参照《土工试验方法标准》GB/T 50123—1999执行，分别测试天然土和击实土的渗透系数。试验设备为TST-55型渗透仪，试样直径为61.8mm，高为40mm。制备天然原状试样共26组，取土深度为1.0～16.1m。制备击实土试样共2组，取土深度为5.2～16.0m。击实试样制备时按设计含水率范围3.7%～10.2%配制土料，采用重型击实试验控制，将土样击实后切取渗透试样，放入保湿器中存放24h后进行试验。本次试验中击实②层粉砂试样的干密度ρ_d为1.94～2.10g/cm³，对应压实系数λ为0.91～0.99；击实③₁层粉砂试样的干密度ρ_d为1.86～2.10g/cm³，对应压实系数λ为0.86～0.97；击实③₂层粉砂试样的干密度ρ_d为1.86～2.14g/cm³，对应压实系数λ为0.84～0.99。本次试验中对每种天然及击实试样均进行2组平行试验。

4.1.2　渗透系数

试验测得天然原状土棕红色②层粉砂的渗透系数主要在 $10^{-4} \sim 10^{-3}$ cm/s 量级；杂色③₁ 层粉砂渗透系数主要在 $10^{-5} \sim 10^{-4}$ cm/s 量级；杂色③₂ 层粉砂渗透系数主要在 $10^{-8} \sim 10^{-6}$ cm/s 量级。试验测得击实重塑土棕红色②层粉砂和杂色③₁ 层粉砂的渗透系数主要在 $10^{-5} \sim 10^{-4}$ cm/s 量级，而③₂ 层粉砂击实土渗透系数主要在 $10^{-8} \sim 10^{-6}$ cm/s 量级，在数量级上与天然原状土基本相同。因此，非洲红砂地层中渗透系数自上而下总体呈降低趋势，其中天然②层粉砂、③₁ 层粉砂的渗透系数较大，当地面有积水时可较快地渗入到地下；③₂ 层粉砂及其下部的④层砂泥岩（渗透系数 $k < 10^{-7}$ cm/s 数量级），渗透系数较小，会起到相对隔水的作用。鉴于渗透系数的这种分布规律，当地表大面积灌水后，地表渗水易在③层粉砂及其以上土层中形成上层滞水，若水位上升浸润②层粉砂则会导致该层含水率增加甚至饱和，从而引起地基持力层产生软化作用或发生湿陷变形，进而威胁建筑物安全使用，该现象已导致非洲红砂场地的部分建筑物墙体发生破裂变形，在后期工程建设中应予以关注。此外，尽管②层粉砂击实土的渗透系数比天然状态有所减小，但其数值仍然较大，而③₂ 层粉砂击实后的渗透系数远小于②层粉砂；因此，与②层粉砂相比，③₂ 层粉砂经压实后可以较好的起到防渗效果。

对比棕红色②层粉砂原状土和重塑土的干密度和渗透系数发现，重塑土的干密度平均值为 2.01g/cm³（对应压实系数约为 0.95），其平均渗透系数约 1.6×10^{-4} cm/s；原状土的平均干密度为 1.66g/cm³，其平均渗透系数为 9.6×10^{-4} cm/s，是压实土渗透系数的 6 倍。因此，干密度可能是影响②层粉砂渗透系数的主要因素之一，根据土的三相性可知，原状土的干密度可用孔隙比线性表达，重塑土的干密度可用压实系数线性表达。下面分别以原状土的孔隙比和重塑土的压实系数表征干密度，并用以分析与渗透系数的内在联系。

1. 原状土渗透系数与孔隙比关系

为了研究②层粉砂原状土的渗透系数与孔隙比的对应关系，绘制试验获取的②层粉砂原状土的孔隙比与渗透系数对应关系，如图 4.3 所示。从图可知渗透系数的对数与孔隙比近似呈直线关系，渗透系数的对数随孔隙比的增加而线性增加，其拟合数学表达式如式

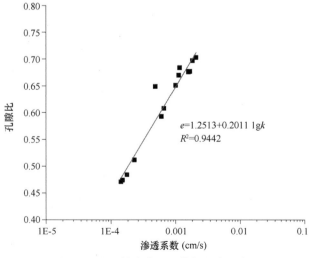

图 4.3　②层粉砂渗透系数与孔隙比关系

（4.1）所示，其拟合效果较好，拟合优度 $R^2=0.9422$。

$$\lg k = \frac{e-1.2513}{0.2011}$$

$$R^2=0.9422$$

(4.1)

式中，e 为土样孔隙比；k 为渗透系数。

可根据式（4.1）评价非洲②层粉砂原状土的渗透系数，由第 3 章可知非洲②层粉砂原状土的天然孔隙比为 0.602～0.768，平均值为 0.659，代入式（4.1）可得，非洲红砂的渗透系数为 $5.9\times10^{-4}\sim3.9\times10^{-3}$ cm/s，平均值为 1.13×10^{-3} cm/s。

2. 重塑土渗透系数与压实系数关系

为了研究②层粉砂击实土的渗透系数与压实系数的对应关系，绘制试验获取的②层粉砂击实土的孔隙比与压实系数对应关系，如图 4.4 所示。从该图可知渗透系数的对数与压实系数近似呈直线关系，渗透系数的对数随孔隙比的增加而线性减小，其拟合数学表达式如式（4.2）所示，其拟合效果较好，拟合优度 $R^2=0.8800$。

$$\lg k = \frac{\lambda-0.7440}{0.0532}$$

$$R^2=0.8800$$

(4.2)

式中，λ 为土样压实系数；k 为渗透系数。

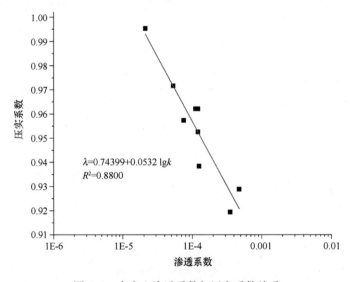

图 4.4　击实土渗透系数与压实系数关系

4.2　现场注（渗）水试验

4.2.1　试验方法

试坑渗水试验是野外测定包气带非饱和岩土层渗透系数的方法，与室内试验测定的渗透系数相比，一般认为现场双环法测得的渗透系数比室内试验测得的要大，但更为准确。

本次研究在试验场地的南、中、北部进行了共计 16 个单环法和双环法现场试坑注水试验，位置如图 4.5 所示。其中 PDZ1 和 PDZ2 试验点采用单环法，其余 14 个试验点采用双环法进行试验；DC1-1、DC1-2、DC2-1 和 DC2-2 四个试验在施工的换填压实土垫层上进行（试验在垫层施工完成 53～61d 进行），其余在天然土上进行试验；在天然土上进行的试验中，PSZ3 和 PSZ4 在"取土坑"中进行，距地面深度约 3.8m，其余在天然土上进行，试坑开挖深度 30～45cm，在表土以下进行。

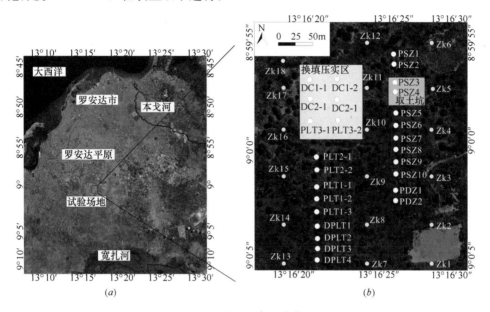

(a)　　　　　　　　　　　　　　(b)

图 4.5　试坑注水试验位置

如图 4.6 所示为双环法注水试验的装置示意图，其中外环内径 49.3cm，外径 50.9cm，内环内径 25.5cm，外径 27.5cm。试验操作参照水利行业标准《水利水电工程注水试验规程》SL 345—2007 进行，试验时将内外环压入地基土中 5cm，内外环中铺设 5～10mm 厚砾石，采用量筒制作的 Mariotte 瓶控制外环和内环的水柱保持在地面以上 10cm，并量测注入内环的用水量。单环法试验装置在双环法装置基础上去除外环以及向外环中注水的 Mariotte 瓶。相较于单环法，双环法由于内环中水只产生垂向渗入，排除了侧向渗流带的误差，因此该法获得的成果精度比单环法高。

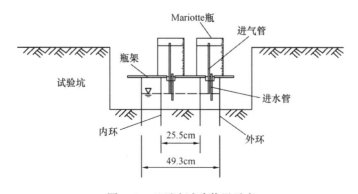

图 4.6　双环法试验装置示意

注水量测读时间间隔及试验结束标准如下：

（1）单环法开始每隔 5min 量测一次，连续量测 5 次；以后每隔 20min 量测一次，并至少连续量测 6 次。当连续两次量测的注入流量之差不大于最后一次流量的 10% 时，试验即可结束。

（2）双环法开始每隔 5min 量测一次，连续量测 5 次；之后，每隔 15min 量测一次，连续量测 2 次；以后，每隔 30min 量测一次，并至少量测 6 次。当连续 2 次量测的注入流量之差不大于最后一次流量的 10% 时，试验即可结束。现场注水试验如图 4.7 所示。

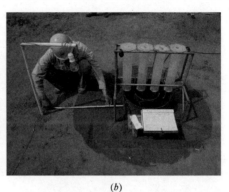

(a)   *(b)*

图 4.7　试坑注水（渗水）试验现场

(a) 天然土双环法注水试验（PSZ1）；*(b)* 换填压实土垫层双环法注水试验（DC1-1）

按《水利水电工程注水试验规程》SL 345—2007，试坑单环注水法的渗透系数按式（4.3）计算，试坑双环注水法的渗透系数按式（4.4）计算。

$$k = \frac{Q}{F} \tag{4.3}$$

式中，k 为渗透系数（cm/min）；Q 为稳定流量（cm^3/min）；F 为渗透面积，即试环面积（为 510.71cm^2）。

$$k = \frac{QS}{F_0(Z + S + H_a)} \tag{4.4}$$

式中，F_0 为内环面积（为 510.71cm^2）；Z 为水头高度（10cm）；H_a 为试验土中的毛细压力值，大约等于毛细上升最大高度，对粉砂可取 30cm；S 为从试坑底算起的渗入深度（cm）。

试验过程中，分别在试验前后采用钻机或洛阳铲取土测试地基土的含水率，对比相同位置红砂的含水率，从而确定水的入渗深度。

4.2.2　渗透系数测试结果

单环法测试②层粉砂的渗透系数原状土为 $1.38 \times 10^{-2} \sim 2.15 \times 10^{-2}$ cm/s，平均值为 1.77×10^{-2} cm/s，数量级为 10^{-2} cm/s；双环法测试②层粉砂原状土的渗透系数为 $3.28 \times 10^{-3} \sim 1.20 \times 10^{-2}$ cm/s，平均值为 8.03×10^{-3} cm/s，数量级为 $10^{-3} \sim 10^{-2}$ cm/s；双环法测试红砂换填压实土的渗透系数为 $6.85 \times 10^{-5} \sim 2.17 \times 10^{-4}$ cm/s，平均值为 1.47×10^{-4} cm/s，量级为 $10^{-5} \sim 10^{-4}$ cm/s。因此，对于天然原状土，单环法测试的渗透系数大于双环法，其原因是单环法测试的渗透系数为水平和竖直方向，而双环法测试的渗透系数主要是竖直方

向；双环法测试的天然原状土的渗透系数大于换填击实土渗透系数，主要原因是换填击实后红砂的孔隙比大大减小。

对比现场试验和室内试验获取的原状土渗透系数可以发现，现场试验获取的渗透系数远大于室内试验获取的渗透系数，现场试验获取渗透系数的平均值大约是室内试验的 8 倍。因此，对于原状红砂而言，根据室内试验评价其渗透系数时，应乘以相应调整系数。然而，室内试验和现场试验获取的击实土的渗透系数相差较小，根据室内试验评价其渗透系数时，可直接取其测试结果。

为分析渗透系数与孔隙比的关系，将双环法测试的天然原状土和换填击实土渗透系数及其对应孔隙比绘制散点图，如图 4.8 所示。从图可以看出现场试验获取的渗透系数与孔隙比相关关系较好，渗透系数的对数随孔隙比的增加而线性增加，两者的拟合数学表达式如式（4.5）所示，拟合优度 $R^2 = 0.9756$。

$$\lg k = \frac{e - 1.1065}{0.1871} \tag{4.5}$$
$$R^2 = 0.9756$$

式中，e 为土样孔隙比；k 为渗透系数。

对比图 4.3 和图 4.8 可以发现，现场试验获取的渗透系数与孔隙比的拟合函数的拟合优度大于室内试验，表明现场试验获取的渗透系数与孔隙比的相关关系优于室内试验。因此，在根据红砂的孔隙比评价其渗透系数时，可按式（4.5）进行初步估算。

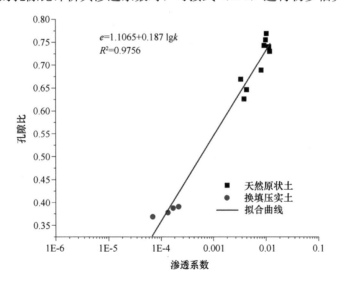

图 4.8　现场试验获取的渗透系数与孔隙比关系

根据第 3 章，非洲②层粉砂原状土的天然孔隙比为 $0.602 \sim 0.768$，平均值为 0.659，代入式（4.5）可得，非洲红砂的渗透系数为 $2.01 \times 10^{-3}\,\mathrm{cm/s} \sim 1.55 \times 10^{-2}\,\mathrm{cm/s}$，平均值为 $4.06 \times 10^{-3}\,\mathrm{cm/s}$，其值约是根据式（4.1）计算值的 3.6 倍。考虑原状红砂的孔隙比变化较大，而压实后的孔隙比变化较小。因此，②层粉砂原状土的平均渗透系数可取计算值，即 $k_{原} = 4.1 \times 10^{-3}\,\mathrm{cm/s}$；压实后的平均渗透系数可取现场试验平均值，即 $k_{压} = 1.5 \times 10^{-4}\,\mathrm{cm/s}$，前者约是后者的 28 倍。

4.2.3　渗水土体浸润范围

在双环法现场试验过程中发现：（1）水不仅向下渗透，还在毛细水的作用下产生了相对较大范围的侧向浸润（图4.7b产生了约55cm的侧向浸润）；（2）试验完成后立即取土进行含水率测试，其含水率最大不超过16%，未达到饱和含水率，对于该含水率的解释有两种可能：一是其真实地反映地基土的渗透特征；二是因为地基土为砂土，持水性低，在取土后地基土中水迅速流出造成的误差。

为解释试验中的第二种现象并揭示水在红砂中的渗透规律，选取PSZ7试验点为研究对象，在浸水试验结束后随即以内环圆心为起点，沿径向在水平方向及竖直方向间距0.2m取土并测试含水率，分析水的浸润入渗情况。根据浸水前后的含水率、密度测试结果，计算各测点的饱和度及含水率增加量，绘制含水率增加量等值线和饱和度等值线，如图4.9所示。

从图4.9中可以看出，地表水在垂直入渗的同时产生了较大范围的侧向渗透，维持10cm水头、连续注水5h时，水平方向与垂直方向的最大浸润边界均接近于2m。从图4.9（a）可知，浸湿5h后，水的下渗深度约为2m，因此其竖直下渗速度约为0.4m/h，据此推算当地表有充足水源补给时，10m厚度的水敏性②层粉砂仅需1d就可全部下渗浸湿。根据图4.9（a），天然②层粉砂的含水率最大增量约为9.0%，实测最大含水率约为13.8%。根据图4.9（b），浸水后②层粉砂的饱和度仍较低，最大不超过50%。与此同时，在换填垫层上进行的4组双环注水试验，浸水后最大含水率为7.5%～9.2%，最大饱和度也不超过70%。以上现象说明，天然及击实的②层粉砂的保水性均较差，根据饱和度测试结果推测，地表水的下渗过程在②层粉砂中为非饱和渗透。

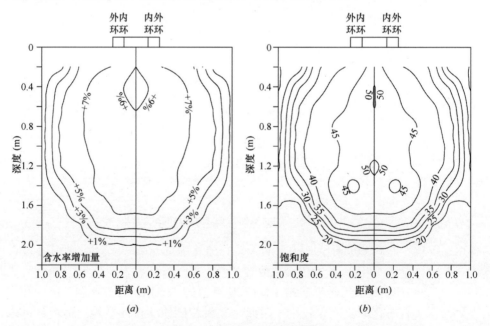

图4.9　天然红砂的浸润范围
(a) 含水率增加等值线；(b) 饱和度等值线

为验证上述含水率测试结果是实际情况的真实反映，按图 4.9（a）计算浸润范围内含水率增加量平均值，按浸水量和渗水体积（按图 4.9a 计算）计算浸润范围内含水率增加量平均值，若两者差别不大，则表明上述含水率测试结果反映了客观实际。分析如下：（1）按图 4.9（a）所示等值线，可计算得浸润范围内的含水率增加量平均值约 5.3%；（2）假设渗水过程水的损失可忽略不计，根据水的平衡理论和土的三相性，可推导得浸润范围内含水率增加量（$\Delta \bar{w}$）与双环内注水量（$Q_\text{总}$）有如下关系：

$$\Delta \bar{w} = \frac{\rho_\text{w} Q_\text{总}}{\rho_\text{d} V} \tag{4.6}$$

式中，ρ_w 为水的密度（g/cm³）；ρ_d 为地基土干密度（g/cm³）；$Q_\text{总}$ 为双环内总注水量（mL）；V 为浸润线所包围的体积（cm³）。

根据试验记录，浸水 5h 内环总的注水量为 116990mL，按此推算双环总的注水量（$Q_\text{总}$）约 437283mL，按图 4.9（a）计算浸润体积（V）约为 4.56×10^6 cm³，地基土干密度取 1.54g/cm³，代入式（4.4）计算得浸润范围内土的含水率增加量平均值约为 6.2%。按上述两种方法计算得到的浸润范围内土的含水率增加量平均值基本相同，表明取土进行含水率的测试结果是可靠的。注水试验中在达到稳定渗流时，地基土未达到饱和，②层粉砂的渗透为非饱和渗透。

4.3　非洲红砂与中国湿陷性黄土渗透性对比分析

在中国黄土地区，其上部发育的马兰黄土是工程建设中的主要持力层，且黄土的湿陷变形也主要发生在该层之内；在非洲红砂地区，其上部发育的②层粉砂是工程建设中的主要持力层，且其也表现出一定的湿陷性。鉴于以上原因，本节选择非洲②层粉砂（以下称红砂）与中国马兰黄土（以下称黄土）进行对比分析，主要从渗透系数大小、土体浸润范围、渗透系数影响因素等方面进行研究。

4.3.1　渗透系数

对于原状土，室内试验测试红砂渗透系数的数量级为 $10^{-4} \sim 10^{-3}$ cm/s，现场试验测试红砂渗透系数的数量级为 $10^{-3} \sim 10^{-2}$ cm/s；室内试验测试黄土渗透系数的数量级为 $10^{-6} \sim 10^{-4}$ cm/s（王辉等，2009），现场试验测试黄土渗透系数的数量级为 $10^{-5} \sim 10^{-3}$ cm/s（杨仲康等，2017）。因此，对于红砂和黄土，其现场试验测试的渗透系数均大于室内试验测试结果，且现场试验结果均约大于室内试验结果一个数量级。对比相同试验方法下的渗透系数，可以发现非洲红砂的渗透系数比黄土大一个数量级，表明红砂相对黄土具有较高的渗透性，其原因主要是由于颗粒组成的大小不同，如红砂以砂粒为主，而黄土以粉粒为主。此外，已有研究结果发现，水入渗过程中黄土的渗透系数不是定值，其随着时间的增加而减小，并逐渐趋于稳定（张宗祐，1962；贾书岭，2017）。王辉等（2009）通过对不同深度原状黄土的室内试验研究，发现黄土的渗透系数随时间的增加而减小，并最终趋于稳定，稳定的渗透系数数值一般为 $10^{-6} \sim 10^{-4}$ cm/s，而初始渗透系数值一般是稳定渗透系数值的 2～3 倍。杨华（2016）通过现场双环渗透试验，发现均质黄土在渗透初期的渗透系数约为 $5.5×10^{-3}$ cm/s，随后迅速减小，入渗 50min 后渗透系数降为 $4.6×10^{-4}$ cm/s，而入渗 4h 后渗透系数逐渐稳定在 $4.2×10^{-4}$ cm/s，因此，入渗初期的渗透系数约为入渗稳定时的 12 倍。而目前研究结果表明水入渗过程中红砂的渗透系数是定值，并不随时间的变化而变化。

对于重塑土，红砂的渗透系数与压实度有关，渗透系数的对数随着压实系数的增加而线性减小，压实系数在 0.91～0.99 时，室内试验和现场试验测试红砂渗透系数数量级均为 10^{-5}～10^{-3} cm/s。压实黄土的渗透系数不仅受压实度影响，还与饱和度关系密切；低饱和度时，压实黄土中的水分以扩散为主，渗流很难发生；饱和度达到 90% 以上时，渗流趋于稳定并接近饱和土的渗流特征；饱和状态时，压实黄土渗透系数受压实系数影响较大，其随压实系数的增加而线性降低；压实系数在 0.85～0.95 时，室内试验测试饱和黄土渗透系数的数量级为 10^{-6}～10^{-5} cm/s（袁中夏等，2019）。当以干密度和孔隙比表征土体渗透系数时，压实红砂渗透系数的对数随干密度的增加呈线性增加；而压实黄土渗透系数不仅受干密度控制，还与基质吸力有关，渗透系数随吸力的增大非线性减小，随干密度的减小而增大；在低吸力时，干密度对渗透系数影响较大，渗透系数随干密度增加以呈幂函数形式降低；在较高吸力时，干密度对渗透系数影响较小（赵彦旭等，2010）。

4.3.2　渗水土体浸润范围

现场双环浸水试验结果表明，红砂和黄土入渗过程中的渗透方向都存在水平入渗和竖直入渗，入渗浸润范围均是以内环为焦点的椭圆状（图 4.9 和图 4.10）；但是，水入渗过程中红砂的水平和竖直渗透距离均大于黄土的水平和竖直渗透距离；如红砂地区渗水 5h 后，测试水平最大入渗距离距外环 0.65m，竖直最大入渗深度为 2m；而黄土地区入渗试验结束后，水平最大入渗距离距外环 0.14m，竖直最大入渗深度 0.65m（杨华，2016）。此外，在入渗过程中，非洲红砂的含水率增加较少，其饱和度均小于 70%，表明红砂的入渗为非饱和入渗；而黄土入渗过程中，土体含水率增加较多。如图 4.10 所示，其饱和度接近 100%，表明黄土入渗以饱和入渗为主。

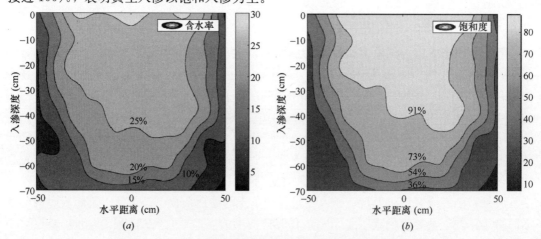

图 4.10　黄土入渗的浸润范围（杨华，2016）
(a) 含水率等值线；(b) 饱和度等值线

红砂地区现场浸水试验结果（图 4.11）表明：（1）浸水前期，水的入渗以竖直向下入渗为主，入渗 24h 后，水的入渗深度即达 8.5m，平均下渗速度约 0.35m/h，而水平入渗最大距离仅 1.9m；入渗 36h 后，水的入渗深度达 11.6m，平均下渗速度约 0.32m/h，而水平入渗距离仅 2.5m；（2）当水入渗至③₂层粉砂后，由于下部土的渗透系数较小，起到相对隔水作用，导致水的优势渗透方向逐渐改变为以侧向渗透为主，并逐渐趋于稳定，浸水 10d 后，浸润线与竖直线的夹角约为 66°；（3）水入渗过程中，红砂最大含水率最大值约为 18%，相应的最大饱和度约为 72%，再次证明水入渗过程中，红砂处于非饱和状态。

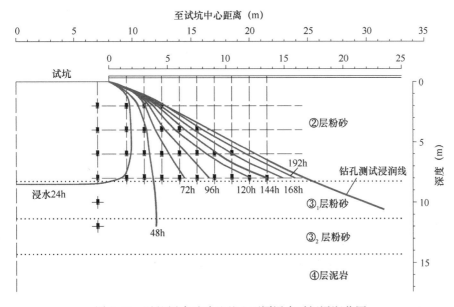

图 4.11　试坑浸水试验地基土不同浸水时间浸润范围

陕西省泾阳南塬布里村黄土浸水试验结果（图 4.12）表明：（1）浸水前期，水的入渗以竖直向下入渗为主，入渗 4d 后，水的入渗深度即达 6m，平均下渗速度约 1.5m/d

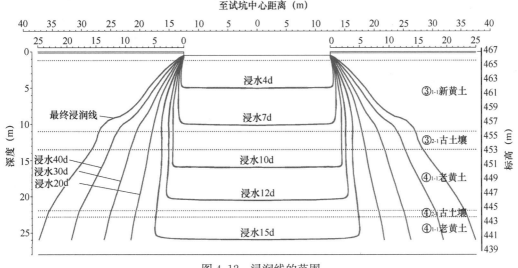

图 4.12　浸润线的范围

（0.063m/h），而水平入渗最大距离仅 0.5m；入渗 7h 后，水的入渗深度达 10m，平均下渗速度约 1.42m/d（0.060m/h），而水平入渗距离不到 1m；（2）当水入渗至第一层古土壤层时，由于其渗透系数较小，起到相对隔水层的作用，导致水向下入渗的优势入渗作用减弱，相应地水平入渗作用增强，进而增加水的侧向入渗范围，但竖向向下入渗速率仍大于水平侧向入渗速率，最终浸润线与竖直线夹角约为 44°；（3）水入渗过程中，测试黄土最大含水率达 34%，相应地饱和度约为 94%，取土测试不同深度和不同径向处黄土的饱和度，发现浸水范围内大部分黄土的饱和度达到 85%以上，再次证明黄土的入渗为饱和土入渗。

对比红砂和黄土的现场浸水试验，可以发现两者存在较大的不同：（1）红砂地区水的渗透速率远大于黄土的渗透速率，约大一个数量级；（2）虽然浸水前期红砂和黄土的优势入渗方向均为竖直向下入渗，但遇到下部相对隔水层后，红砂的优势入渗方向变为水平入渗，黄土的优势入渗方向仍为竖向入渗；（3）红砂最终浸润线与竖向的夹角大于 45°，为 66°，而黄土最终浸润线与竖向的夹角小于 45°，为 44°；（4）入渗过程中红砂的饱和度均不足 85%，为非饱和入渗，而黄土的饱和度大于 85%，为饱和入渗。

4.3.3　渗透系数影响因素

研究结果表明，非洲红砂的渗透系数与孔隙比关系密切，其渗透系数的对数值随孔隙比的增加而线性增加。然而，现有研究结果表明黄土的渗透系数不仅与孔隙比有关，还受其他因素影响，如黄土结构性、围压、初始含水率、基质吸力和入渗时间等，目前已有大量学者对其开展试验研究，并取得了很多研究成果。

一般认为，由于天然黄土中垂直管状大孔隙的存在，原状黄土竖直向的渗透系数远大于水平向渗透系数，此外当干密度相同时，天然黄土的渗透系数大于压实黄土。李平（2007）通过室内试验发现原状黄土和重塑黄土的渗透系数随围压的增大呈减小的趋势，且其围压 σ_3 与 $\lg k$ 关系曲线较好地符合直线关系。景宏君等（2009）研究发现原状黄土渗透系数随含水率变化有个最大值，最大值发生在最优含水率附近，在最大值左侧，渗透系数随含水率的增大而增大，在最大值右侧，渗透系数随含水率增大而减小。张镇飞等（2019）和袁中夏等（2019）研究发现非饱和黄土的渗透系数远小于饱和黄土的渗透系数，其随体积含水率的增加呈指数增长。

目前，关于非洲红砂渗透系数的影响因素仅在干密度、孔隙比和压实系数方面开展了一定研究，对其他因素还尚未开展研究，是今后红砂渗透研究的主要方向。

第5章　非洲红砂的微观特征及成因分析

土体的成因，亦即土体的形成环境和过程，对土体的工程性质有着重要影响，研究土的成因对揭示其物理性质、力学性质和工程性质具有重要意义。自然界中的任何土体都是一定地质过程的产物，并形成于一定的环境中，都是特定环境下的沉积物，不同环境下的沉积物具有其不同的沉积物特征。因此研究土体沉积物特征是揭示其地质成因的主要方法。目前，沉积物特征研究主要集中在粒度成分、矿物与化学组成、微观结构等方面。

本章通过激光粒度仪揭示不同深度红砂地层的粒度分布特征，通过 XRD 衍射揭示不同深度红砂地层的矿物组成与化学元素，通过电镜扫描揭示石英颗粒表面特征和显微结构特征。在此基础上，综合分析非洲红砂的地质成因。

红砂试样在典型试验场地通过钻探进行采样，试验场地红砂地层柱状图与取样点如图5.1 所示。红砂样品取样深度为 1~13m，间隔 1m 取样，其中上部 1~10m 试样为②层粉砂，11~12m 试样为③₁ 层粉砂，13m 为③₂ 层粉砂。试样进行微观结构测试前通过室内试验测试其含水率与干密度，测试结果如图 5.2 所示。从图 5.2 可知试验②层粉砂的含水率随深度增加表现为先增加后减小，变化范围为 4.5%~5.8%，干密度整体表现为随深度增加而增加，变化范围为 $1.59 \sim 1.74 \mathrm{g/cm^3}$。③层粉砂含水率随深度增加而增加，变化范围为 3.9%~4.2%，干密度随深度增加而减小，变化范围为 $1.51 \sim 1.68 \mathrm{g/cm^3}$。

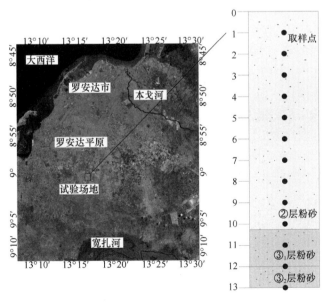

图 5.1　红砂样品取样位置地层柱状图与取样点位置

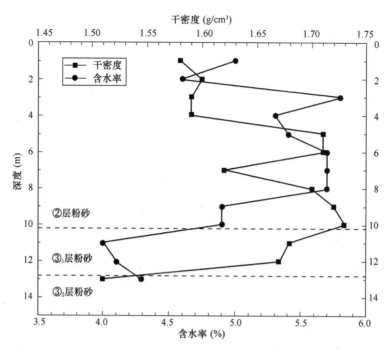

图 5.2　试验红砂含水率与干密度随深度变化曲线

5.1　红砂的粒度特征

粒度是其基本属性，是反映其形成环境动力状况的最直接的方法，是沉积物特征分析中最基本、最简单且必不可少的内容，自 20 世纪初地质、地貌工作者就对粒度分析方面做了大量工作，道格拉斯（1946）发现粒度分布是两三个组分的混合物，由搬运条件改变形成，并提出了曲线形态和特殊沉积环境的曲线类型的经验分类法；Einstein 等在 20 世纪 50 年代研究了沉积物搬运机制，为沉积物解释提供了理论基础；Sindowski（1958）利用粒度分布概率曲线图描述了现代和古代环境中沉积物粒度分布曲线的形态特征；20 世纪 60 年代，Moss 使用颗粒的形态和大小来区分不同搬运方式（悬浮、跳跃、滚动）造成的次总体，为粒度分布与沉积过程关系的了解做出了贡献；随后，Fuller 运用正态概率曲线解释了牵引点，并认为跳跃和滚动次总体的截点在 2ϕ；Spencer（1963）指出所有的粗颗粒都是 2 个或 3 个正态概率组分的泥杂体，并表示分选是总体混合程度的一个量值；Friedman（1961，1969）、Folk 和 Ward（1977）的研究成果为使用了粒度参数（粒径平均值、标准偏差、偏度、峰度）来区分滨海、沙丘、风积平原、河流等环境；创造了 C-M 图以区别悬浮、牵引、递变悬浮和其他沉积过程。

粒度分析已成为沉积物特征研究中的重要手段之一，其主要目的是确定沉积物中大小颗粒的相对含量。根据试验样品特性不同，粒度分析方法主要有筛分法、沉降法、激光粒度仪 3 种。

筛析法是分析细砾和砂的主要方法。较粗的套筛由带孔的金属片制成，筛孔为圆形，直径相等。较细的套筛则由金属丝编成方格形的筛网。通常取筛析样品 50g 以上,在振筛机上筛约 10min,然后分级称重。各级重量的总和应是 100%,若不足或大于此数,应将误差按比例分配到各级重量中去。筛析法设备简单,操作简便,分析迅速,并可将全部样品分离。缺点是孔径过小的套筛误差比较大,故不适宜用于分析粉砂、黏土颗粒。

沉降法也称为沉降分析法,其基本原理是利用颗粒沉降速度来划分粒级分布。因为测定沉降速度较之测定沉积物颗粒几何大小,似乎更能反映基本动力学的特性,因而比其他任何测定粒度的方法都更符合自然情况。但这个方法只适宜用于分析较细的粉砂和黏土样品,常用的方法是移液管法。由于颗粒很细,易于被胶结和发生凝聚,故要对样品去钙质胶结物和有机质,在悬浮液中要加适量的分散剂。近几年来,利用颗粒沉降原理设计的粒度分析方法不断改进,先后已有沉积天平光学法和压差法,但由于技术等原因,目前沉降分析法在所测粒度特性的显著性和测量技术的精确性等方面还受到某些限制。

激光粒度分析仪法是 20 世纪 70 年代发展起来的一种有效、快速测定粒度的方法,相对于经典的沉降法和重力沉积作用法来说,具有精度高、快速、人为因素造成的误差小等优点。在国外该方法已取得公认,并得到广泛的应用。激光粒度分析仪法主要特点:

(1)测量的粒径范围广,将多种光散射原理结合起来,通过计算机的人工智能系统来自动灵敏地改变测量模式,从而扩大粒度测试的范围。测定范围十分宽广,从纳米到微米量级,即 20～2000μm,某些情况下上限可达 3500μm。

(2)适用范围广泛,不仅能测量固体颗粒,还能测量液体中的粒子。DeSmet 利用前向光散射的同时测量了二维粒子的平均粒径和形状,并且利用粒度测试仪与红外、质谱和核磁共振等连用技术,使粒度测试内容多样化。

(3)重现性好,与传统方法相比,激光粒度分析仪能给出准确、可靠的测量结果。

(4)测量时间快,整个测量过程 1～2min 即可,某些仪器已实现了实时检测和实时显示,可以让用户在整个测量过程中观察并监视样品。

根据样品性质、实验条件等因素,本次粒度测试试验主要采用激光粒度仪。对试验数据的处理方面,沉积物粒径大小的表示方法有两种:一种是采用真数,颗粒直径以 mm 或 μm 表示,优点是比较直观;另一种是运用对数(以 2 为基数),以 ϕ 值表示,优点是分界等距,便于统计运算和作图。

$$\phi = -\log_2 d \tag{5.1}$$

根据试验仪器输出的测量值,通过数学统计法并结合相关软件,可以得出沉积物粒度直方图、分布百分比、分布频率等特征值,进而探讨沉积物粒度特征,了解沉积物的形成和演化过程。

沉积物粒度级配特征受搬运营力作用控制,与沉积环境密切相关,而且能直观表现出沉积物中各粒径组分及其相对含量。对于粒级的划分标准,因目的、工作性质的不同而不完全一致。由于研究对象以砂粒和粉粒为主,粒度分级均采用温德华粒度分级(表 5.1)。

温德华粒度分级与 φ 值关系　　　　　　　　　　　　　　　　　　　　　表 5.1

粒级名称	粒径(mm)	φ 值
极粗砂	1～2	0～1
粗砂	0.5～1	1～0

续表

粒级名称	粒径(mm)	ϕ 值
中砂	0.25～0.5	2～1
细砂	0.125～0.25	3～2
极细砂	0.063～0.125	4～3
粉砂	0.0039～0.063	8～4
黏土	<0.0039	>8

5.1.1 粒级级配特征

根据激光粒度法测试结果，统计非洲红砂沉积物不同地层的粒级级配结果如表5.2所示。从表5.2可知，研究区非洲红砂的粒度组分主要以粉砂和细砂为主，粉砂含量变化范围28.9%～47.7%，平均含量为38.3%；细砂含量变化范围19.8%～30.4%，平均含量为25.9%；粉砂与细砂累计含量平均值为64.2%。剩余粒度组分特征为：黏土含量变化范围4.4%～9.5%，平均含量为6.0%；极细砂含量变化范围8.5%～15.3%，平均含量为10.7%；中砂含量变化范围9.2%～19.4%，平均含量为13.4%；粗砂含量变化范围0.2%～3.5%，平均含量为1.9%；极粗砂含量变化范围0.0%～7.4%，平均含量为3.8%。

此外，从表5.2可知不同红砂地层粒度组分也以粉砂和细砂为主，其中②层粉砂含量变化范围28.9%～47.7%，平均值为37.6%；③$_1$层粉砂含量变化范围39.8%～44.1%，平均值为41.9%；③$_2$层粉砂含量为28.0%；②层细砂含量变化范围21.7%～30.4%，平均值为26.7%；③$_1$层细砂含量变化范围19.8%～22.8%，平均值为21.3%；③$_2$层细砂含量为26.6%。

不同红砂地层粒度组分 表5.2

地层	粒级级配(%)	黏土	粉砂	极细砂	细砂	中砂	粗砂	极粗砂
②层粉砂	平均值	5.9	37.6	10.8	26.7	13.5	1.8	3.6
	最大值	9.5	47.7	15.3	30.4	19.4	3.5	7.4
	最小值	4.4	28.9	8.5	21.7	9.2	0.2	0.0
③$_1$层粉砂	平均值	5.8	41.9	9.5	21.3	13.7	2.6	5.3
	最大值	6.4	44.1	10.2	22.8	14.3	3.0	6.9
	最小值	5.2	39.8	8.8	19.8	13.0	2.2	3.7
③$_2$层粉砂	平均值	6.9	38.0	11.7	26.6	12.3	1.1	3.5
红砂	平均值	6.0	38.3	10.7	25.9	13.4	1.9	3.8
	最大值	9.5	47.7	15.3	30.4	19.4	3.5	7.4
	最小值	4.4	28.9	8.5	19.8	9.2	0.2	0.0

5.1.2 粒度随深度变化

绘制不同粒径与粒级随深度变化曲线如图5.3所示。从图5.3可知，不同深度粒度的变化特征有：

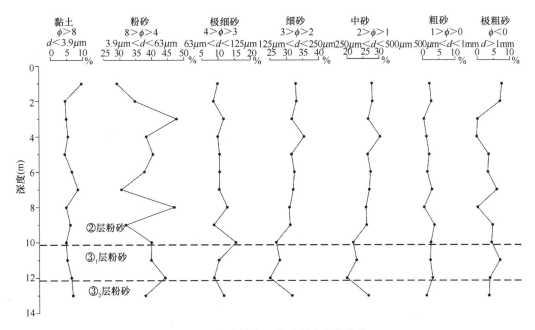

图 5.3　红砂粒度组分随深度变化曲线

（1）红砂地层在深度 1m 处的黏土含量最大，约为 10%；2～13m 红砂的黏土含量随深度增加而增加，变化范围为 4.5%～8.5%；②层粉砂中黏土平均含量为 5.9%，③$_1$ 层粉砂中黏土平均含量为 5.8%，③$_2$ 层粉砂中黏土平均含量为 6.9%。

（2）红砂地层中粉砂含量随深度的变化范围最大，为 28.9%～47.0%，其中 1m 处红砂试样的粉砂含量最小为 28.9%，深度 3m 处红砂试样的粉砂含量最大，为 47.0%；②层粉砂中平均含量为 37.6%，③$_1$ 层粉砂中粉砂平均含量为 41.9%，③$_2$ 层粉砂中粉砂平均含量为 38.0%。

（3）极细砂含量随深度增加基本维持不变，不同深度的含量占比约为 10.0%；②层粉砂中极细砂平均含量为 10.8%，③$_1$ 层粉砂中极细砂平均含量为 9.5%，③$_2$ 层粉砂中极细砂平均含量为 11.7%。

（4）细砂含量整体表现为随深度增加而减小的趋势，但在 13m 处又增加，变化范围为 19.8%～30.4%；②层粉砂中细砂平均含量为 26.7%，③$_1$ 层粉砂中细砂平均含量为 21.3%，③$_2$ 层粉砂中细砂平均含量为 26.6%。

（5）中砂含量随深度的变化规律与细砂相同，均是整体表现为随深度增加而减小的趋势，但在 13m 处又增加，变化范围为 9.2%～19.4%；②层粉砂中砂平均含量为 13.5%，③$_1$ 层粉砂中细砂平均含量为 13.7%，③$_2$ 层粉砂中细砂平均含量为 12.3%。

（6）粗砂含量随深度增加基本不变且含量均较小，含量变化范围为 0.2%～3.5%；②层粉砂粗砂平均含量为 1.8%，③$_1$ 层粉砂粗砂平均含量为 2.6%，③$_2$ 层粉砂中粗砂平均含量为 1.1%。

（7）极粗砂随深度增加无明显变化规律，变化范围为 0～7.4%；②层粉砂粗砂平均含量为 3.6%，③$_1$ 层粉砂粗砂平均含量为 5.3%，③$_2$ 层粉砂中粗砂平均含量为 3.5%。

综上可知，不同深度非洲红砂地层的粒度主要为粉砂和细砂，这两种粒度在不同深度的含量之和均大于 60%。

5.1.3 粒度频率曲线变化

1. 不同红砂地层频率曲线变化特征

绘制不同红砂地层平均粒径的自然分布频率曲线如图 5.4 所示，从图 5.4 可知不同红砂地层的自然分布频率曲线均表现为三峰型，且峰值粒径同为 2.1ϕ，但②层粉砂和③$_2$层粉砂的频率曲线在峰值处更尖锐，即其粒径级配更集中且级配间的差异较大。在粒径级配中表现为两端组分（黏土、粗砂、极粗砂）的含量在③$_1$层粉砂中的含量大于②层粉砂和③$_2$层粉砂的含量，且细粒粒级（黏土、粉砂）组分含量变化范围较大。

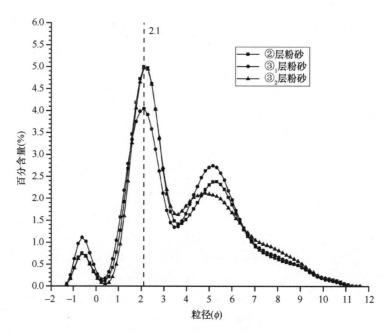

图 5.4　非洲红砂不同地层自然分布频率曲线

2. 不同深度地层频率分布曲线变化特征

绘制不同深度红砂地层频率分布曲线，发现研究区不同深度红砂地层的频率曲线主要可分为两种类型。如图 5.5 所示，第①种频率分布曲线与各层红砂频率曲线一致，也表现为三峰型，最大峰峰值粒径均出现在 2.1ϕ 且波峰形态较窄，表明其细砂含量较多且粒径较集中；次波峰峰值粒径变化范围为 4.2～5.9，均分布在 4～8（粉砂范围）且波峰形态较宽，表明其粉砂含量也较多但颗粒分配范围更广；最小峰峰值粒径出现在 -0.7ϕ 且波峰形态也较窄，表明其含有少量极粗砂。该类型沉积物分布深度较多，主要分布在深度 1m、2m、5m、6m、7m 以及 9～13m。

如图 5.6 所示，第②种频率分布曲线表现为双峰型，其中最大峰值粒径也出现在 2.1ϕ 且波峰形态较窄，表明其细砂含量较多且粒径较集中；次波峰峰值粒径变化范围为 4.9～5.3，均分布在 4～8（粉砂范围）但波峰形态较宽，表明其粉砂含量也较多但颗粒分配范围更广。该类型沉积物分布深度较少，仅分布在深度 3m、4m 和 8m 处。

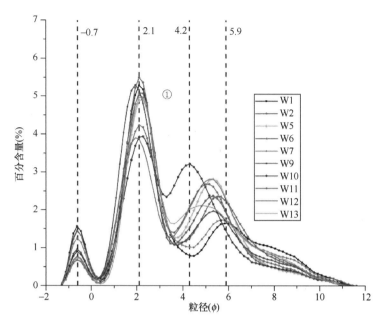

图 5.5　三峰型自然分布频率曲线（彩图见文末）

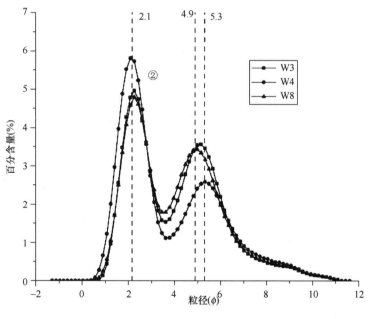

图 5.6　两峰型自然分布频率曲线

5.1.4　粒度参数特征

根据试验输出数据中的分布百分比，经统计分析得到沉积物的粒度参数，常用的粒度参数主要有粒度平均值（平均粒径，M_z）、标准偏差（σ_t）、偏度（SK_t）、峰态（K_G），以上参数值能从不同方面反映粒度分布的总体特征。粒度参数的计算采用福克及沃德（Folk and Ward）提出的公式，计算公式如式（5.2）～式（5.5）所示。

$$M_z = \frac{\phi_{16} + \phi_{50} + \phi_{84}}{3} \tag{5.2}$$

$$\sigma_t = \frac{\phi_{84} - \phi_{16}}{4} + \frac{\phi_{95} - \phi_5}{6.6} \tag{5.3}$$

$$SK_t = \frac{\phi_{16} + \phi_{84} - 2\phi_{50}}{2(\phi_{84} - \phi_{16})} + \frac{\phi_5 + \phi_{95} - 2\phi_{50}}{2(\phi_{95} - \phi_{25})} \tag{5.4}$$

$$K_G = \frac{\phi_{95} - \phi_5}{2.44(\phi_{75} - \phi_{25})} \tag{5.5}$$

平均粒径可以反映沉积物的平均粒度，表示沉积物颗粒的大小，代表粒度分布的集中趋势，主要受源物质组成和沉积物搬运介质平均动能的影响，通过平均粒径的变化可以了解沉积物源区的物质组成及其沉积环境情况。标准偏差（σ_t）代表沉积物粒径的分选程度，即分选系数，能更好地反映沉积物的分选性，$\sigma_t > 0$，分选系数越小，粒径分布越集中，分选越好，反之越分散，分选越差。在沉积环境的研究，标准偏差常被用于分析沉积物质来源及其沉积环境的动力条件，一般情况下，风力环境的分选最好，依次为海滩环境、河流环境、洪流环境、冰川环境；而在同一沉积环境中，从物源侵蚀区到沉积区，标准离差不断减小，即分选程度不断变好。偏度（SK_t）是通过表明中位数和平均值的相对位置，来度量沉积物频率曲线的不对称程度的，即其非正态性特征，因此，偏度值有正负之分。当偏度值等于零时，平均值和中位数位置重合，即频率曲线呈正态分布；当 $SK_t > 0$ 时，即为正偏，粒度集中于粗粒级部分；当 $SK_t < 0$ 时，即为负偏，粒度集中于细粒级部分。峰态（K_G）是计算粒度分布曲线中部和尾部展开程度的比值，即衡量频率曲线凸起部分的尖锐程度，数值为正，当峰态值等于 1 时，频率曲线与正态分布曲线重合。根据峰态参数值可以发现双峰曲线，通常当峰态值很低时，其分布曲线可能呈宽峰或多峰分布。各粒度参数之间存在密切的联系，在实际应用分析中，可通过粒度参数研究沉积物形成原因，但只有综合分析各粒度参数才能得到更好的研究结果。福克及沃德提出的粒度参数分级标准如表5.3所示。

福克及沃德粒度参数分级标准表（φ值）　　　　　　　　　　表5.3

分选程度（σ_t）		偏度（SK_t）		峰态（K_G）	
分选程度	范围	偏度	范围	峰态	范围
分选极好	<0.35	极负偏	−1～−0.3	很宽平	<0.67
分选很好	0.35～0.5	负偏	−0.3～−0.1	宽平	0.67～0.9
分选较好	0.5～0.71	近对称	−0.1～0.1	中等	0.9～1.11
分选中等	0.71～1	正偏	0.1～0.3	尖窄	1.11～1.5
分选较差	1～2	极正偏	0.3～1	很尖窄	1.5～3
分选很差	2～4			极尖窄	>3
分选极差	>4				

根据研究区不同深度粒度数据计算的粒度参数如表5.4所示。分析发现，红砂沉积物

的平均粒径（M_z）的均值为 3.8ϕ，分布范围为（3.4～4.09）ϕ，其中平均粒径主要分布在 （3.0～4.0）ϕ，仅 2 个深度（深度 3m 和 8m）红砂样品的平均粒径大于 4.0ϕ，但其值略大 于 4.0ϕ，分别为 4.05ϕ 和 4.09ϕ，表明红砂沉积物的平均粒径主要为极细砂。红砂沉积物 的标准偏差平均值为 2.27ϕ，分布范围为（1.95～2.76）ϕ，表明分选性很差；其中仅 2 个 深度（深度 3m 和 8m）红砂样品标准偏差位于（1～2）ϕ，但其值较接近 2ϕ，分别为 1.95ϕ 和 1.96ϕ。因此，可认为 13m 深度内红砂样品的分选性均很差。红砂沉积物的偏度 均为正值，偏度平均值为 0.35，分布范围为 0.08～0.70，其中分布范围位于 0.3～1 的有 8 个，其为极正偏；位于 0.1～0.3 的有 3 个，其为正偏；位于 -0.1～0.1 的有 2 个，其 为近对称。红砂沉积物的峰态平均值为 0.90，分布范围为 0.81～1.02，其中位于 0.67～ 0.9 的有 7 个，峰态宽平；位于 0.9～1.1 的有 6 个，峰态中等。

不同深度红砂沉积物粒度参数

表 5.4

样品编号	平均粒径	标准偏差	偏度	峰态
W1	3.75	2.76	0.42	0.94
W2	3.40	2.34	0.34	1.00
W3	4.09	1.95	0.08	0.83
W4	3.71	2.15	0.42	0.83
W5	3.68	2.11	0.31	0.82
W6	3.82	2.30	0.40	0.81
W7	3.67	2.65	0.40	0.95
W8	4.05	1.96	0.10	0.87
W9	3.81	2.07	0.70	0.89
W10	3.67	2.10	0.14	1.02
W11	3.89	2.59	0.23	1.00
W12	4.00	2.35	0.09	0.83
W13	3.88	2.27	0.35	0.93
最大值	4.09	2.76	0.08	1.02
最小值	3.40	1.95	0.70	0.81
平均值	3.80	2.27	0.35	0.90

5.2　颗粒特征

自然界中的任何土体都是一定地质过程的产物，并形成于一定的环境中。土体的成 因，亦即土体的形成环境和过程，对土体的工程性质有着重要影响，因此研究土的成因具 有重要意义。在沉积学中，人们曾反复利用样品中沉积物颗粒的形态和圆度来辨认沉积环 境。石英是土体中常见的矿物，石英具有较大的硬度和较高的化学稳定性，其颗粒表面特 征能很好地反映沉积环境，利用扫描电镜研究石英颗粒表面特征是分析沉积环境行之有效 的方法。迄今为止，国内外已有不少学者利用这种方法进行沉积环境分析，并取得了很好 的成效。

　　此外，土的显微结构类型反映了固体颗粒与孔隙组合所组成的一定土体的基本特性，它决定着土的宏观性质。从中国湿陷性黄土的显微图像中发现土的显微结构有着明显的区域性变化规律，且和工程地质界所发现的湿陷性总体分布趋势相吻合。因此研究 Quelo 砂的显微结构特征对解释其独特的物理力学性质具有重要意义。

　　本节在罗安达不同地区采取土样，开展扫描电镜试验，揭示不同地区红砂石英颗粒表面特征，从而为分析红砂地质成因提供数据支撑。红砂样品分为三个序列，其分布位置如图 5.7 所示。所有试样均采用环刀现场取样，H 和 V 系列试样在去除表土后，在地表下 40～80cm 采取不扰动砂土样，经纬度坐标和高程采用手持 GPS 量测。

　　(1) D 系列样品：在 K.K. 一期场地东南侧的取土坑（K.K. 一期棕红色砂换填垫层土源取土坑，经纬度坐标：东经 13°16′54.82″，南纬 9°0′26.49″，高程约 111m）侧壁采取，自地表下 1m 开始，每隔约 1m 采取试样，由上至下编号 D01（深约 1.0m）～D10（深约 10.0m），均为棕红色②层粉砂内土。

　　(2) H 系列样品：沿东西向环城高速公路自海边向内陆取样 4 件，编号 H01～H04，取样地点位置坐标及有关描述如表 5.5 所示。

　　(3) V 系列样品：沿 K.K. 一期项目原取水线路至宽扎河取样 4 件，从南至北编号 V01～V04，取样地点位置坐标及有关描述如表 5.6 所示。

图 5.7　电镜扫描试样取土地点

H 系列样品取土位置　　　　　　　　　　　　　　　　　　　　表 5.5

编号	东经	南纬	高程（m）	描述
H01	13°9′52.89″	8°58′16.09″	32	荒草地，粉砂，浅棕黄色，干，硬
H02	13°11′38.08″	8°58′39.45″	72	荒草地，粉砂，棕红色，稍湿
H03	13°13′21.28″	8°58′24.10″	70	木薯地，粉砂，灰黄色，稍湿
H04	13°15′16.38″	8°58′21.95″	90	木薯地，粉砂，灰黄色，干

		V 系列样品取土位置		表 5.6
编号	东经	南纬	高程（m）	描述
V01	13°18′46.34″	9°6′37.50″	88	木薯地，粉砂，浅棕黄色，稍干
V02	13°17′26.49″	9°6′24.24″	122	木薯地，粉砂，浅棕红色，稍干
V03	13°16′51.66″	9°4′45.88″	120	木薯地，粉砂，灰黄色，稍干
V04	13°16′58.10″	9°2′10.43″	104	土沟，粉砂，灰黄色，稍干

5.2.1　颗粒矿物成分

通过 XRD 衍射测试 D 系列试验样品的矿物成分，结果如表 5.7 所示。从表 5.7 可知不同深度红砂的矿物成分均主要为石英，除 6m 深度外，含量均大于 80%。次要矿物为高岭石，其含量分布范围为 8%～15%。其他矿物不仅含量较少，且分布不连续，如闪石仅分布在深度 1m 处红砂试样，云母仅分布在深度 2m 处红砂试样，蒙脱石仅分布在深度 1m、2m、5m 和 6m，伊利石仅分布在深度 2m、6m 和 7m 处，斜长石仅分布在 6m 和 8m，方解石仅分布在深度 9m 处。此外，部分深度可能含有微量绿泥石和黄铁矿。

				红砂试样矿物成分表					表 5.7
矿物类型　　　试样编号	含量（%）								备注
	石英	高岭石	闪石	蒙脱石	伊利石	斜长石	方解石	云母	
D1	83	8	5	4	—	—	—	—	
D2	83	10	—	4	2	—	—	1	可能含有微量绿泥石
D3	86	14	—	—	—	—	—	—	
D4	86	14	—	—	—	—	—	—	
D5	84	12	—	4	—	—	—	—	
D6	78	10	—	3	7	2	—	—	可能含有微量黄铁矿
D7	84	11	—	—	5	—	—	—	
D8	83	8	—	—	9	—	—	—	
D9	84	9	—	—	—	—	7	—	
D10	85	15	—	—	—	—	—	—	

5.2.2　碎屑颗粒表面特征

碎屑颗粒形态包括圆度、球度和形态。其中以圆度最有实际意义，据其可以判识碎屑颗粒的搬运营力和搬运距离。

圆度系指碎屑颗粒的棱角被磨蚀圆化的程度。棕红色砂土碎屑颗粒按磨圆程度可分为 3 种：圆状、次圆状和次棱角状。圆状碎屑颗粒，其棱角已消失，棱线外凸，呈弧形，碎屑颗粒原始轮廓消失（图 5.8），圆状碎屑颗粒在所观察的颗粒中占 45% 左右；次圆状碎屑颗粒，棱角被明显磨损，棱线略有向外突出，原始轮廓尚清晰可见（图 5.9），次圆状碎屑颗粒在所观察的颗粒中约占 50％；次棱角状颗粒，碎屑颗粒的棱和角都有磨蚀，但棱和角尚清楚可见（图 5.10）。在所观察的碎屑颗粒中这类颗粒含量较少，含量在 10％ 以下。

(a)

(b)

图 5.8　圆状碎屑

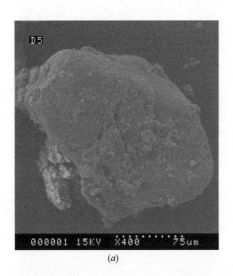

(a)

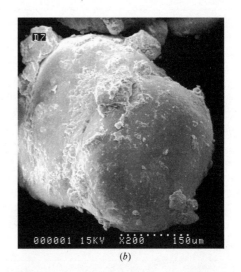

(b)

图 5.9　次圆状碎屑

1. D 系列样品

D 系列样品为同一取样位置处不同深度的红砂试样，其颗粒表面特征可以反映纵向沉积环境的变化。D 系列②层粉砂颗粒磨圆度随深度变化无明显规律，表明②层粉砂的沉积环境无明显变化。

2. H 系列样品

H01 土样中的碎屑颗粒，粒径愈大，圆度愈差，较大颗粒多呈次棱角状，粒径小于 0.25mm 的颗粒磨圆程度较高，多呈圆状。H03 和 H04 土样中的碎屑颗粒磨圆度较高，以圆状、次圆状颗粒为主。由 H01 到 H04 土样颗粒的磨圆程度逐渐增高，表面红砂试样的物质来源方向西侧大西洋海岸。

(a)　　　　　　　　　　　　　　(b)

图 5.10　次棱角状碎屑

3. V 系列样品

V 系列不同位置样品的磨圆度基本一致，且碎屑颗粒磨圆度均较高，以圆状、次圆状颗粒为主，次棱角状颗粒较少，其中圆状颗粒约在 60% 以上。

5.2.3　碎屑颗粒表面结构特征

红砂碎屑颗粒的微观结构主要包括机械结构、化学结构和机械化学结构。

1. D 系列样品

红砂的机械结构主要表现为贝壳状断口，其是碎屑颗粒在机械作用下沿边沿形成的贝壳状断裂面，是较为多见的表面结构，如图 5.11 所示。此外，在机械作用下碎屑颗粒表明还会形成凹坑和槽沟，如图 5.12 所示。

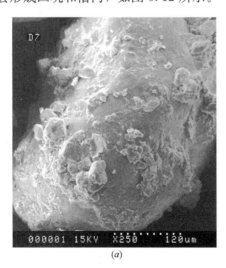

(a)　　　　　　　　　　　　　　(b)

图 5.11　D 系列样品颗粒表面贝壳状断口

(a) 次圆状碎屑颗粒，贝壳状断口；(b) 次棱角状碎屑颗粒，贝壳状断口

图 5.12　D系列样品颗粒表面凹坑和沟槽

(a) 颗粒表面的划痕；(b) 颗粒表面的凹坑；(c) 圆状碎屑，表面有 V 形沟和凹坑；(d) 圆状碎屑，
表面有凹坑；(e) 圆状碎屑，表面有凹坑和 V 形沟；(f) 圆状碎屑，表面有凹坑

红砂碎屑颗粒的化学结构是经化学作用形成，石英颗粒的磨蚀和溶解产生过饱和氧化硅时，发生沉淀，多在颗粒表面的低洼部位，如图 5.13 所示。

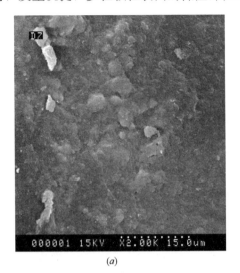 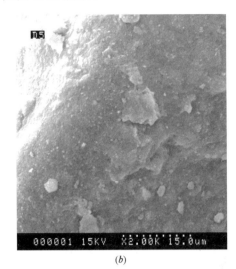

(a)　　　　　　　　　　　　　　　　(b)

图 5.13　D 系列样品氧化硅沉淀

机械化学作用是原始颗粒经机械作用或风化作用，在解理面边沿形成一些平行的翘起薄片。这些薄片以后又叠加了氧化硅沉淀层，使其片理模糊，但残留其基本轮廓，形成翻翘薄片，如图 5.14 所示。

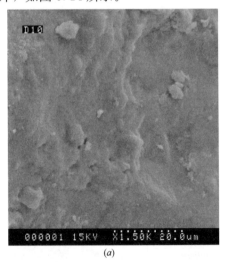 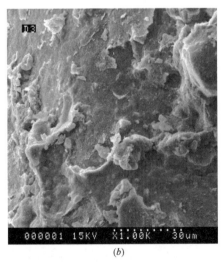

(a)　　　　　　　　　　　　　　　　(b)

图 5.14　D 系列样品翻翘薄片

2. H 系列样品

在所观察的土样中主要见有机械表面结构，贝壳状断口是较为多见的表面结构。不少碎屑颗粒表面见有机械作用下形成的凹坑，如图 5.15 所示。

3. V 系列样品

在所观察的土样中主要见有机械表面结构，贝壳状断口是较为多见的表面结构，不少碎屑颗粒表面见有机械作用下形成的凹坑、碟形坑和槽沟，如图 5.16 所示。

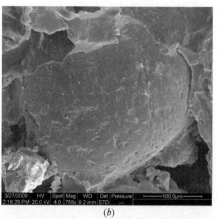

图 5.15　H 系列样品机械表面结构
（a）次棱状颗粒，贝壳状断口，H01；（b）圆状颗粒，表面有凹坑，H04

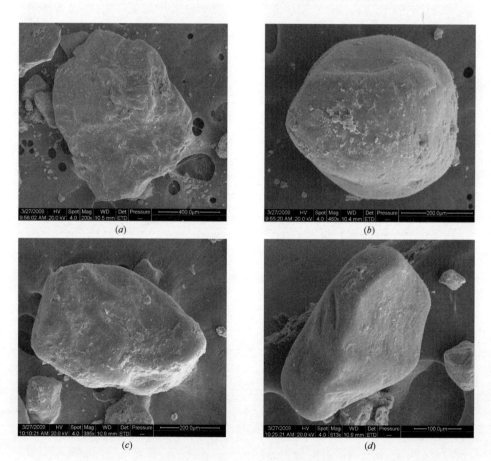

图 5.16　V 系列样品机械表面结构
（a）次棱状颗粒，贝壳状断口，V01；（b）圆状颗粒，表面有凹坑，V01；（c）次圆状颗粒，
表面有碟形坑，V02；（d）次圆状颗粒，表面有槽沟，V03

5.2.4　红砂微观结构特征

对 D01、D03、D05、D07、D09、D10 等 6 个棕红色砂土样品的显微结构特征进行了
扫描电镜观察。每个样品观察了两个断面：水平断面和竖直断面。由于其非常疏松，首先
利用 502 胶进行固结处理，待固结后，垂直于样品的竖直方向（即上下方向）和平行于样
品的竖直方向将土样断开，获取自然断面，对自然断面喷金，供扫描分析。扫描分析结果
如表 5.8 所示，其中 D01、D05 和 D07 样品的显微照片如图 5.17～图 5.19 所示。

图 5.17　D01 样品微结构特征

(a) 水平断面：颗粒支架排列，粒间孔隙，支架大孔微胶结结构；(b) 竖直断面：颗粒支架排列，
粒间孔隙，支架大孔微胶结结构；(c) 支架大孔；(d) 支架大孔

根据电镜扫描结果，除浅部土（D01）颗粒接触方式以支架排列为主，其次为支架-镶
嵌排列，颗粒接触面积小，孔隙较大外；下部土（D03～D10）的颗粒接触方式均以镶嵌
排列为主，颗粒相互支撑，接触面积大，孔隙较小，存在由上至下颗粒排列由支架排列逐
渐过渡为镶嵌排列的规律。孔隙结构以粒间孔隙为主，未见根洞或虫孔之类的次生孔隙，
粒间孔隙自上而下逐渐变小。

小于 0.005mm 的黏粒物质含量较少，一般在 10% 以下。黏粒物质成分主要是微细的

图 5.18　D05 样品微结构特征

（a）水平断面：镶嵌-支架排列，镶嵌-支架半胶结结构；（b）竖直断面：镶嵌-支架排列，镶嵌-支架半胶
结构；（c）颗粒镶嵌排列，粒间孔隙较小；（d）颗粒镶嵌排列，粒间孔隙较小

图 5.19　D07 样品微结构特征（一）

（a）水平断面：颗粒镶嵌排列，镶嵌微孔半胶结结构；（b）竖直断面：颗粒镶嵌排列，镶嵌微孔半胶结结构

图 5.19　D07 样品微结构特征（二）

(c) 颗粒镶嵌排列，粒间孔隙较小；(d) 颗粒镶嵌排列，粒间孔隙较小

石英、长石、云母及三氧化铁等（能谱分析结果，长石和云母风化后可形成蒙脱石、伊利石、高岭石等）。这些微细物质粘附在颗粒表面或聚集在颗粒接触处，起到胶结作用。因微细胶结物质含量少，使土体胶结程度差，导致土质非常疏松。

D 系列样品显微结构电镜扫描结果　　　　　　　　　　　　　　　　　　表 5.8

样品编号	颗粒接触方式		孔隙大小	胶结类型
	水平断面	竖直断面		
D01	支架排列	支架排列	大	微胶结
D03	镶嵌排列	镶嵌排列	较小	半胶结
D05	镶嵌-支架排列	镶嵌-支架排列	较小	半胶结
D07	镶嵌排列	镶嵌排列	较小	半胶结
D09	镶嵌-支架排列	镶嵌-支架排列	较小	半胶结
D10	镶嵌-支架排列	镶嵌排列	较小	半胶结

5.3　红砂成因探讨

　　红砂的成因在一些当地地质图中被确定为海相沉积层，但在罗安达开展工作的一些中国岩土工程工作者，尚有冲洪积、残积、风积等不同的看法。其否定海相沉积的原因主要是红砂中未见有贝壳等海相生物碎屑；认为冲洪积成因主要因为在有些地方冲洪积卵石层之上分布有红砂，否定冲洪积成因主要是土层中未见有层理；认为是风积成因主要是因为土质均匀，以及土层中未见有生物碎屑，否定陆相风积成因主要是砂土物源难以找到（罗安达省除西侧为海洋外，其余几个方向均为大范围花岗岩区）。

　　下面从各种成因类型的石英表面特征进行分析，根据谢又予主编的《中国石英砂表面结构特征图谱》，各成因类型砂颗粒表面特征如下：

（1）残、坡积物：残、坡积物均未经长距离搬运，石英颗粒又绝大多数来自结晶岩。因而这种环境下的石英砂粒在扫描电镜下显示出非常新鲜的样子，与母岩中的砂粒相差无几。如果完全未受风化，其中大颗粒常具贝壳状断口，小颗粒可能有翻翘薄片与平整的上下面。外形多呈尖角状，很少遭受磨损。若母岩来自石英岩或石英砂岩，则具有沉积岩中石英砂的原有特征。

（2）冲积物：冲积石英砂粒的表面特征，主要是：①砂粒边沿与棱角的磨圆度较高；②有水下机械 V 形坑、凹坑、假擦痕和沟槽；③水下机械成因的磨蚀光面。

（3）洪积物：洪积石英砂的磨圆度较差，最重要的特征是在强烈机械撞击下具有不规则外形和锯齿形脊线，保留有泥石流和坡积物的部分特征；但又因经流水冲磨，致使边棱部分受到一定程度的磨蚀而有所区别。

（4）风积物：风的磨蚀作用使颗粒夷平。大颗粒大多很圆，没有棱角。常见球形颗粒，有些成长条形，但也颇浑圆。在此球形的背景上，常在表面布满了浅的碟形坑，在扫描电镜下放大 2000 倍时这些碟形坑表现十分明显，而在一般双目实体镜下观察则是具有磨圆的特征，颇似表面不光洁的磨砂玻璃，这些都是由于在风里搬运过程中颗粒碰撞而形成的。在沙漠砂中，由于夏季的炎热，以及夜间水的 pH 值因有溶解的盐类而升高，使得砂粒表面有少量的 SiO_2 被溶解。白昼升温时，蒸发作用又使 SiO_2 重新沉淀在颗粒表面。大颗粒上，沉淀作用主要是将风蚀凹坑夷平。此外，在经受了磨蚀与风化作用的风成石英砂还显示出一系列的翻卷薄片（平行解理）和大的贝壳状断口，偶尔还有表面裂缝，这是受强烈的热胀冷缩而导致的。上述特征均受到后期化学作用的影响。

（5）海洋沉积物：海洋沉积区由于波浪、潮汐，沿岸流作用及风力吹扬作用等的强弱不同，可将海洋沉积物，划分为高能海滩沉积与低能海滩沉积，也可根据地貌部位与主要的作用营力，划分为外陆架区及内陆架区，或潮上带及潮间带。在海陆之间的河流入海处并有三角洲相沉积物。

① 外陆架区：中国海岸带在第四纪晚更新世时期，由于冰期气候的影响，海面曾大幅度下降，在 1.5 万年前，东海的外陆架区曾出露为陆。自 1.5 万年以后，海面逐渐回升，在距今 7000 年左右，海面已相当于目前的位置。因此中国外陆架区石英砂的表面特征保留了高能海滩的特征，如：表面被磨平、光洁、平滑，具玻璃光泽，"V"形坑及机械碰撞造成的破碎坑，以及裂隙和三角形撞击坑成排出现。在凹处有少量 SiO_2 沉淀物，有石英晶体的生长等。这些特征在现在水深 $130 \sim 163m$ 处的石英砂表面也非常明显，这不可能是在现在深度造成的，根据一般规律，在水深大于 30m 处砂粒已不易被扰动。

② 潮间带：中国东海的潮间带分为"长江口及杭州湾潮间带""温州-闽江口潮间带""南黄海苏北浅滩区"等几个小区，由于物源、潮差等影响，特征不同。

③ 潮上带：潮上带主要受汹涌的海浪和浅海的风蚀作用。石英颗粒主要由来自潮间带的石英颗粒组成，其颗粒表面继承了潮间带的石英颗粒特征，但也要被改造，通常呈现出：颗粒棱角基本磨蚀，表面多有 SiO_2 的沉淀，贝壳状断口遭磨蚀，偶尔见有擦痕，但已被改造过，离潮间带远的地方，石英砂表面见有裂纹和 SiO_2 形成的石英晶芽。河流入海时形成的三角洲沉积，兼有河流沉积与海洋沉积的特征，同样具有上述特征。

④ 海滨沙丘：海滨沙丘的石英颗粒，由于受风的磨蚀作用，颗粒相互碰撞，使颗粒棱角进一步磨损，故磨圆度较好，棱角基本上消失呈圆滑的形状，在风的作用下，颗粒间

撞击可以产生一些不太典型的碟形坑，表面有溶蚀现象及 SiO_2 的沉淀，有时具有清晰的贝壳状断口，由于它是由海洋沙堤经风力吹扬改造而成，因此石英砂表面仍保留水下撞击 V 形痕和海水方向性溶蚀形痕，或砂粒表面有海相生物碎屑贴附。

　　综合 D、H、V 系列试样石英颗粒电镜扫描结果有：①石英砂颗粒的磨圆度较高；②具有机械作用下形成的贝壳状断口、凹坑、V 形痕、碟形坑等；③具有溶蚀现象及 SiO_2 的沉淀；④颗粒表面发育有一层玻璃状或釉状的翻翘薄片，通常称为"沙漠漆"，其成分可能是诸如硅质、氧化铁或氧化锰等；⑤磨圆度自西向东逐渐增加；⑥颗粒粒径自西向东逐渐减小。这些石英颗粒表面结构特征与前述海滨沙丘砂的表面结构特征最为吻合；红砂颗粒磨圆度自西向东逐渐增加，颗粒粒径自西向东逐渐减小（与罗安达地区风向以西风为主相吻合），也佐证了其经风力自西向东搬运。综上所述，红砂可能主要为海滨沙丘砂，亦即为海相沉积沙滩砂，经风力改造搬运，并在后期陆相环境下发生物理化学风化作用形成，它既继承又改造了海滩砂的特征。除此之外，在局部地带，存在有红砂经冲洪积二次搬运的痕迹。

第 6 章 非洲红砂湿陷特性的室内试验研究

现有研究和勘探结果发现湿陷性是非洲红砂的典型工程性质，造成安哥拉红砂地区建筑物破坏的直接原因均是后期地表水入渗引起的地基土含水率增加。根据目前中国湿陷性黄土的研究成果，室内试验、现场浸水载荷试验和试坑浸水试验是确定湿陷性、湿陷系数、自重湿陷系数、湿陷起始压力和场地湿陷类型的主要研究方法。室内试验和现场浸水载荷试验又可分为"单线法"和"双线法"。鉴于室内试验测定湿陷性比较简便，且不仅可以同时测定不同深度土的湿陷性，还可以研究不同影响因素对土湿陷性的影响规律，揭示影响土湿陷性的关键因素。

因此本章首先结合工程地质钻探测试了安哥拉 K.K. 社会住房试验场地不同位置不同深度红砂的自重湿陷系数和湿陷系数，初步分析了原状红砂自重湿陷系数与其物理指标的对应关系；然后通过控制单一影响因素的变量，系统研究了不同物理指标与红砂湿陷性的对应关系，揭示了影响红砂湿陷性的关键因素。

6.1 非洲红砂的湿陷特性

6.1.1 湿陷与湿陷性土

关于"湿陷"，中国《湿陷性黄土地区建筑规范》GB 50025—2004 对"湿陷性黄土"做了如下定义："在一定压力下受水浸湿，土结构迅速破坏，并产生显著附加下沉的黄土"；所说的"显著附加下沉"，是指远大于它的正常压密或塑性变形。美国 ASTM 标准《土的湿陷势测试方法标准》（D 5333—03，*Standard Test Method for Measurement of Collapse Potential of Soils*）对湿陷（Collapse）做如下定义："侧限约束土在恒定竖向压力下浸水后高度减小。湿陷性土在低含水率时可以承受相对较大的竖向压力作用，仅产生较小的沉降变形；但在浸水后，不增加压力可产生较大沉降变形；因此发生湿陷并不需要施加太大的竖向压力"。

关于湿陷的表示方法，中国《湿陷性黄土地区建筑规范》GB 50025—2004 分别采用湿陷系数（δ_s）和自重湿陷系数（δ_{zs}），按式（6.1）和式（6.2）进行计算，并根据湿陷系数的大小划分黄土的湿陷程度，如表 6.1 所示。

$$\delta_s = \frac{h_p - h'_p}{h_0} \tag{6.1}$$

式中 h_p——保持天然湿度和结构的试样，加至一定压力时，下沉稳定后的高度（mm）；

h'_p——加压下沉稳定后的试样，在浸水饱和条件下，附加下沉稳定后的高度（mm）；

h_0——试样的原始高度（mm）。

$$\delta_{zs} = \frac{h_z - h'_z}{h_0} \qquad (6.2)$$

式中　h_z——保持天然湿度和结构的试样，加压至该试样上覆土的饱和自重压力时，下沉
　　　　　稳定后的高度（mm）；

　　　h'_z——加压稳定后的试样，在浸水饱和条件下，附加下沉稳定后的高度（mm）。

黄土湿陷程度的划分标准　　　　　　　　　　　　　表 6.1

湿陷系数	湿陷程度	湿陷系数	湿陷程度
0～0.015	不湿陷	0.030～0.070	湿陷中等
0.015～0.030	湿陷轻微	＞0.070	湿陷强烈

美国 ASTM 标准《土的湿陷势测试方法标准》D 5333—03 采用湿陷势（Collapse Potential）来表征土的湿陷性，并按式（6.3）进行计算，以百分数表示。此外，还规定另外一个参数"湿陷指数"（Collapse Index，I_e），即 200kPa 下的湿陷势，作为表征土湿陷性的基本性质指标，并用于划分试样的湿陷程度，如表 6.2 所示。

$$I_c = \left[\frac{d_f - d_0}{h_0} - \frac{d_i - d_0}{h_0}\right]100 = \left[\frac{d_f - d_i}{h_0}\right]100 \qquad (6.3)$$

式中　I_c——湿陷势；

　　　d_0——接触压力下仪表读数（mm）；

　　　h_0——试验初始高度（mm）；

　　　d_f——在某压力下浸水后的仪表读数（mm）；

　　　d_i——在某压力下浸水前的仪表读数（mm）。

美国 ASTM 标准根据湿陷指数对土湿陷程度的划分　　　　　表 6.2

试样湿陷程度	湿陷指数（Collapse Index，I_e，%）
无（None）	0
轻微（Slight）	0.1～2.0
中等（Moderate）	2.1～6.0
中重度（Moderately Severe）	6.1～10.0
严重（Severe）	＞10.0

此外，中国《岩土工程勘察规范》GB 50021—2001（2009 年版）规定在 200kPa 压力下现场浸水载荷试验的附加湿陷量与承压板宽度之比等于或大于 0.023 的土，应判定为湿陷性土。

6.1.2　非洲红砂的自重湿陷性判定

为揭示非洲红砂的自重湿陷特性，在红砂地区布置 18 个钻孔取样并根据中国《湿陷性黄土地区建筑规范》GB 50025—2004 开展室内试验，测试非洲红砂的自重湿陷性系数，测试结果如表 6.3 和表 6.4 所示，根据测试结果绘制不同钻孔自重湿陷系数与深度对应关系如图 6.1 所示。

从表 6.3 可知，不同钻孔非洲红砂的自重湿陷系数最大值均大于 0.015，按照中国《湿陷性黄土地区建筑规范》GB 50025—2004，红砂场地普遍具有自重湿陷性；不同钻孔非洲红砂自重湿陷系数的平均值介于 0.012～0.037，表明红砂场地自重湿陷程度表现出不均匀性，即水平距离很近的红砂其自重湿陷性也会相差较大；不同钻孔自重湿陷系数的变异系数均小于 1，表明不同深度非洲红砂自重湿陷性的离散程度较小。

从表 6.4 可知，非洲红砂②层粉砂的自重湿陷系数介于 0.001～0.038，平均值为 0.014；③₁ 层粉砂的自重湿陷系数介于 0.001～0.048，平均值为 0.021；③₂ 层粉砂的自重湿陷系数介于 0.001～0.036，平均值为 0.013。因此，按照中国《湿陷性黄土地区建筑规范》GB 50025—2004，不同非洲红砂地层均具有自重湿陷性。

不同钻孔的自重湿陷性测试结果　　　　表 6.3

钻孔编号	钻孔深度 (m)	自重湿陷系数			标准差	变异系数	统计频数
		平均值	最大值	最小值			
ZK1	17.6	0.017	0.032	0.006	0.007	0.397	17
ZK2	19	0.024	0.047	0.004	0.011	0.451	18
ZK3	17.6	0.016	0.043	0.003	0.009	0.529	13
ZK4	17	0.021	0.039	0.003	0.011	0.535	15
ZK5	16.3	0.017	0.048	0.002	0.015	0.877	16
ZK6	14.3	0.023	0.058	0.001	0.019	0.825	11
ZK7	16.8	0.010	0.022	0.001	0.007	0.747	15
ZK8	12.9	0.015	0.035	0.002	0.011	0.723	11
ZK9	14.7	0.027	0.053	0.003	0.020	0.769	10
ZK10	13.4	0.015	0.030	0.001	0.010	0.689	13
ZK11	14.9	0.012	0.043	0.003	0.011	0.914	13
ZK12	12.5	0.021	0.038	0.003	0.011	0.515	11
ZK13	15	0.018	0.032	0.006	0.007	0.385	15
ZK14	13	0.020	0.034	0.007	0.008	0.398	10
ZK15	13.7	0.037	0.083	0.002	0.022	0.598	13
ZK16	12.9	0.019	0.035	0.004	0.011	0.552	11
ZK17	15	0.013	0.023	0.003	0.006	0.426	12
ZK18	15	0.014	0.029	0.005	0.008	0.612	14

不同地层的湿陷性测试结果　　　　表 6.4

地层编号	自重湿陷系数			标准差	变异系数	统计频数
	平均值	最大值	最小值			
②层粉砂	0.014	0.038	0.001	0.0089	0.66	151
③₁ 层粉砂	0.021	0.048	0.001	0.0119	0.58	44
③₂ 层粉砂	0.013	0.036	0.001	0.0103	0.77	29

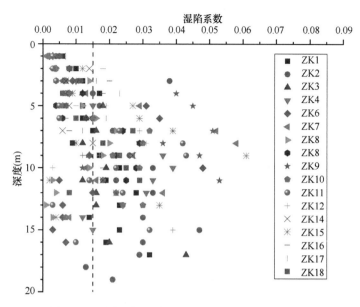

图 6.1　不同深度不同钻孔的非洲红砂自重湿陷系数

根据图 6.1 可知，红砂场地自重湿陷性具有以下特征：（1）不同钻孔相同深度红砂的自重湿陷系数变化较大，表明非洲红砂场地自重湿陷具有不连续性；（2）深度 4m 及其以上红砂自重湿陷系数较小，除个别钻孔（ZK2 和 ZK16）揭示其自重湿陷系数大于 0.015 外，其余钻孔揭示的自重湿陷系数均小于 0.015，表明 4m 以上红砂发生自重湿陷性的概率较小；（3）深度 5～12m 红砂地层自重湿陷系数大于 0.015 所占比例较高且自重湿陷系数较大，表明该层红砂发生自重湿陷变形的概率较大且产生的自重湿陷沉降也较大；（4）整体上看地面以下深度 0～12m 红砂的自重湿陷系数随深度增加而逐渐增加，12～19m 红砂自重湿陷系数随深度增加而减小，表明非洲红砂自重湿陷性先随深度增加而增加，然后随深度增加而减小。

为进一步揭示红砂场地的自重湿陷特征，根据中国《湿陷性黄土地区建筑规范》GB 50025—2004，按式（6.4）计算各个钻孔的自重湿陷量，结果如表 6.5 所示。

$$\Delta_{zs} = \beta_0 \sum_{i=1}^{n} \delta_{zsi} h_i \qquad (6.4)$$

式中　Δ_{zs}——自重湿陷量计算值（mm），应自天然地面，计算至其下非湿陷性红砂层的顶面止；按《湿陷性黄土地区建筑规范》GB 50025—2004 自重湿陷系数小于 0.015 土层不累计；

　　　δ_{zsi}——第 i 层土的自重湿陷系数；

　　　β——考虑不同地区红砂的修正系数，无特殊说明均取 1.0；

　　　h_i——第 i 层土的厚度（mm）。

从表 6.5 可知非洲红砂场地的自重湿陷量计算值介于 70～573mm，平均值为 216mm，按《湿陷性黄土地区建筑规范》GB 50025—2004 可判定为自重湿陷性场地。

不同钻孔的自重湿陷量计算值　　　　　　　　　　　　　　表 6.5

孔号	自重湿陷量计算值 （mm）	孔号	自重湿陷量计算值 （mm）	孔号	自重湿陷量计算值 （mm）
ZK1	208	ZK7	76	ZK13	216
ZK2	573	ZK8	169	ZK14	107
ZK3	186	ZK9	371	ZK15	293
ZK4	313	ZK10	160	ZK16	70
ZK5	202	ZK11	113	ZK17	132
ZK6	302	ZK12	262	ZK18	141

6.1.3　非洲红砂不同压力的湿陷性判定

为进一步揭示非洲红砂不同压力下的湿陷特性，根据中国《湿陷性黄土地区建筑规范》GB 50025—2004 分别测试 50kPa、100kPa、150kPa、200kPa、300kPa 和 400kPa 下上述 17 个钻孔的湿陷系数，统计试验结果如表 6.6 和表 6.7 所示，并分别绘制相同压力下湿陷系数随深度的变化曲线，如图 6.2 所示。

不同钻孔不同压力的湿陷性测试结果　　　　　　　　　　表 6.6

钻孔编号	压力 （kPa）	湿陷系数			标准差	变异系数	统计频数
		平均值	最大值	最小值			
ZK1	50	0.012	0.017	0.007	0.002	0.208	17
	100	0.016	0.022	0.008	0.003	0.219	17
	150	0.017	0.024	0.009	0.004	0.243	17
	200	0.019	0.026	0.01	0.005	0.257	17
	300	0.020	0.029	0.012	0.005	0.255	17
	400	0.022	0.034	0.011	0.007	0.301	17
ZK2	50	0.015	0.037	0.006	0.007	0.458	18
	100	0.019	0.044	0.009	0.008	0.397	18
	150	0.021	0.046	0.009	0.008	0.395	18
	200	0.024	0.047	0.01	0.009	0.394	18
	300	0.027	0.048	0.011	0.011	0.406	18
	400	0.029	0.055	0.012	0.012	0.428	18
ZK3	50	0.011	0.016	0.007	0.002	0.22	13
	100	0.015	0.027	0.01	0.004	0.282	13
	150	0.017	0.032	0.01	0.005	0.317	13
	200	0.018	0.036	0.011	0.006	0.348	13
	300	0.02	0.04	0.011	0.008	0.395	13
	400	0.023	0.048	0.012	0.010	0.440	13

钻孔编号	压力 （kPa）	湿陷系数			标准差	变异系数	统计频数
		平均值	最大值	最小值			
ZK4	50	0.015	0.029	0.006	0.006	0.439	15
	100	0.018	0.032	0.009	0.007	0.413	15
	150	0.020	0.035	0.009	0.009	0.442	15
	200	0.0215	0.039	0.008	0.011	0.490	15
	300	0.024	0.05	0.005	0.014	0.587	15
	400	0.026	0.059	0.003	0.017	0.664	15
ZK5	50	0.010	0.026	0.002	0.008	0.786	13
	100	0.014	0.033	0.003	0.010	0.721	13
	150	0.017	0.041	0.003	0.013	0.788	13
	200	0.019	0.051	0.003	0.017	0.875	13
	300	0.022	0.068	0.003	0.022	0.998	13
	400	0.024	0.081	0.002	0.026	1.080	13
ZK6	50	0.015	0.053	0.002	0.014	0.946	12
	100	0.020	0.052	0.004	0.015	0.767	12
	150	0.022	0.056	0.004	0.017	0.770	12
	200	0.025	0.065	0.005	0.019	0.774	12
	300	0.028	0.077	0.004	0.023	0.820	12
	400	0.031	0.087	0.003	0.026	0.861	12
ZK7	50	0.007	0.014	0.001	0.004	0.658	14
	100	0.009	0.017	0.001	0.006	0.597	14
	150	0.011	0.022	0.001	0.007	0.620	14
	200	0.012	0.024	0.001	0.007	0.613	14
	300	0.012	0.030	0.001	0.008	0.686	14
	400	0.013	0.035	0.002	0.010	0.752	14
ZK8	50	0.013	0.027	0.003	0.009	0.699	10
	100	0.016	0.029	0.004	0.009	0.552	10
	150	0.018	0.032	0.005	0.009	0.489	10
	200	0.019	0.035	0.005	0.010	0.499	10
	300	0.020	0.040	0.003	0.012	0.593	10
	400	0.025	0.048	0.009	0.014	0.558	8
ZK9	50	0.017	0.034	0.006	0.011	0.626	11
	100	0.027	0.065	0.006	0.019	0.704	11
	150	0.031	0.066	0.006	0.021	0.678	11
	200	0.037	0.080	0.006	0.026	0.697	11
	300	0.044	0.097	0.005	0.032	0.726	11
	400	0.057	0.108	0.007	0.034	0.600	11

续表

钻孔编号	压力(kPa)	湿陷系数			标准差	变异系数	统计频数
		平均值	最大值	最小值			
ZK10	50	0.013	0.027	0.005	0.007	0.522	14
	100	0.016	0.045	0.004	0.011	0.658	14
	150	0.019	0.054	0.006	0.013	0.666	14
	200	0.021	0.060	0.006	0.015	0.692	14
	300	0.026	0.068	0.006	0.019	0.731	14
	400	0.026	0.074	0.006	0.020	0.749	14
ZK11	50	0.010	0.024	0.003	0.007	0.685	15
	100	0.014	0.038	0.005	0.010	0.710	15
	150	0.016	0.049	0.004	0.013	0.802	15
	200	0.018	0.058	0.003	0.015	0.877	15
	300	0.020	0.074	0.003	0.020	1.035	15
	400	0.020	0.084	0.002	0.024	1.185	15
ZK12	50	0.015	0.037	0.005	0.008	0.565	10
	100	0.021	0.040	0.009	0.008	0.377	10
	150	0.024	0.041	0.011	0.008	0.340	10
	200	0.027	0.041	0.014	0.009	0.322	10
	300	0.030	0.052	0.013	0.012	0.392	10
	400	0.032	0.064	0.010	0.016	0.488	10
ZK14	50	0.012	0.037	0.005	0.009	0.770	11
	100	0.017	0.040	0.006	0.010	0.628	11
	150	0.024	0.058	0.006	0.015	0.615	11
	200	0.022	0.041	0.007	0.010	0.441	11
	300	0.025	0.039	0.008	0.009	0.361	11
	400	0.026	0.042	0.011	0.009	0.345	11
ZK15	50	0.014	0.050	0.001	0.013	0.902	14
	100	0.023	0.067	0.001	0.017	0.729	14
	150	0.033	0.077	0.001	0.022	0.671	14
	200	0.034	0.084	0.002	0.023	0.670	14
	300	0.041	0.094	0.001	0.029	0.709	14
	400	0.041	0.100	0.001	0.033	0.792	14
ZK16	50	0.011	0.024	0.004	0.006	0.590	10
	100	0.016	0.031	0.006	0.009	0.559	10
	150	0.019	0.033	0.008	0.010	0.541	10
	200	0.021	0.035	0.010	0.010	0.477	10
	300	0.024	0.037	0.014	0.008	0.358	10
	400	0.026	0.037	0.017	0.006	0.247	10

钻孔编号	压力 (kPa)	湿陷系数			标准差	变异系数	统计频数
		平均值	最大值	最小值			
ZK17	50	0.013	0.020	0.008	0.004	0.330	10
	100	0.017	0.027	0.010	0.006	0.328	10
	150	0.019	0.032	0.011	0.007	0.344	10
	200	0.021	0.036	0.012	0.007	0.339	10
	300	0.023	0.037	0.012	0.007	0.326	10
	400	0.023	0.038	0.012	0.008	0.332	10
ZK18	50	0.011	0.018	0.005	0.003	0.310	12
	100	0.014	0.025	0.006	0.006	0.446	12
	150	0.017	0.028	0.007	0.006	0.371	12
	200	0.020	0.033	0.007	0.007	0.352	12
	300	0.022	0.036	0.007	0.008	0.347	12
	400	0.024	0.036	0.007	0.008	0.339	12

不同压力湿陷系数统计表　　　　　　　　　　　表 6.7

压力 (kPa)	湿陷系数			标准差	变异系数	统计频数
	平均值	最大值	最小值			
50	0.012	0.053	0.001	0.008	0.653	221
100	0.016	0.067	0.001	0.011	0.641	223
150	0.020	0.077	0.001	0.013	0.662	223
200	0.022	0.084	0.001	0.015	0.670	223
300	0.025	0.097	0.001	0.018	0.735	223
400	0.027	0.108	0.001	0.021	0.765	223

从表 6.6 可知，不同钻孔不同压力下非洲红砂的湿陷性系数最大值均大于 0.015，按照中国《湿陷性黄土地区建筑规范》GB 50025—2004，红砂场地普遍具有湿陷性。同一钻孔红砂湿陷系数最小值、平均值和最大值均随压力增加而增加，表明在压力小于 400kPa 时，红砂的湿陷性与压力呈正比，如 ZK2 中红砂在 50kPa 下湿陷系数为 0.015，100kPa 下湿陷系数为 0.019，150kPa 下湿陷系数为 0.021，200kPa 下湿陷系数为 0.024，300kPa 下湿陷系数为 0.027，400kPa 下湿陷系数为 0.029。

表 6.7 结果表明 50kPa 下红砂湿陷系数的变化范围为 0.001～0.053，平均值为 0.012；100kPa 下红砂湿陷系数的变化范围为 0.001～0.067，平均值为 0.016；150kPa 下红砂湿陷系数的变化范围为 0.001～0.077，平均值为 0.020；200kPa 下红砂湿陷系数的变化范围为 0.001～0.084，平均值为 0.022；300kPa 下红砂湿陷系数的变化范围为 0.001～0.097，平均值为 0.025；400kPa 下红砂湿陷系数的变化范围为 0.001～0.108，平均值为 0.027；此结果进一步表明红砂湿陷系数随压力增加而增加。此外，不同压力下红砂湿陷系数的变异系数均小于 1，表明相同压力下非洲红砂湿陷性的离散程度较小。

从图 6.2 可以发现红砂湿陷性具有以下规律：（1）不同压力下不同深度红砂湿陷系数

最大值均大于 0.015，表明试验不同压力下不同深度红砂均具有湿陷性；（2）压力较小
（≤100kPa）时，红砂湿陷系数与深度变化呈折线形，其与临界湿陷系数构成"三角形"，
即红砂湿陷系数首先随深度增加而增加，达到最大值后又随深度增加而减小，试验场地湿

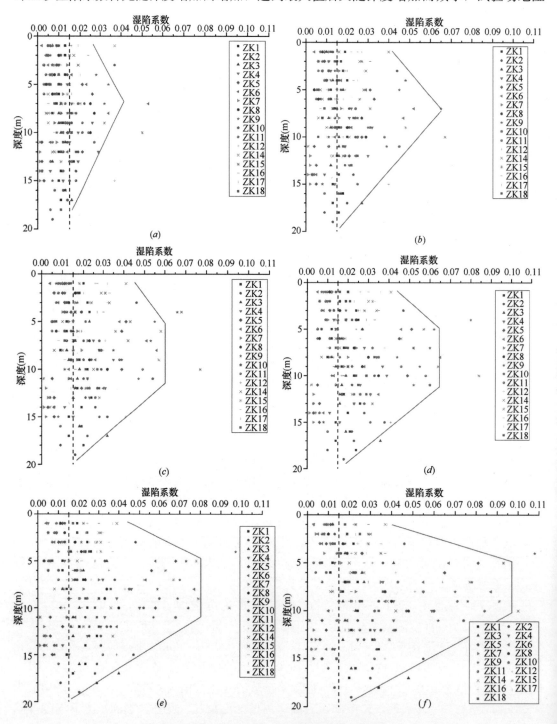

图 6.2 不同压力下湿陷系数随深度变化关系
(a) 50kPa；(b) 100kPa；(c) 150kPa；(d) 200kPa；(e) 300kPa；(f) 400kPa

陷系数最大值出现在深度 7～9m 之间；（3）压力较大时（100kPa≤p≤400kPa），红砂湿陷系数与深度变化呈折线形，其与临界湿陷系数构成"梯形"，即红砂湿陷系数首先随深度增加而增加，达到最大值后湿陷系数基本保持稳定，随后湿陷系数又随深度增加而减小；（4）对比不同压力下的湿陷系数，发现随压力增加湿陷系数分布位置向右平移，表明湿陷系数随压力增加而增加。

为进一步揭示红砂场地的湿陷特征，根据中国《湿陷性黄土地区建筑规范》GB 50025—2004，按式（6.5）计算各个钻孔的湿陷量，结果如表 6.8 所示。

$$\Delta_s = \sum_{i=1}^{n} \beta \delta_{si} h_i \tag{6.5}$$

式中　Δ_s——湿陷量计算值（mm），应自基础底面（如基底标高不确定时，自地面下 1.5m）算起，本次计算均取地面下 1.5m；根据表 6.5 结果，试验场地为自重湿陷性场地，每个钻孔均累计计算至非湿陷性黄土层的顶面止。其中湿陷系数小于 0.015 土层不累计；

δ_{si}——第 i 层土的自重湿陷系数；

h_i——第 i 层土的厚度（mm）；

β——考虑基底下红砂受水浸湿可能性和侧向挤出等因素的修正系数，在缺乏资料时，可按下列规定取值：基底下 0～5m 深度内，取 $\beta=1.5$；基底下 5m 以下，取 $\beta=1.0$。

不同钻孔不同压力下红砂湿陷量计算值　　　　表 6.8

钻孔	湿陷沉降量（mm）					
	50kPa	100kPa	150kPa	200kPa	300kPa	400kPa
ZK1	33	205.5	249.5	269	276	349.5
ZK2	176.5	326	380.5	442.5	502	543
ZK3	16	125	170	230.5	276	329.5
ZK4	139	192.5	233.5	234	292.5	310.5
ZK5	91.5	144	178	253.5	293.5	333
ZK6	145.5	214	244	292.5	340	378.5
ZK7	0	79.5	107.5	113	126	152.5
ZK8	77	145	159.5	175	188.5	197
ZK9	167	298.5	381	452.5	541.5	596.5
ZK10	101	176	207	232	314.5	318.5
ZK11	63	113	152	196.5	229.5	228
ZK12	71	188.5	241.5	272	323	402.5
ZK14	69	103.5	200	207.5	284.5	304.5
ZK15	173	334.5	528	534.5	647	646.5
ZK16	64.5	123	158.5	192	250	305
ZK17	76.5	138	152	200.5	213	218.5
ZK18	34	105	170	218	264.5	288
平均值	88.1	177.1	230.1	265.6	315.4	347.1

从表 6.8 可知非洲红砂场地不同钻孔湿陷量计算值均随压力增加而增加，如压力为 50kPa 时，湿陷量计算值介于 0～176.5mm，平均值为 88.1mm；压力为 100kPa 时，湿陷量计算值介于 79.5～334.5mm，平均值为 177.1mm；压力为 150kPa 时，湿陷量计算值介于 107.5～528mm，平均值为 230.1mm；压力为 200kPa 时，湿陷量计算值介于 113～534.5mm，平均值为 265.6mm；压力为 300kPa 时，湿陷量计算值介于 126～647mm，平均值为 315.4mm；压力为 400kPa 时，湿陷量计算值介于 152.5～646.5mm，平均值为 347.1mm。按《湿陷性黄土地区建筑规范》GB 50025—2004 可判定非洲红砂场地的湿陷等级为轻微—中等。

6.1.4 非洲红砂湿陷性与物理指标相关性

中国黄土湿陷性研究成果表明含水率、干密度和孔隙比与黄土湿陷性关系密切，为揭示上述 3 种物理指标对红砂自重湿陷性的影响规律，根据室内试验测试结果分别绘制红砂自重湿陷系数与含水率、干密度和孔隙比的相关性如图 6.3～图 6.5 所示。

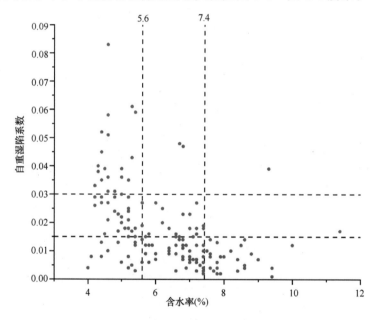

图 6.3　天然状态红砂自重湿陷系数与含水率对应关系

从图 6.3 可知天然状态红砂自重湿陷系数与含水率相关性一般，不同含水率时均存在大量自重湿陷系数小于 0.015 的红砂土样，即存在大量的非自重湿陷性红砂。但是对于自重湿陷系数大于 0.015（具有自重湿陷性）的红砂土样，存在两个关键含水率，即 5.6% 和 7.4%。当含水率小于 5.6% 时，含有较多自重湿陷系数位于 0.03～0.07 的红砂土样，约占自重湿陷系数 0.03～0.07 红砂土样数的 86.4%，即可判定自重湿陷性中等的红砂土样其含水率基本都小于 5.6%；此外自重湿陷系数唯一大于 0.07 的红砂土样含水率也小于 5.6%，即可判定自重湿陷性强烈的红砂土样含水率都小于 5.6%。当含水率大于 7.4% 时，自重湿陷系数大于 0.015 的红砂土样仅有 2 个，表明天然状态下，当红砂含水率大于 7.4% 时，红砂基本不具有自重湿陷性。

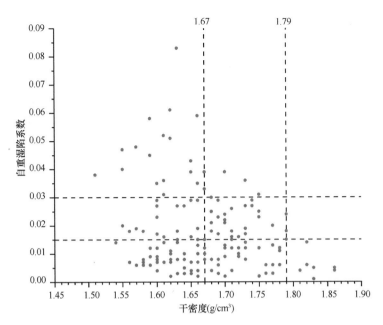

图 6.4　天然状态红砂自重湿陷系数与干密度对应关系

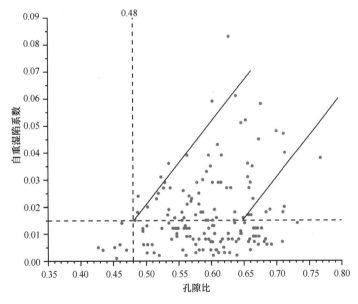

图 6.5　天然状态下红砂自重湿陷系数与孔隙比对应关系

从图 6.4 可知天然状态红砂自重湿陷系数与干密度相关性一般，不同干密度时均存在大量自重湿陷系数小于 0.015 的红砂土样，即存在大量的非自重湿陷性红砂。但是对于自重湿陷系数大于 0.015（具有自重湿陷性）的红砂土样，存在两个关键干密度，即 1.67g/cm³ 和 1.79g/cm³。当干密度小于 1.67g/cm³ 时，含有较多自重湿陷性系数位于 0.03～0.07 的红砂土样，约占自重湿陷系数位于 0.03～0.07 红砂土样的 86.4%，即可判定自重湿陷性中等的红砂土样其干密度基本都小于 1.67g/cm³；当干密度大于 1.79g/cm³ 时，红砂自重湿陷系数均小于 0.015，表明当红砂干密度大于 1.79g/cm³ 时，红砂已不具有自重湿陷性。此外，对于具有自重湿陷性的红砂土样（自重湿陷系数大于 0.015），其自重湿陷系数整体上与干密度成反比关系，具有随干密度增加而减小的特征。

从图 6.5 可知天然状态红砂湿陷系数与孔隙比相关性一般，不同孔隙比时均存在大量自重湿陷系数小于 0.015 的红砂土样，即存在大量的非自重湿陷性红砂。但是存在临界孔隙比 0.48，当孔隙比小于 0.48 时，红砂的自重湿陷系数均小于 0.015，表明其均不具有自重湿陷性。对于自重湿陷系数大于 0.015（具有自重湿陷性）的红砂土样，其基本分布在两条斜率为正的直线内，表明自重湿陷性与孔隙比相关性较好，且自重湿陷性与孔隙比成正比，具有自重湿陷系数随孔隙比增加而增加的特征。

6.1.5 非洲红砂湿陷性及湿陷沉降量与湿陷压力关系

为进一步揭示湿陷系数和湿陷量计算值与压力的对应关系，根据室内试验结果获取的 17 个钻孔湿陷系数和湿陷量计算值，统计不同压力下湿陷系数及湿陷沉降量的最小值、最大值和平均值，并拟合湿陷系数和湿陷沉降量随压力的变化曲线如图 6.6 和图 6.7 所示。

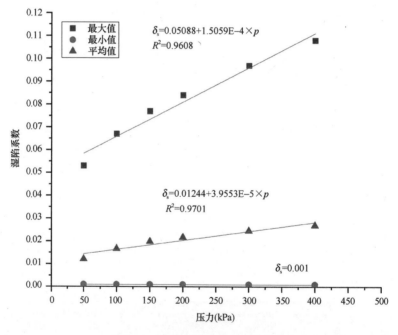

图 6.6　湿陷系数随压力变化曲线

图 6.6 结果表明天然状态下红砂湿陷系数的最小值、最大值和平均值均与压力呈正比关系，平均值和最大值均随压力增加而线性增加，最小值与压力无关，均为 0.01。湿陷系数（δ_s）最大值与压力（p）的拟合函数关系为式（6.6），拟合优度 $R^2 = 0.9608$，表明拟合函数较好。湿陷系数（δ_s）平均值与压力（p）的拟合函数关系为式（6.7），拟合优度 $R^2 = 0.9701$，表明拟合函数较好。

$$\delta_s = 0.05088 + 1.5059 \times 10^{-4} p$$
$$R^2 = 0.9608 \tag{6.6}$$

$$\delta_s = 0.01244 + 3.9553 \times 10^{-5} p$$
$$R^2 = 0.9701 \tag{6.7}$$

图 6.7 结果表明天然状态下红砂湿陷沉降量计算值的最小值、最大值和平均值均与压力呈对数关系，压力较小时（<100kPa），其随压力增加的速率较大，当压力较大时，其随压力增加的速率较慢并逐渐趋于稳定，表明红砂湿陷场地沉降量存在理论最大值。湿陷沉降量计算值（s）最大值与压力（p）的拟合函数关系为式（6.8），拟合优度 $R^2 = 0.9623$，表明拟合函数较好。湿陷沉降量计算值（s）平均值与压力（p）的拟合函数关系为式（6.9），拟合优度 $R^2 = 0.9997$，表明拟合函数较好。湿陷沉降量计算值（s）最小值与压力（p）的拟合函数关系为式（6.10），拟合优度 $R^2 = 0.9897$，表明拟合函数较好。

$$s = 180.755\ln(p - 27.4264) - 392.48$$
$$R^2 = 0.9623 \tag{6.8}$$

$$s = 117.732\ln(p - 7.15) - 354.6736$$
$$R^2 = 0.9997 \tag{6.9}$$

$$s = 35.7534\ln(p - 43.9636) - 64.2236$$
$$R^2 = 0.9897 \tag{6.10}$$

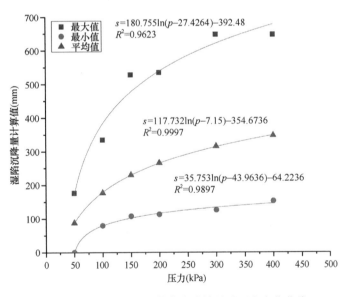

图 6.7　湿陷沉降量计算值统计结果随压力变化曲线

综上所述，非洲红砂符合前述关于湿陷性土的定义。现有的黄土湿陷性研究结果表明除了含水率、干密度、孔隙比和试验压力外，细粒土含量和易溶盐含量也是影响黄土湿陷性的重要因素。上述室内试验获得的红砂自重湿陷系数均为原状红砂，其含水率、孔隙比和干密度均存在差别，不能很好地分析某单一因素对红砂湿陷性的影响规律。为进一步分析不同因素对红砂自重湿陷性的影响规律，本章通过控制某单一因素变化的湿陷性试验，从而可以更准确地分析上述因素对非洲红砂（无特殊说明均为浅部②层粉砂）湿陷变形的影响规律。室内试验要点按中国《湿陷性黄土地区建筑标准》GB 50025—2018 开展。

6.2 结构性对湿陷性的影响

土的结构包括土的成分、组构和联结。天然土往往表现为具有结构性，土的结构性表征的是天然土具有结构强度的特性。土的结构强度是土的原生结构与次生结构的差异所引起的。原生结构是指构成土的最基本的物质成分在搬运、迁移、沉积和成土的演化过程中产生的与周围环境相适应的结构，与之相对应的土体强度即为原生土体强度；当天然土受到重塑或其他剧烈扰动时，原生结构被相对破坏，生成次生结构，与之相对应的土体强度即为次生土体强度。由于红砂属于砂类土，具有砂类土的特性，在某些情况下（如含水率低）是难以取得不扰动试样的，因此进行不扰动土和重塑土的湿陷性对比研究，有助于根据重塑土试验结果还原天然土真实的湿陷特性；同时也有助于了解红砂的结构特性。

对 SN1 和 SN4 钻孔中采取的 28 个红砂不扰动土样，采用双线法进行了湿陷试验，另制含水率和干密度与不扰动土相同的试样也进行了双线法湿陷试验。得到不同压力下的重塑土与不扰动土湿陷系数之比，如图 6.8 所示，从图中可以看出，重塑土与不扰动土的湿陷系数存在较大差别，在小压力下（＜50kPa），不扰动土的湿陷系数基本上要大于重塑土的湿陷系数；随着压力的增大，重塑土比不扰动土湿陷系数大的样本数逐渐增

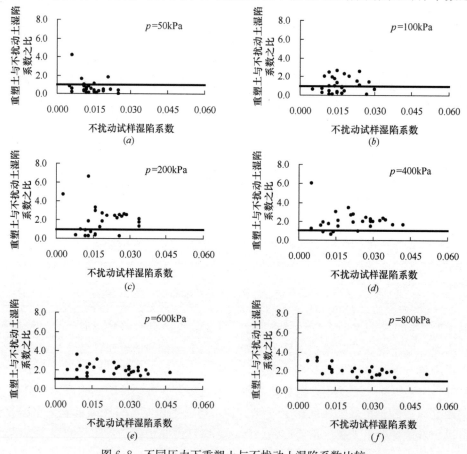

图 6.8 不同压力下重塑土与不扰动土湿陷系数比较

多，大压力下（＞600kPa），重塑土普遍比不扰动土的湿陷系数要大。

图 6.9 展示了 28 个重塑红砂与不扰动红砂湿陷系数之比的平均值随压力的变化曲线，显示在 200kPa 以前，重塑土与不扰动土湿陷系数的比值随压力增加逐渐增加，200kPa 以后，两者之比的平均值维持在 2 左右。

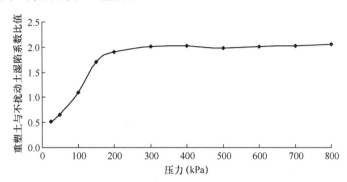

图 6.9　Quelo 砂重塑土与不扰动土湿陷系数之比随压力的变化曲线

根据各不扰动土、重塑土环刀试样在天然与饱和含水率条件下的沉降数据（环刀初始高度 20mm），可以对比分析出土的变形特征。经分析，不扰动土与重塑土在 800kPa 以内的沉降变形曲线主要可以分为如图 6.10 所示的四类，其中 A 类曲线的特征是天然含水率下重塑土的沉降变形均小于不扰动土的沉降变形，而在饱和含水率条件下重塑土的沉降变形在较大压力时大于不扰动土的沉降变形，该类曲线占总样本数量的 36％；B 类曲线的特征是天然含水率时，重塑土在相对较小压力下沉降变形较不扰动土小，而在相对较大压力下，重塑土的沉降变形要比不扰动土大，饱和含水率时变形特征同 A 类曲线，该类曲线占总样本数量的 25％；C 类、D 类曲线特征是沉降变形总体较小，天然和饱和含水率条件下重塑土的沉降量均比不扰动土小，两类曲线分别占总样本数的 29％和 11％。

进一步分析，A 类、B 类曲线主要是干密度在 1.53～1.66g/cm³ 之间土样所表现的特性，如表 3.3 所示探井内采取土样表明天然棕红色②层粉砂干密度在 1.52～1.67g/cm³，因此对天然棕红色②层砂土，其沉降变形特征同 A 类或 B 类曲线。图 6.11 绘制了 SN1、SN4 钻孔棕红色②层粉砂，干密度介于 1.53～1.66g/cm³（平均值为 1.60g/cm³）的 11 组试样砂土重塑土与不扰动土湿陷系数之比平均值随压力的变化关系，可以看出棕红色②层粉砂在 100～800kPa 压力下，重塑土比不扰动土的湿陷系数普遍要大，两者之比有个先增大后减小的过程，在 200kPa 下达到峰值，200kPa 压力下这 11 组试样（含水率为 3.0％～6.6％，平均值为 5.6％）重塑土的湿陷系数为 0.043～0.074（平均值为 0.060），不扰动土的湿陷系数为 0.016～0.034（平均值为 0.027），两者之比 1.26～3.31（平均值为 2.32）。重塑土和不扰动土的上述差异（包括沉降变形差异和湿陷差异）表明棕红色砂土的颗粒排列和联结对力学性质具有较大影响，地基土重塑扰动在天然含水率条件下力学性质变好，在饱和含水率下力学性质变差。

图 6.10 中 C 类、D 类曲线主要是干密度在 1.75～1.88g/cm³ 土样所表现的特性。分析认为这些试样的干密度与实际相比可能偏大，应为钻孔采取不扰动土样过程中受到了压密作用所致。虽然受到压密作用，但依然保留了天然地基土的颗粒排列和联结方式，因此其沉降变形特性仍与重塑土存在一定差异。由于土样的干密度较大，不管是不扰动土还是

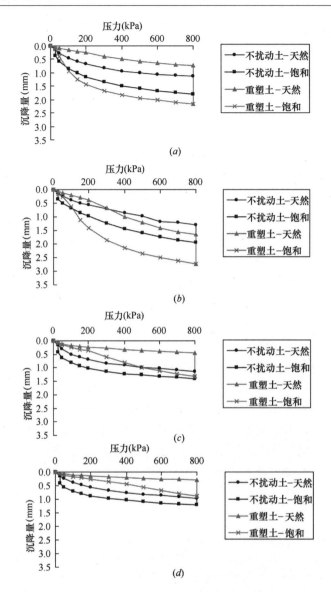

图 6.10　重塑土与不扰动土双线法湿陷试验沉降曲线类型

(*a*) A类沉降变形曲线（SN1-2）；(*b*) B类沉降变形曲线（SN4-5）；
(*c*) C类沉降变形曲线（SN1-6）；(*d*) D类沉降变形曲线（SN1-8）

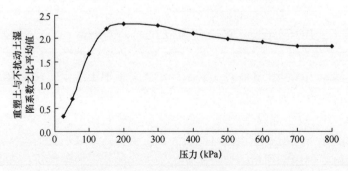

图 6.11　棕红色粉砂重塑土与不扰动土湿陷系数之比平均值随压力变化曲线

重塑土,即使是饱和含水率条件下,试样的变形均较小,其湿陷系数也均较小(200kPa 压力下一般小于 0.015)。

　　除上述 SN1、SN4 孔试验资料外,图 6.13 也反映了棕红色②层粉砂在较大压力下 (>100kPa)重塑土比不扰动土湿陷性更强的特点。

6.3　压力对湿陷性的影响

6.3.1　双线法测试结果

　　在钻孔中选取不同深度的原状土,测试其含水率和干密度,并制作与其相同含水率和 干密度的重塑土,对其分别开展不同压力下双线法湿陷试验,结果如图 6.12 所示。从图 6.12 可以看出,压力小于 100kPa 时,重塑土的湿陷系数小于原状土的湿陷系数;压力大 于等于 100kPa 时,重塑土的湿陷系数均大于原状土的湿陷系数。此外,较小压力下 (25kPa),原状土即表现出较大湿陷性,随后原状土湿陷系数随压力的增加仅有小幅度增 加。然而重塑土湿陷性随压力的变化规律与中国湿陷性黄土相似,其湿陷系数随压力增加 表现出先增大后减小的趋势,即存在峰值压力,峰值压力约为 300kPa。

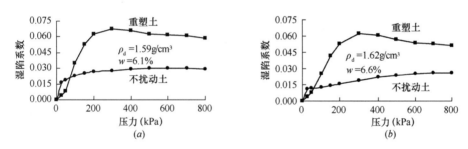

图 6.12　双线法湿陷试验得到的湿陷系数随压力变化曲线
(a) SN1-4;(b) SN1-9

6.3.2　单线法测试结果

　　在取土坑中采取 4 组原状土,其颗粒组成如表 6.9 所示,然后分别测试其含水率和干 密度,并制作与其相同含水率和干密度的重塑土,对其进行不同压力下单线法湿陷试验, 结果如图 6.13 所示。此外,分别对“零”压力(实际有透水石和加压上盖引起的接触压 力)下原状土和重塑土的浸水变形进行实测,测试结果表明,在“零压力”下,原状土约 有 0.002~0.006mm 的浸水沉降,重塑土约有 0.006~0.012mm 的浸水抬升。

　　从表 6.9 可以看出,4 组原状土样的颗粒粒径组成基本相同。图 6.13 结果表明,压力 小于 200kPa 时,重塑土的湿陷系数小于原状土的湿陷系数;压力大于等于 200kPa 时,重 塑土的湿陷系数均大于原状土的湿陷系数;该规律与双线法测试结果相同,但界限压力不 同,单线法得到的界限压力大于双线法得到的界限压力。此外,重塑土和原状土的湿陷系 数随压力的增加,均表现出先增大后减小的过程,也均存在峰值压力,其中重塑土的峰值压力约为 200～300kPa，原状土的峰值压力约为 100～200kPa。对比单线法和双线法测试结果，可以发现原状土的湿陷系数随压力增加表现出不同的规律，因此可以推测浸水和加载的先后次序对湿陷具有较大影响。

取土坑中土样的颗粒组成　　　　　　　　　　　　　　　　　　　表 6.9

土样编号	粒径范围（mm）							
	2.00～0.50	0.50～0.25	0.25～0.075	0.075～0.05	0.05～0.01	0.01～0.005	0.005～0.002	<0.002
QT1-1	3.3	32.1	43.8	10.4	5.3	1.0	1.0	3.1
QT1-2	3.2	33.8	43.6	9.7	5.0	0.8	0.8	3.1
QT2-1	3.0	29.5	41.0	13.6	7.9	1.3	0.7	3.0
QT2-2	3.1	28.7	41.2	13.8	7.9	1.2	0.7	3.4

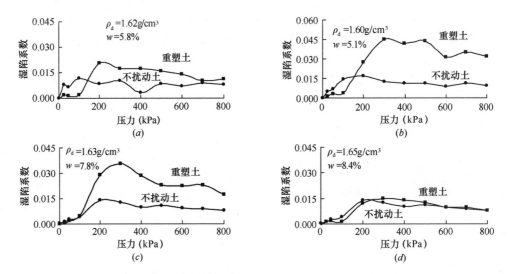

图 6.13　单线法湿陷试验得到的湿陷随压力变化曲线
(a) QT1-1；(b) QT1-2；(c) QT2-1；(d) QT2-2

6.4　含水率对湿陷性的影响

在探井中采取原状土样，测试 200kPa 下的湿陷系数和含水率，并绘制湿陷系数与含水率的关系散点图，如图 6.14 所示。从图 6.14 可以看出湿陷系数与含水率呈负相关关系，表现为湿陷系数随含水率的增加而减小。为进一步测试湿陷系数与含水率的关系，分别开展相同干密度和相同试验压力下原状土和重塑土的湿陷性试验。

6.4.1　原状土测试结果

分别在取土坑 QT1 和 QT2 的不同深度采取 2 组原状土，测试每组土样的干密度并制作 9 组不同含水率（2%，3%，4%，5%，6%，7%，9%，11%，13%）的环刀试样，

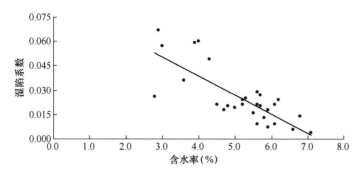

图 6.14　天然探井土样湿陷系数随含水率变化散点图

然后在 200kPa 下开展室内湿陷性测试，测试不同含水率下的湿陷系数并对比浸水前后的沉降量，绘制湿陷系数与含水率的关系曲线以及浸水前后沉降量与含水率的关系曲线，如图 6.15 所示。结果表明：（1）不同干密度原状土的湿陷系数均随含水率的增加而减小，

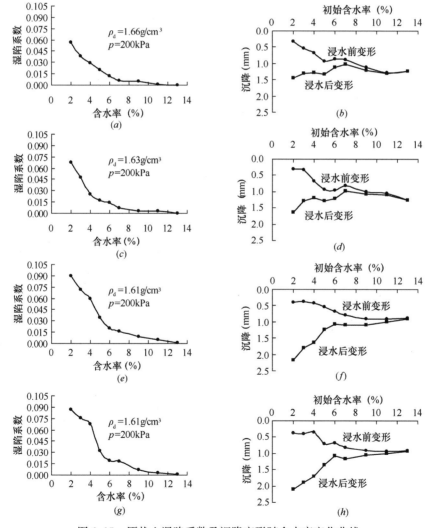

图 6.15　原状土湿陷系数及沉降变形随含水率变化曲线

（a）QT1-3；（b）QT1-3；（c）QT1-4；（d）QT1-4；（e）QT2-3；（f）QT2-3；（g）QT2-4；（h）QT2-4

变化曲线为下凹型，拐点位置含水率约为 $6\%\sim7\%$，为敏感含水率；（2）含水率增加至 9% 时，4 组不同干密度红砂的湿陷系数均小于 0.015，含水率增加至 12% 时，红砂湿陷系数基本降为 0，表明红砂已丧失湿陷性；（3）浸水前红砂的沉降量随着含水率的增加而增加，浸水后红砂的沉降量随着含水率的增加而减小；（4）含水率小于 $6\%\sim7\%$ 时，浸水前后的沉降变形相差较大，含水率大于 $6\%\sim7\%$ 时，浸水前后的沉降变形趋于一致。

此外，还在钻孔 SN4 中采取 3 组不同深部的③层粉砂，测试其干密度，并制作不同含水率的原状试样，测试其在 200kPa 下的湿陷系数，如图 6.16 所示。结果表明不同干密度的深部③层粉砂湿陷系数随含水率的变化规律与上部②层粉砂的结果完全一致，即湿陷系数随含水率的增加而减小。

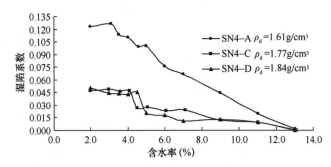

图 6.16　钻孔重塑土湿陷系数随含水率变化曲线

6.4.2　重塑土测试结果

为了与原状土的测试结果相对比，分别采取与原状土相同深度的红砂，并制作与其相同干密度土样，然后测试 200kPa 下的湿陷系数并记录不同含水率下的浸水总沉降，结果如图 6.17 所示。从图 6.17 中可以看出：随着含水率的增加，重塑土的湿陷系数表现为先增大后减小的趋势，存在峰值含水率，约为 $4\%\sim5\%$；重塑土的含水率增加至 13% 时，其湿陷系数接近 0，表明其湿陷性完全丧失；随含水率的增加，不同含水率下重塑土浸水后的总沉降变化较小，表明初始含水率对重塑土的总沉降影响较小。

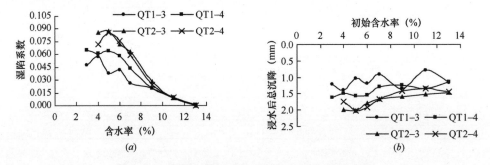

图 6.17　重塑土湿陷系数及变形随含水率变化曲线

此外，与原状土试验结果相比，相同含水率下重塑土的湿陷系数均大于原状土，但在含水率较小和含水率较大时两者之间的差异不明显，其含水率为 $5\%\sim7\%$ 时差异最大。重塑土浸水后的总沉降大于原状土，低含水率下重塑土的浸水沉降也大于高含水率下的浸水沉降，但两者之间的差值远小于原状土。

6.5　干密度对湿陷性的影响

在取土坑中取深度 2.5m 和 3.5m 的扰动土样进行试验。考虑含水率对湿陷系数也有较大影响，对取自深度 2.5m 处的试样每组干密度分别配制含水率为 2%～12%，对取自深度为 3.5m 处的试样每组干密度分别配制含水率为 4%～12%。对以上不同干密度和含水率的重塑土样开展 200kPa 下的湿陷试验，绘制湿陷系数随干密度和含水率变化的等值线图，如图 6.18 和图 6.19 所示。

从图 6.18 和图 6.19 可以看出，含水率在 2%～8% 时，随着干密度的增加，湿陷系数均有不同程度的减小，特别是含水率为 4% 时，干密度对湿陷系数的影响最为显著；当含水率大于 8%，土样的湿陷系数均相对较小，干密度对湿陷性的影响减弱。

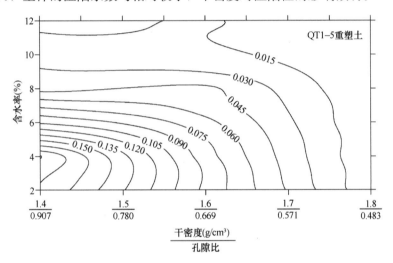

图 6.18　重塑土湿陷系数随干密度和含水率变化等值线图（取土深度 2.5m）

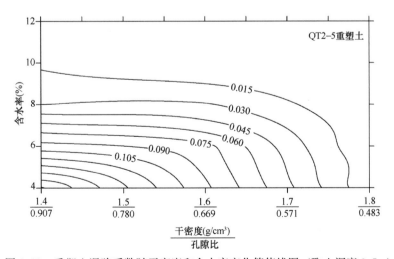

图 6.19　重塑土湿陷系数随干密度和含水率变化等值线图（取土深度 3.5m）

6.6 细粒土含量对湿陷性的影响

天然含水率状态的非洲红砂可成块状，表明细粒土含量可对砂粒起到胶结作用，也是非洲红砂湿陷性的重要因素之一，实验测得非洲红砂天然细粒土含量为 13%~53%，为研究细粒土含量对红砂湿陷性的影响规律，在取土坑中采取棕红色砂土过 0.075mm 筛，收集粒径小于 0.075mm 的土颗粒，并搅拌均匀，经颗粒分析试验，测得粒径在 0.075~0.05mm、0.05~0.01mm、0.01~0.005mm、0.005~0.002mm 和＜0.002mm 区间的颗粒含量分别为 46.1%、44.2%、4.1%、1.0% 和 4.6%；然后采取取土坑中红砂并采用水洗法过 0.075mm 筛，收集粒径大于 0.075mm 土样。均匀选取细粒土和粗粒土，分别配制细粒土含量为 0、20%、40%、60%、80%、100% 的土样，在保证含水率为 6% 的前提下，分别制作干密度为 1.4g/cm³、1.5g/cm³、1.6g/cm³、1.7g/cm³、1.8g/cm³ 的环刀试样，然后开展 200kPa 下的湿陷试验，试验结果如图 6.20 和图 6.21 所示。

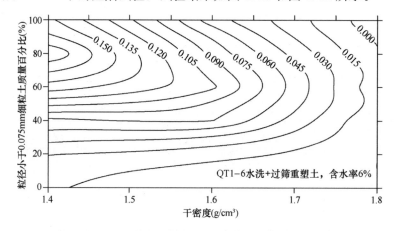

图 6.20 不同干密度和细粒土含量湿陷系数（取土坑一）

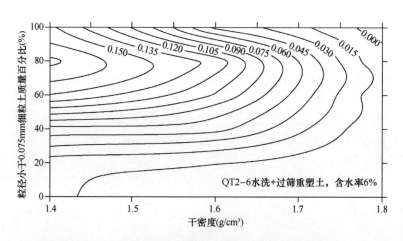

图 6.21 不同干密度和细粒土含量湿陷系数（取土坑二）

分析图 6.20 和图 6.21 可得到：（1）不同干密度土样的湿陷系数随细粒土含量的增加，均表现为先增加后减小的过程，存在峰值细颗粒含量，约为 60%～80%，考虑到天然红砂的细颗粒含量为 13%～53%，因此天然状态下非洲红砂湿陷系数表现为随细粒土含量增加而增加的特点；（2）干密度较小时，即使细颗粒含量为 0，土样湿陷系数也会大于0.015，如试验中干密度为 1.4g/cm³ 时，取土坑一和取土坑二的无细颗粒含量土样的湿陷系数分别为 0.017 和 0.019；（3）干密度较大时，全部由细颗粒组成的土样（黏性土）可能表现出膨胀的特性，如干密度为 1.8g/cm³ 时，两组（取土坑一和取土坑二）全部由细颗粒组成的试样，200kPa 下浸水后的沉降分别为 -0.010mm 和 -0.013mm，表现为浸水膨胀特性，说明细粒土中含有吸水性矿物。

6.7　易溶盐含量对湿陷性的影响

湿陷土的湿陷机理解释中有一种假说为"溶盐假说"，认为湿陷土含水率较低时，易溶盐处于微晶状态，附于颗粒表面，起胶结作用。而受水浸湿后，易溶盐溶解，胶结作用丧失，从而产生湿陷。为试验非洲红砂的湿陷是否有易溶盐发挥作用，进行了如下试验：在现场采取棕红色②层粉砂扰动土，充分搅拌后，分为两份，一份直接制作两个重塑土环刀（称为"直接重塑土"）；另一份放入量筒中，倒入足量蒸馏水，充分搅拌后静置 24h，倒出上部水（现场不具备采用过滤方法收集土颗粒的条件），如此重复三次后，将土烘干后制作两个重塑土环刀（称为"溶解重塑土"）；土在蒸馏水中搅拌静置后，固体颗粒以上水土相对纯净蒸馏水稍显浑浊不散（图 6.22）。制作的环刀试样，含水率均为 5.0%，干密度均为 1.60g/cm³；对"直接重塑土"和"溶解重塑土"，分别采用双线法进行湿陷试验，试验结果如图 6.23 所示。

"溶解重塑土"相对于"直接重塑土"湿陷系数略有减小，但仍具有较大湿陷系数，因此易溶盐对 Quelo 砂的湿陷性影响不大。

 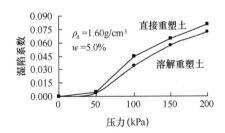

图 6.22　"溶解重塑土"制作　　　　图 6.23　"溶解重塑土"湿陷试验结果

6.8　湿陷速率

进行室内湿陷性测试试验时，记录浸水后湿陷变形随时间发展规律，其中以干密度

1.61g/cm³的试样在200kPa下不同含水率的湿陷变形发展为例，结果如表6.10所示。从表6.10可知，不同含水率的湿陷变形主要发生在浸水后1min内，浸水后1min完成的湿陷变形超过90%。此外，在试验过程中可听到试样由于浸水变形而发出的"嚓嚓"声响，表明土样的变形剧烈。

湿陷速度测试结果　　　　　　　　　　　　表6.10

含水率 （%）	浸水前200kPa 稳定读数（mm）	急剧变形时间 （s）	急剧变形后读数 （mm）	浸水2h后读数 （稳定读数，mm）	急剧变形 所占比例	湿陷系数
2.0	0.350	56	2.79	2.810	99%	0.123
3.1	0.323	67	2.70	2.860	94%	0.127
3.5	0.350	49	2.59	2.630	98%	0.114
4.0	0.260	43	2.29	2.460	92%	0.110
4.6	0.260	41	2.20	2.250	97%	0.100
5.0	0.240	66	2.19	2.240	98%	0.100
6.0	0.330	53	1.80	1.843	97%	0.076
7.0	0.330	57	1.62	1.665	97%	0.067
9.0	0.800	33	1.60	1.687	90%	0.044
11.0	1.062	—	—	1.450	—	0.019
13.0	1.558	—	—	1.587	—	0.001

土样编号：SN4-A重塑土；干密度1.61g/cm³；200kPa下湿陷试验

第7章 非洲红砂湿陷性的现场试验研究

根据室内试验研究结果，非洲红砂具有典型的湿陷性，因此红砂场地地基的主要工程问题表现为浸水后的湿陷和软化。由于岩土体工程性质复杂且具有典型的地域性，仅根据室内试验结果指导工程建设具有一定的局限性，需要开展一定的现场试验。相对于室内试验，现场试验边界条件不明确，但测定的土体范围大，能反映微观、宏观结构对土性的影响，代表性好。因此，在工程经验较少的地区，很有必要开展现场试验，使其与室内土工试验相辅相成，互为补充，从而更好地指导工程建设。根据现有湿陷性研究结果，浸水载荷试验和现场试坑浸水试验是揭示湿陷性土湿陷系数、湿陷起始压力和湿陷场地类型的主要研究方法。因此，本章拟采用浸水静载荷试验判定砂土的湿陷性，结合静载荷试验揭示砂土的湿陷起始压力，通过现场试坑浸水试验揭示红砂场地的湿陷等级并结合室内试验、传感器监测和原位测试等方法揭示红砂场地的浸水范围、渗透规律及其软化特性，试验布置如图7.1所示。

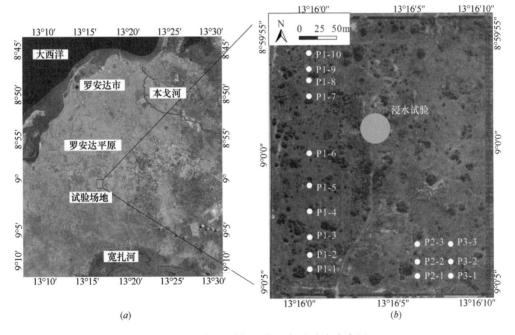

图7.1 现场试验场地位置与试验内容布置

试验场地面积为300m×370m，开展的具体试验内容主要有：天然土浸水载荷试验10组（P1-1，P1-2……P1-10），双线法静载荷试验2组（P2-1，P2-2，P2-3和P3-1，P3-2，P3-3），现场试坑浸水试验1组。每组双线法静载荷试验均在同一场地的相邻地段和相同标高处设置。试验开始前结合工程地质钻探和室内试验测试每单个试验场地红砂的基本物理性质。

7.1 试验场地基本概况

7.1.1 水文气象条件

试验场地位于罗安达市东南约 22km（图 7.1），罗安达地区气候类型为热带草原气候，气温变化幅度较小，年平均气温 24°，统计 1941～1970 年年平均最低气温为 21.9°，年平均最高气温为 37.6°。年最高气温一般出现在 1～4 月，最低气温出现在 7～8 月，统计 1976～1990 年的月平均最高气温为 30.7°，月平均最低气温为 18.7°（表 7.1）。

罗安达各月份平均气温（℃）　　　　　　　　　　　　表 7.1

	气候资料日期（年）	1 月	2 月	3 月	4 月	5 月	6 月	7 月	8 月	9 月	10 月	11 月	12 月
平均最高气温	1961～1990	29.5	30.5	30.7	30.2	28.8	25.7	23.9	23.9	25.4	26.8	28.4	28.6
平均气温	1961～1990	26.7	28.5	28.6	28.2	27.0	23.9	22.1	22.1	23.5	25.2	26.7	26.9
平均最低气温	1961～1990	23.9	24.7	24.6	24.3	23.3	20.3	18.7	18.8	20.2	22.0	23.3	23.4

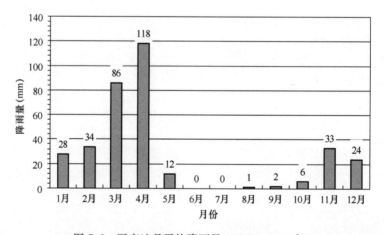

图 7.2　罗安达月平均降雨量（1878～1983 年）

罗安达地区只有旱季和雨季之分，一般从 11 月至翌年 4 月为雨季，气温较高，雨量较多，经常阴雨连绵；5～10 月为旱季，气候凉爽宜人。统计 1878～1983 年每月降雨量平均值，如图 7.2 所示，发现降雨量在各月份分部极不平衡，降雨主要集中在 3 月和 4 月，占全年降雨量的 59.3%，其中 4 月平均降雨量最大，为 118mm，占全年降雨量的 34%。此外，统计 1878～1983 年降雨量，得到平均降雨量为 344mm，标准差为 174mm；年最大降雨量为 854mm，出现在 1916 年，年最小降雨量仅 52mm，出现在 1982 年（图 7.3）。罗安达地区空气湿度高，年平均空气湿度达 84%～88%，统计 1941～1970 年蒸发量，发现年平均蒸发量可达 1362mm，远大于年平均降雨量。

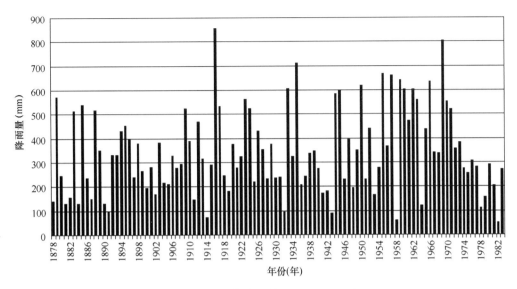

图 7.3　罗安达年降雨量（1878～1983 年）

7.1.2　工程与水文地质特征

试验场地位于安哥拉罗安达市东南约 22km（图 7.1），地貌类型属于罗安达平原。罗安达平原西邻大西洋，东靠本戈河和低山丘陵，南望宽扎河（Kwanza River）；平原内地形较平坦，高程自西向东逐渐增加，最高高程为 160m。场地位于罗安达平原中部，南侧距宽扎河 13km，东北侧距本戈河 20km，西侧距大西洋 20km，场地高程变化为 106～108m，地貌单元为典型的构造剥蚀平原，无重大断裂。场地第四纪地层发育深度约 18m，20m 以上地层从上至下依次为耕植土、棕红色粉砂层、杂色粉砂层和新近纪黄褐色砂质泥岩（图 7.4）。

试验场地位于罗安达平原中部，其年蒸发量远大于降雨量，加之上部第四系地层主要为粉细砂，持水性较差，导致该区地下水埋藏较深，其稳定水位在地面以下 80m，但钻探发现局部地区③层粉砂下部存在上层滞水。

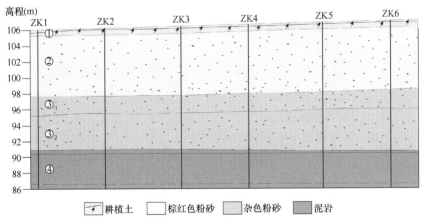

图 7.4　试验场地工程地质剖面

7.1.3 场地地层基本物理力学性质

如图 7.4 所示，试验场地发育的第四纪松散层自上而下为：①层耕植土，含有机质，呈浅棕红色；②层粉砂，颜色较单一，以棕红色为主；③层粉砂（俗称"花斑土"），杂色，分为③₁ 层粉砂和③₂ 层粉砂两个亚层，③₁ 层粉砂以灰白色为主，含黄色和棕色斑点，是②层和③₂ 层之间的过渡层，③₂ 层粉砂以灰白色粉砂为主，夹棕黄色和棕红色斑点；④层砂泥岩，砂岩以灰白色为主，一般含黄色和红色调斑点，局部颜色较纯，泥岩呈灰绿色。统计下部②、③、④各层土的基本物理力学指标平均值，如表 7.2 所示。可以发现，第四纪粉砂层的含水率和饱和度均较低且随深度增加而增加，其干密度和压缩模量也随深度增加而增加；孔隙比和压缩系数随深度增加而减小。此外，②层粉砂和③₁ 层粉砂的湿陷系数和自重湿陷系数均大于 0.015，因此根据中国《湿陷性黄土地区建筑规范》GB 50025—2004，可将其判定为湿陷性土。

各层土基本物理力学指标平均值　　　　　　　　表 7.2

层号与层名	含水率 w（%）	干重度 γ_d（kN/m³）	孔隙比 e	饱和度 S_r（%）	压缩系数 a_{1-2}（MPa^{-1}）	压缩模量 E_{s1-2}（MPa）	湿陷系数 δ_s	自重湿陷系数 δ_{zs}
② 层粉砂	5.9	16.6	0.608	26	0.15	13.4	0.020	0.014
③₁ 层粉砂	6.1	17.2	0.550	30	0.10	16.6	0.021	0.021
③₂ 层粉砂	8.6	18.0	0.482	49	0.09	17.2	0.014	0.013
④₁ 层砂岩	10.2	17.0	0.580	52	0.09	16.1	0.009	0.009
④₂ 层泥岩	15.2	17.1	0.596	70	0.09	18.9	0.002	0.002

7.2 浸水载荷试验测定的红砂湿陷性

7.2.1 试验设计与物理性质测试

如图 7.1 所示在试验场地从南至北开挖 10 个 2m×2m 的矩形坑，开展 10 组天然红砂的浸水载荷试验（P1-1，P1-2……P1-10）。

利用水准仪控制试坑底面的标高相等，安装承压板前保持试验红砂的天然湿度和原状结构，并在试坑底部铺设 15mm 厚的中砂找平。选择边长为 50cm 的方形板（面积为 0.25m²）作为承压板，堆载提供反力，千斤顶施加荷载，并采用百分表测读地基变形。试验过程严格按照《湿陷性黄土地区建筑规范》GB 50025—2004 的有关规定执行，采用分级维持荷载沉降相对稳定法（常规慢速法）进行试验，每级加压增量为 25kPa，试验终止压力为 200kPa。每级加压后，按每隔 15min、15min、15min、15min 各测读一次，以后每30min 测读一次，当连续 2h 内，每 1h 的下沉量小于 0.10mm 时，认为压力板下沉稳定，即可施加下一级压力。当施加 200kPa 压力的沉降稳定后，向试坑内浸水饱和，并测试附加下沉量，附加下沉稳定后，试验终止。试验如图 7.5 所示。

　　试验开始前分别测试每个试坑底部以下 10cm 处红砂的基本物理性质，测试结果如表 7.3 所示。从表 7.3 可知不同试验编号处红砂的基本物理性质变化较大，含水率变化范围为 3.1％～13.2％，干密度变化范围为 1.55～1.95g/cm³，孔隙比变化范围为 0.364～0.716，饱和度变化范围为 12％～68％。其中 P1-1、P1-2、P1-9、P1-10 处红砂的含水率最小，均略大于 3％且饱和度基本相等，但试验 P1-1 处红砂的干密度最小，为 1.55g/cm³。试验 P1-3 和 P1-4 处红砂的含水率最大，均大于 11％，但其干密度与

图 7.5　红砂试验场地浸水载荷试验

P1-2 处红砂干密度基本相同。试验 P1-7 和 P1-8 处红砂的干密度最大，达到 1.95g/cm³，且其饱和度也最大，均大于 65％。

不同浸水载荷试验红砂的基本物理性质测试结果表　　　　　　　　　　　　　表 7.3

试验编号	土层层号	含水率（％）	干密度（g/cm³）	孔隙比	饱和度（％）
P1-1	②层粉砂	3.2	1.55	0.716	12
P1-2	②层粉砂	3.3	1.60	0.665	13
P1-3	②层粉砂	11.6	1.63	0.631	49
P1-4	②层粉砂	13.2	1.63	0.636	55
P1-5	②层粉砂	6.3	1.60	0.663	25
P1-6	②层粉砂	6.2	1.60	0.662	25
P1-7	②层粉砂	9.2	1.95	0.364	67
P1-8	②层粉砂	9.3	1.95	0.365	68
P1-9	②层粉砂	3.2	1.62	0.644	13
P1-10	②层粉砂	3.1	1.62	0.642	13

7.2.2　试验测定的红砂湿陷性

　　根据测试结果绘制不同编号浸水载荷试验 p-s 沉降曲线如图 7.6 所示。从图 7.6 可知，试验场地红砂在 200kPa 下沉降稳定后，浸水饱和均产生了一定的附加沉降量（F_s），但不同试验结果相差较大，附加沉降变化范围为 0.43～37.28mm。其中试验 P1-1、P1-2、P1-6 和 P1-7 产生的附加沉降量最大，最大为 37.28mm，而试验 P1-8 和 P1-9 产生的附加沉降量最小，均小于 1mm。此外，200kPa 压力稳定时不同试验处的沉降量也不尽相同，变化范围为 8.1～25.8mm。其中试验 P1-3、P1-4 和 P1-10 的沉降量较大，且均大于 20mm，而试验 P1-8 和 P1-9 的沉降量较小，均小于 10mm。

　　根据《岩土工程勘察规范》GB 50021—2001（2009 年版）6.1 节，浸水载荷试验测定的湿陷系数计算方法为：在 200kPa 压力下浸水载荷试验的附加沉降量与承压板宽度之比，当其值等于或大于 0.023 的土，应判定为湿陷性土。按上述方法计算试验场地不同位置红

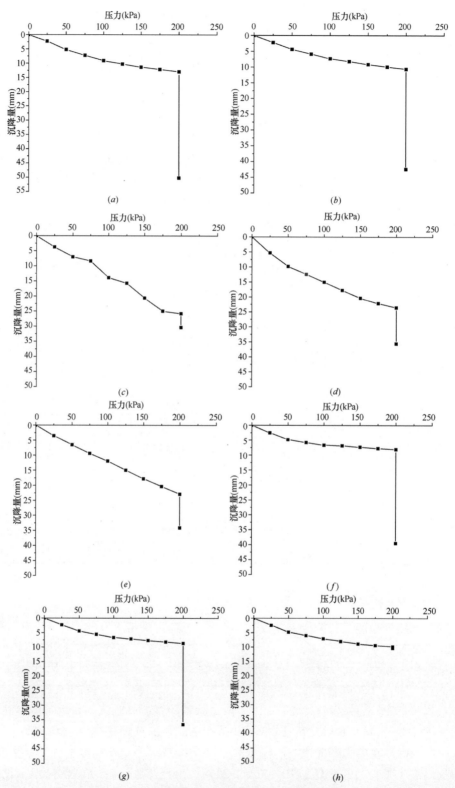

图 7.6 不同试验编号浸水载荷试验 $p\text{-}s$ 沉降曲线 （一）

(a) P1-1；(b) P1-2；(c) P1-3；(d) P1-4；(e) P1-5；(f) P1-6；(g) P1-7；(h) P1-8

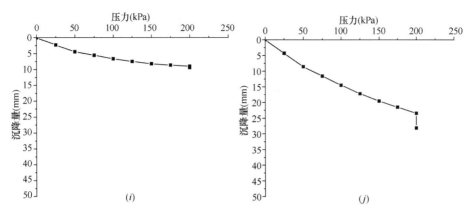

图 7.6　不同试验编号浸水载荷试验 *p-s* 沉降曲线（二）

(*i*) P1-9；(*j*) P1-10

砂的湿陷系数，并将其计算结果除以 1.5 得到与室内试验相当的湿陷系数，计算结果如表 7.4 所示。

不同浸水载荷试验测试的湿陷系数表　　　　　　　　　　　　表 7.4

试验编号	湿陷系数（F_s/b）	湿陷系数/1.5
P1-1	0.075	0.05
P1-2	0.064	0.042
P1-3	0.009	0.006
P1-4	0.009	0.006
P1-5	0.024	0.016
P1-6	0.023	0.015
P1-7	0.001	0.001
P1-8	0.001	0.001
P1-9	0.063	0.042
P1-10	0.056	0.037

　　由表 7.4 可知，浸水载荷试验获取湿陷系数范围值为 0.001～0.075，平均值为 0.033；对应室内试验计算的湿陷系数为 0.001～0.050，平均值为 0.022。由表 6.7 可知 200kPa 下室内试验获得湿陷系数的变化范围为 0.001～0.084，平均值为 0.022。对比现场试验和室内试验测试结果发现 200kPa 下湿陷系数的平均值基本相等，但室内试验获得的湿陷系数最大值为 0.084，其对应红砂土样的含水率为 4.2%，干密度为 1.55g/cm³；而现场试验获得的最大湿陷系数为 0.050，其对应红砂场地的含水率为 3.2%，干密度为 1.55g/cm³。因此，当干密度相等时，尽管室内试验红砂土样的含水率稍大于浸水载荷试验红砂场地的含水率，室内试验获得的湿陷系数仍大于现场浸水试验获得的湿陷系数，其原因可能是室内试验和现场浸水载荷试验的受力状态、饱和程度和湿陷可能性存在较大差别。

7.2.3 红砂湿陷性与物理指标的相关性

根据测试结果分别绘制湿陷系数与含水率、干密度、孔隙比和饱和度的对应曲线，如图 7.7～图 7.10 所示。考虑到 10 组试验的含水率和干密度均不相同，为确定单一含水率和干密度的影响，去除干密度较小和较大的试验 P1-1，P1-7 和 P1-8，研究含水率对湿陷系数的影响；取试验 P1-1，P1-2，P1-7，P1-8，P1-9 和 P1-10 研究干密度和孔隙比对湿陷系数的影响；鉴于饱和度综合反映了含水率与孔隙比的关系，所以可对其进行分析。

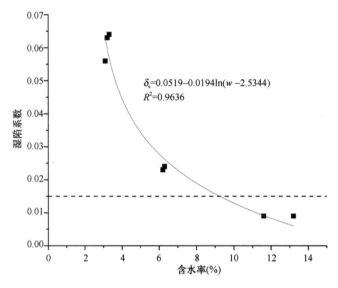

图 7.7 湿陷系数随含水率变化关系与拟合曲线

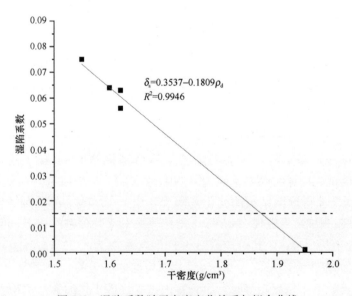

图 7.8 湿陷系数随干密度变化关系与拟合曲线

从图 7.7 可知红砂湿陷系数随含水率的增加而迅速减小，其拟合函数呈对数关系，数学表达式如式（7.1）所示，拟合优度 R^2 为 0.9636，表明拟合函数较好。由式（7.1）和

图 7.7 可知，当红砂湿陷系数约为 0.015 时，对应的含水率为 8.6，表明当红砂的含水率大于 8.6 时，红砂的湿陷性即消失。

$$\delta_s = 0.0519 - 0.0194\ln(w - 2.5344)$$

$$R^2 = 0.9636 \tag{7.1}$$

从图 7.8 可知红砂湿陷系数与干密度呈反比关系，其随干密度的增加而线性减小，拟合函数数学表达式如式（7.2）所示，拟合优度 R^2 为 0.9946，表明拟合函数较好。由式（7.2）和图 7.8 可知，当红砂湿陷系数约为 0.015 时，对应的干密度约为 $1.87\mathrm{g/cm^3}$，表明当红砂的干密度约大于 $1.87\mathrm{g/cm^3}$ 时，红砂的湿陷性即消失。

$$\delta_s = 0.3537 - 0.1809\rho_d$$

$$R^2 = 0.9946 \tag{7.2}$$

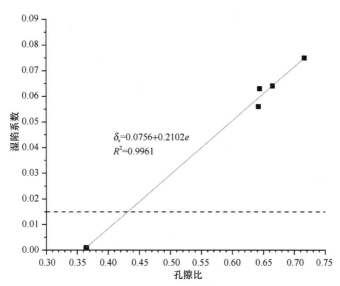

图 7.9　湿陷系数随孔隙比变化关系及拟合曲线

从图 7.9 可知红砂湿陷系数与孔隙比呈正比关系，其随干密度的增加而线性增加，拟合函数数学表达式如式（7.3）所示，拟合优度 R^2 为 0.9961，表明拟合函数较好。由式（7.3）和图 7.9 可知，当红砂湿陷系数约为 0.015 时，对应的孔隙比约为 0.43，表明当红砂的孔隙比约小于 0.43 时，红砂的湿陷性即消失。

$$\delta_s = -0.0756 + 0.2102e$$

$$R^2 = 0.9961 \tag{7.3}$$

从图 7.10 可知红砂湿陷系数随饱和度的增加而迅速减小，其拟合函数呈对数关系，数学表达式如式（7.4）所示，拟合优度 R^2 为 0.9924，表明拟合函数较好。由式（7.4）和图 7.10 可知，当红砂湿陷系数约为 0.015 时，对应的饱和度约为 37，表明当红砂的饱和度大于 37 时，红砂的湿陷性即消失。

$$\delta_s = 0.0688 - 0.0167\ln(S_r - 11.3355)$$

$$R^2 = 0.9924 \tag{7.4}$$

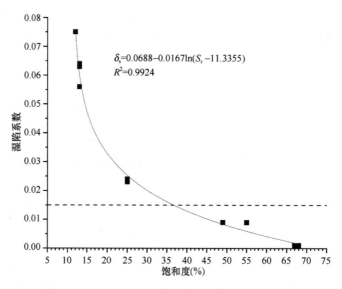

$$\delta_s=0.0688-0.0167\ln(S_r-11.3355)$$
$$R^2=0.9924$$

图 7.10　湿陷系数随饱和度变化关系及拟合曲线

综上，红砂湿陷系数与含水率和饱和度均呈对数关系，与干密度和孔隙比呈线性关系；红砂湿陷系数随含水率、饱和度和干密度的增加均减小，但随孔隙比的增加而线性增加。此外，上述分析湿陷系数与含水率、干密度以及饱和度时，均有相应的限制条件，仅饱和度没有限制条件，其原因可能是饱和度综合反映了含水率和干密度。因此，可以推测红砂跟饱和度相关性最好，后期可用饱和度快速评价红砂的湿陷性。

7.3　双线法载荷试验测定的红砂湿陷起始压力

7.3.1　试验设计

根据现场浸水载荷试验结果可知含水率和干密度是影响红砂湿陷性的重要因素，当含水率和干密度较小时，湿陷系数较大。因此在试验场地选择含水率 3.2% 和干密度 1.62 左右的试验区开展 3 组双线法浸水静载荷试验（图 7.1）。在选择的试验区开挖 3 个 2m×2m 的矩形坑，利用水准仪控制试坑底面的标高相等，安装承压板前保持试验红砂的天然湿度和原状结构，并在试坑底部铺设 15mm 厚的中砂找平。选择边长为 50cm 的方形板（面积为 0.25m²）作为承压板，堆载提供反力，千斤顶施加荷载，并采用百分表测读地基变形。试验过程严格按照《湿陷性黄土地区建筑规范》GB 50025—2004 执行，采用分级维持荷载沉降相对稳定法（常规慢速法）进行试验，每级加压增量为 50kPa，试验终止压力为 400kPa。

试验 P2-1，P2-2 和 P2-3 设置在天然红砂地层上并分级加压，每级加压后，按每隔 15min、15min、15min、15min 各测读一次，以后每 30min 测读一次，当连续 2h 内，每 1h 的下沉量小于 0.10mm 时，认为压力板下沉稳定，即可施加下一级压力；当施加 400kPa 压力的沉降稳定后，向试坑内浸水饱和，并测试附加下沉量，附加下沉稳定后，试验终止。

试验 P3-1，P3-2 和 P3-3 设置在浸水饱和的红砂地层上分级加压，每级加压后，按每隔 15min、15min、15min、15min 各测读一次，以后每 30min 测读一次，当连续 2h 内，每 1h 的下沉量小于 0.10mm 时，认为压力板下沉稳定，即可施加下一级压力；当施加 400kPa 压力的沉降稳定后，试验终止。试验典型照片如图 7.11 所示。

试验 P2-1 和 P3-1 为第一组浸水静载荷试验，试验 P2-2 和 P3-2 为第二组浸水静载荷试验，试验 P2-3 和 P3-3 为第三组浸水静载荷试验。

图 7.11 红砂试验场地双线法载荷试验

7.3.2 试验测定的湿陷起始压力

三组双线法浸水静载荷试验结果如表 7.5～表 7.7 所示。对比每组双线法静载荷试验发现天然状态下最后一级压力下浸水饱和的附加沉降后的累计沉降量（s_p）与浸水饱和条件下最后一级压力下的累计沉降量不一致，因此按《湿陷性黄土地区建筑规范》GB 50025—2004 对试验结果进行修正，三组试验计算的修正系数分别为 $k_1 = 0.926$，$k_2 = 1.078$，$k_3 = 0.851$，其范围位于 0.8～1.2，表明试验结果可信。根据修正后的试验结果计算不同压力下的湿陷系数如表 7.5～表 7.7 所示。

第一组双线法浸水静载荷试验结果及修正   表 7.5

p (kPa)	50	100	150	200	250	300	350	400	400
s_p (mm)	5.225	9.075	11.325	12.950	14.256	15.875	55.604	18.350	61.425
s_{wp} (mm)	27.150	39.000	46.833	52.051	55.604	59.275	62.331	64.150	—
$k_1 = (27.150-61.425)/(27.150-64.150) = 0.926$									
s_p' (mm)	27.150	38.127	45.383	50.216	53.508	56.909	59.740	61.425	—
δ_s	0.044	0.058	0.068	0.075	0.079	0.082	0.085	0.086	—

第二组双线法浸水静载荷试验结果及修正   表 7.6

p(kPa)	50	100	150	200	250	300	350	400	400
s_p (mm)	4.825	6.676	7.324	8.102	8.975	9.803	10.648	11.225	52.775
s_{wp}(mm)	16.351	25.874	32.477	37.851	41.575	45.053	47.701	50.125	—
$k_1 = (16.351-52.755)/(16.351-50.125) = 1.078$									
s_p'(mm)	16.351	26.622	33.740	39.537	43.554	47.302	50.160	52.775	—
δ_s	0.023	0.040	0.053	0.063	0.069	0.075	0.079	0.083	—

第三组双线法浸水静载荷试验结果及修正 表 7.7

p(kPa)	50	100	150	200	250	300	350	400	400
s_p(mm)	4.400	6.625	7.652	8.599	9.625	10.552	11.575	12.124	47.675
s_{wp}(mm)	16.625	26.949	34.599	40.052	43.802	47.798	50.401	53.100	—
$k_1=(16.625-47.675)/(16.625-53.100)=0.851$									
s'_p(mm)	16.625	25.414	31.927	36.566	39.758	43.163	45.377	47.675	—
δ_s	0.024	0.038	0.049	0.056	0.060	0.065	0.068	0.071	—

根据修正后试验结果计算的湿陷系数绘制湿陷系数随压力变化曲线如图 7.12 所示。从图 7.12 可知，三组双线法静载试验获得的湿陷系数均随压力的增加而增加，但增加速率均逐渐减小；可推测红砂存在临界湿陷系数，其对应的压力为临界压力，当试验压力大于临界压力时，红砂的湿陷系数不再随压力增加而增加。此外，根据我国《岩土工程勘察规范》GB 50021—2001（2009 年版）的有关规定，根据静载荷试验计算的湿陷系数大于 0.023 时定义其为湿陷性土，由图 7.12 可知，三组双线法计算的湿陷系数为 0.023 时，对应的压力均小于或等于 50kPa，其中第一组（$p1$）试验对应的压力约为 26kPa，第二组对应的压力约为 50kPa，第三组对应的压力为 48kPa，因此可以推测红砂的湿陷起始压力较小，其小于等于 50kPa，表明在较小压力下，红砂即产生湿陷沉降。

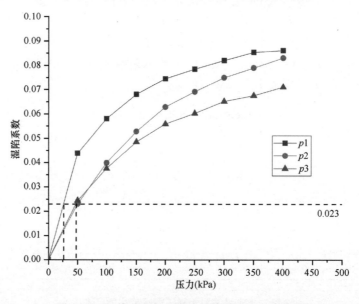

图 7.12 双线法获得的湿陷系数随压力变化曲线

7.4 试坑浸水试验测定的红砂湿陷性

根据《湿陷性黄土地区建筑规范》GB 50025—2004，在对中国湿陷性黄土场地进行评价时，有一个重要名词称为"湿陷性黄土的场地类型"，其根据场地在天然自重压力下浸水产生的"自重湿陷量"（即自重压力下的湿陷变形）大小，将场地划分为"自重湿陷性黄土场地"和"非自重湿陷性黄土场地",非自重湿陷性黄土场地在自重压力下浸水产生的湿陷变形较小,而自重湿陷性黄土场地产生的湿陷变形较大,从而自重湿陷性黄土场地对建筑物的危害更大,相应的地基处理措施更为严格。非洲红砂在宏观上也表现为具有湿陷性,欠压密性,判断其在自重压力下浸水是否发生明显附加下沉也对工程具有非常重要的意义,若在自重压力下的浸水附加下沉较大,则拟建建(构)筑物的地基处理措施、结构措施和防水措施必须加强,反之则可适当减弱。根据室内试验结果,按《湿陷性黄土地区建筑规范》GB 50025—2004 可判定红砂为自重湿陷性土,红砂场地为自重湿陷性场地。但是,一方面由于非洲红砂与中国黄土的颗粒大小、矿物成分、微观结构、地质环境等存在差别,《湿陷性黄土地区建筑规范》GB 50025—2004 在红砂地区的适用性还有待进一步验证;另一方面,由于室内试验采取的土样会不可避免地遭受一定的扰动,室内试验下土体的受力状态不能与实际受力状态完全吻合,根据以往研究结果,需要对室内试验结果进行修正。为解决以上两个问题,特在红砂地区选择典型场地开展现场试坑浸水试验。

本次现场试坑浸水试验的目的主要有:(1)实测自重压力下浸水后地基土的变形量;(2)实测浸水时水在地基土中的渗透规律与特性;(3)对比自重湿陷量"室内计算值"和"现场实测值"。

7.4.1 试验方案与设计

1. 试坑布置

根据图 7.4 可知,场地湿陷性红砂的厚度约为 15m,为消除试坑尺寸影响,设计试坑为直径 16m 的圆形坑,如图 7.1 所示。设计试坑底部高程相等,试坑深度为 0.5~0.7m。试坑开挖完成后,分别在试坑内外埋设浅层沉降标点、分层沉降标点监测地表和不同深度的湿陷沉降量;埋设土壤水分计并布置水位观测孔揭示红砂地层的渗透规律。为防止试坑周边天然土在水的作用下坍塌,在试坑边缘砌砖墙,水泥砂浆抹面防护,最后在试坑底铺设 10cm 厚碎石。

2. 浅层沉降标点布置与埋设

为确定浸水条件下红砂场地的湿陷变形沉降及湿陷影响范围,本次试验在试坑内外共布设浅层沉降标点(以下统称浅标点)37 个(图 7.13)。其中 1 个浅标点布置在试坑中心,其余 36 个浅标点布置在 3 条测线上,即测线 A、B、C,测线之间的夹角为 120°,各测线浅标点与试坑的水平距离一样。以测线 A 为例,该测线共布置 12 个浅标点(不计圆心浅标点),其中试坑内布置 5 个,试坑外布置 7 个,相邻浅标点的间距如图 7.14 所示。从图 7.14 所示,试坑内相邻测点间距为 1.5m,试坑外第一个浅标点与试坑水平距离为 1.5m,随后间隔 2m,累计布置 5 个浅标点,其余两个浅标点(A11,A12)间隔 3m,最外侧浅标点距试坑边缘 15.5m。

浅标点标杆采用外径 25mm 的镀锌钢管,底部焊接 15cm×15cm×0.5cm 的钢板底座。埋设时,在预定位置先人工挖掘边长 30cm 左右,深度 0.5m 的矩形坑,浇水夯实坑底后放入带底座标杆。采用含水率在最优含水率附近的棕红色砂分层夯实回填至地表。试坑内标杆伸出地面的长度为 2.5m,试坑外标杆伸出地面的长度为 2.0m,标杆上部适当位置扎丝牢靠绑扎长度 50cm 的白底黑字钢卷尺形成浅标点。

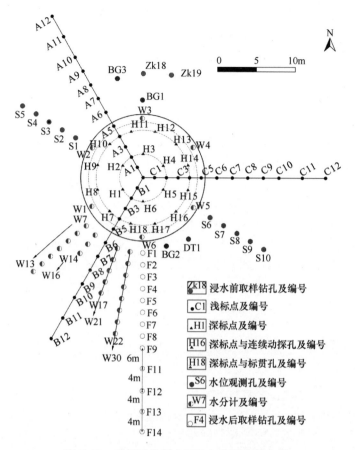

图 7.13　现场试坑浸水试验与监测仪器布置

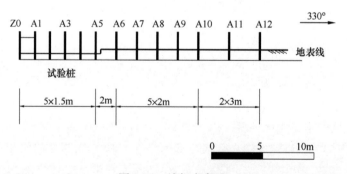

图 7.14　浅标点布置

3. 分层沉降标布置与埋设

为确定浸水试验条件下不同深度红砂场地的湿陷特征，本试验共布设深标点 18 个（图 7.13）。在试坑内分两组布设，第一组布设在距离试坑中心半径为 3m 的圆周上，共布设 6 个（H1～H6），埋设深度自试坑底起算 2～12m，每间隔 2m 埋设一个；第二组埋设在距试坑中心半径为 6m 的圆周上，共布设 12 个（H7～H18），埋设深度自试坑底起算 2～16m，12m 内每间隔 2m 埋设一个，12～16m 间隔 1m 埋设深标点，以监测可能出现的湿陷下限深度，其中 13m、15m 深度各布置 1 个深标点，14m、16m 各布置 2 个深标点，各深标点对应的深度如表7.8。

不同深标点与深度对应关系　　　　　　　　　　　　　　　　表7.8

编号	深度（m）	编号	深度（m）	编号	深度（m）
H1	2	H7	12	H13	6
H2	12	H8	14	H14	13
H3	4	H9	2	H15	8
H4	10	H10	16	H16	14
H5	6	H11	4	H17	10
H6	8	H12	15	H18	16

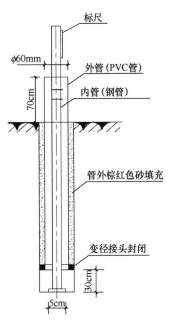

图7.15　深标点构造示意

本次采用的深标点均为机械式深标点，深标点装置由内管和外管组成。内管用于测量各层土的变形量，采用镀锌钢管，管径25mm，内管底座为厚5mm、φ50mm的圆形钢板，直接位于拟埋设的土层面；每个深标点的内管长度为相应的钻孔深度再上延2.5m，即内管出露地面2.5m。深标点外管采用PVC管，管径60mm，其作用在于保护内管，当各土层产生变形时，内管可以自由下沉而不受孔壁影响；PVC管地面出露100cm，距孔底距为30cm；外管与钻孔间的空隙用含水率较小的棕红色砂充填，以减小深标点钻孔内渗水对渗透规律的影响。深标点的设置构造如图7.15所示。

深标孔由钻机冲击法成孔，钻孔直径为150mm，现场要求在预定深度上部0.3m左右停钻，然后用取土器清孔至要求深度。深标点埋设完成后，在标杆上部适当位置扎丝牢靠绑扎长度50cm的白底黑字钢卷尺（标尺）用于变形观测。

4. 水位观测孔布置与埋设

为监测浸水过程红砂中自由水位的变化，揭示水在红砂中的渗透规律，在试坑外侧布置10个水位观测孔（S1～S10）。水位孔对称布置在试坑两侧，每侧布置5个，每侧第一个水位孔与试坑间距2m，相邻水位孔的水平间距为2m（图7.14），各水位观测孔的深度自各孔位原始地面起算均为16m。

水位观测孔采用钻机冲击法成孔，钻孔孔径150mm。成孔后放入预先准备好的直径75mm的PVC管，PVC管与钻孔孔壁间的空隙采用角砾充填。PVC管管壁采用电钻按梅花形钻孔，去除管内杂质，然后在管外包裹并绑扎纱布（受现场条件限制使用的替代品）。测量水位时在PVC管内量测。

5. 土壤水分计布置与埋设

本次试验在试坑内外共布设土壤水分计（以下简称水分计）30个（图7.16），用于监测试坑内外红砂含水率的变化规律，从而揭示浸水过程中试坑内外红砂的渗透规律。试坑内共布置水分计6个（W1～W6），其以试坑中心为圆心，布置在半径8m的圆周上；试坑内水分计按不同深度布设，W1 位于试坑底面下 2m，相邻编号间隔深度均为 2m，布设深度范围为 2～12m，W6 布设深度最深为 12m。试坑外水分计集中布设在试坑西南方向的 B 系列浅标点两侧，共布设 4 排，深度自试坑底面标高起算 2～8m，每排土壤水分计中两相邻标点距试坑中心的距离差为 1.5m。按轴对称问题考虑水在地基土中的渗透，对称轴为经过试坑中心的垂线，则各土壤水分计的布设位置如图 7.16 所示，W1～W6 主要用于监测试坑内水从上向下渗透的速度和规律，W7～W30 用于监测水侧向渗透和浸润的过程。

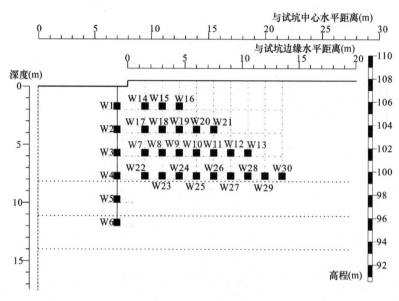

图 7.16　水分计布置剖面图

试验水分计采用长沙亿拓土木工程监测仪器有限公司生产的 YT4801 型土壤水分计，量程 0～100％，分辨率 0.01％，原则上直接测试结果为地基土的体积含水率，0～50％范围内精度为±2％，对测试结果有影响的地基土主要集中在围绕中央探针的直径为 3cm、长度为 7cm 的圆柱体内。土壤水分计在钻孔中安装，钻孔采用冲击法成孔，在预定埋设深度以上 1.5m 范围内不得倒水，距预定孔深 0.4m 左右时停钻，取土器清空至要求深度。为在钻孔中安装土壤水分计，试验研究了土壤水分计的安装方法并制作有关安装辅件，安装辅件由下部的套筒连接镀锌钢管组成（图 7.17a）。土壤水分计在钻孔成孔后立即安装，安装时将土壤水分计放入套筒当中，轻轻用力向上拉紧土壤水分计水工电缆，逐节加长镀锌钢管，土壤水分计到达孔底后，人工下压镀锌钢管，测算探针进入土体的长度，轻击镀锌钢管使土壤水分计探针完全插入地基土中；放松水工电缆，轻提安装辅件，使土壤水分计及电缆从套筒中脱离，取出安装辅件。安装土壤水分计的另一个重要工作内容是钻孔的回填工作，若钻孔回填不实，在浸水试验过程中水可能直接从钻孔内下渗，影响地基土的渗透规律及地基土含水率的监测；为能准确反映地基土含水率的变化规律，必须防止水从钻孔中直接下渗，为此采取了两项措施：（1）钻孔夯实回填；（2）用水泥砂浆隔水。钻孔中夯实回填土的干密度应不小于天然土干密度，为此专门在击实试验筒中采用特制夯击盘夯击棕红色粉砂进行干密度试验，制定钻孔回填土夯击标准，最终实施的土壤水分计孔回填方法和步骤为：①适当放松土壤水分计电缆，并使其贴住钻孔壁；②向钻孔中倒入 50～

60cm 厚砂土，采用特制夯击盘连接镀锌钢管夯击 30～40 击；砂土尽量采用钻探时带出的原土，含水率太小时加水使之接近最优含水率；③向钻孔中倒入 30cm 厚砂土，采用夯击装置（图 7.17b）夯击 20 击；④每间隔 1m 倒入 20cm 厚水泥砂浆；⑤重复③和④直至孔顶；⑥土壤水分计安装过程中不定时测读读数，监测传感器状态。

(a)　　　　　　　　　　(b)

图 7.17　土壤水分计安装方法
（a）土壤水分计安装辅件；（b）土壤水分计孔回填夯实

6. 坐标测量基准点

为准确测量确定各类现场试验点位置坐标，或进行标高测量和控制，在场地内埋设了 3 个坐标测量基准点（S1、S2、S3）。三个基准点的坐标高程引测自场地附近的 2692 号 GPS 基准点，以及 K. K. 一期项目西侧 Camama Dois 村北侧的 T6、T9、T10 号点，使用上海华测导航技术有限公司生产的 T5 型 RTK 进行实测，这些点的三维坐标数据及经纬度坐标见表 7.9。

坐标测量基准点及引测点位置坐标　　　　　　表 7.9

点号	北坐标 X (m)	东坐标 Y (m)	高程 (m)	经纬度坐标
S1	30704.748	53737.190	110.614	—
S2	30704.534	53972.133	108.386	—
S3	30823.099	53724.890	110.238	—
2692	30628.597	54217.710	107.924	经度：13°16′14.7″E；纬度：9°00′08.6″S
T6	32735.800	51647.230	88.916	经度：13°14′50.8″E；纬度：8°58′59.6″S
T9	33137.830	51802.400	84.027	经度：13°14′56.0″E；纬度：8°58′46.5″S
T10	33342.380	51714.640	82.789	经度：13°14′53.1″E；纬度：8°58′39.9″S

注：表中坐标属罗安达城市坐标系统。

7.4.2　监测项目与监测方法

1. 沉降变形监测

（1）监测设备及监测标准

现场浸水试验变形观测采用瑞士徕卡 NA2 型高精度精密水准仪加光学测微器配合铟钢水准尺进行，按二级变形测量精度要求进行观测。执行规范按中国行业标准《建筑变形测量规范》JGJ 8—2007 执行。

（2）基准点和观测基点的设立

根据规范和试验的要求，基准网布设时重点考虑以下四点因素：

① 为兼顾本次浸水试验和后期实体模型浸水试验，在试验场地建立了基准网。基准网由 5 个基准点（BM1～BM5）和 2 个转点（Z1、Z2）组成，构成复合水准路线，如图 7.18 所示。其中试坑浸水试验沉降变形监测从场地南侧 BM2（距试坑浸水试验坑 90.4m）引测，G+4 和 G+8 模型试验变形观测从 BM5（距 G+4 模型试验坑 39.5m）引测，引测基准点和测量标点之间布设了 2 个工作基点（GJ1、GJ2）。

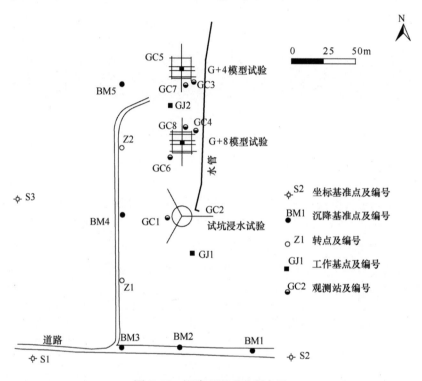

图 7.18　沉降观测基准网布置

② 基准点 BM1～BM5 采用现场浇筑混凝土方式埋设，埋设深度约 1.5m。基准点采用钻机成孔，放入长 1.5m，直径 18mm 的螺纹钢筋后混凝土回填，螺纹钢筋上端打磨成半球形，下端弯折成直角。同时在各转点以及水准基点处均建有保护台进行保护。

③ 为保证试验监测的方便性和合理性，沉降监测基准网采用相对高程基准系。假设 BM3 高程 110.03300m，其他点的高程以 BM3 为起算，并多次对其他基准点的高程进行检核。通过对基准网数据分析，经过对基准网的定期观测，分析认为 BM1～BM3 点始终是稳定可靠的。

④ 为试验需要，在场地西侧和东侧，分别距离坑边 3.6m，5.2m 的地方设置两个观测站（1 号和 2 号观测站），在一个距离试验浸水坑 20.9m 处设置一个工作基点（GJ1）。

⑤ 观测周期：为了保证观测的精度，按照二级变形测量的精度要求，采用几何水准测量方法，保持网形、线路、仪器不变，人员变化时设交接重叠期，对沉降观测基准网不定期进行复测。检查基准点间的高差变化，分析基准点的稳定性。各次复测结果表明，基准网观测精度可靠，满足《建筑变形测量规范》JGJ 8—2007 的要求。

（3）仪器 i 角检校场

为消除水准仪视准线与水准线的不平行引起的 i 角差对测量结果的影响，也为了解仪器的性能状况，在营地操场内建立临时的 i 角检验场。对测量仪器进行不定期 i 角检验，检验结果认为仪器始终是可靠的。

（4）变形观测及数据统计

为最大限度地减小因浸水对试坑周围地面影响而产生的观测误差，每天在距试坑水平距离 20m 的固定观测站进行观测。

浸水前，连续 7d 测量各沉降标点的相对高程作为初始值。浸水后，每天对沉降标点定时测量，计算浸水后各标点的沉降量。停水后，继续对沉降标点进行监测，其中停水后10d 内每天监测各沉降标点沉降量，停水后 10~20d 后间隔 2~4d 监测一次，随后间隔10~35d 对沉降标点监测一次。试验过程中累计对沉降标点监测 296d，累计测量 56 次。统计计算每次的观测资料和观测结果，绘制各标点的沉降变化曲线，以及时掌握沉降趋势和沉降规律。

2. 浸水影响范围观测

为查明浸水过程中不同时间、不同位置处土层的含水率情况，分析水在红砂地基的渗透规律，在浸水前后分别测定红砂地基的含水率并在红砂中埋设水分计监测浸水和停水后红砂的含水率变化，试验过程各钻孔取样与测试内容如表 7.6 所示。土壤水分计通过电磁波在土壤中的传播频率来测量土壤表观介电常数 ε（Apparent Dielectric Constant），通过介电常数 ε 和体积含水率 n_v 的关系来确定土壤体积含水率 n_v。非饱和土由空气、土颗粒、结合水和自由水四相体组成，在无线电频率标准状态时，纯水的介电常数是 80.4，土壤固体为 3~7，空气为 1。土的介电特性与电磁频率、温度和盐度、土壤容积含水率、束缚水与土壤总体积含水率之比、土壤重度、土壤颗粒形状及其所包含的水的形态有关。由于水的介电常数远远大于其他三相体的介电常数，因此土壤的介电常数主要取决于土壤的含水率。土壤水分计在出厂前，在已知体积含水率的介质中进行了标定，将传感器输出电压 V转化为体积含水率读数（cm³/cm³），以百分数表示。

图 7.19 为 W5 土壤水分计（埋设在试坑内 12m 深度）实测读数随时间变化曲线，其中在含水率突变段监测时间间隔为 3min。可以看出在水浸润到传感器之前，传感器实测

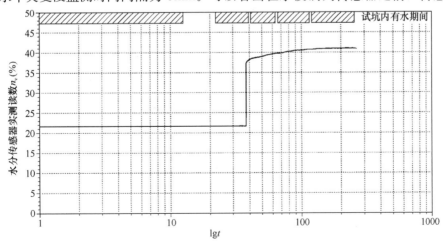

图 7.19　W5 土壤水分计 n_v-lg$t$ 曲线

读数保持恒定，在水浸润到传感器后，读数迅速增大。因此通过水分传感器的监测，容易确定各传感器位置地基土被水浸润的时间。

具体监测内容和监测方法如下：

（1）浸水前，在安装各土壤水分计的钻孔底部，取不扰动土进行室内试验，获得干密度、含水率等基本物理指标，当取不扰动土确有困难时，仅取扰动样进行质量含水率测试。

（2）浸水前，在场地控制性钻孔（Z18、Z19），水位观测孔（S3、S7）的钻探过程中，取土进行含水率测试，以确定浸水前地基土的含水率情况。

（3）开始浸水 1h 后（2011 年 8 月 23 日至 9 月 12 日），对试坑内外布置的 30 个土壤水分计每间隔 2h 测读一次体积含水率，对个别传感器采用自动连续观测。停水后 10～35d，每间隔 6h 观测一次土壤水分计读数；停水后 35～70d，每天观测一次土壤水分计读数；停水后 35～280d，间隔 15～31d 观测一次土壤水分计读数。每天或每次数据观测后，分析并绘制各土壤水分计的变化曲线，确定地基土含水率变化情况。

（4）停水后，采用洛阳铲在试坑内取土测试含水率，以确定坑内红砂地基土的含水率并与浸水前红砂的含水率进行对比。此外，为查明红砂的最终浸润范围和标定土壤水分计，在试坑西南侧靠近土壤水分计区域，钻孔（表 7.6 中 F 系列钻孔）采取扰动土进行含水率测试。

（5）试坑开始注水后，每天在水位观测孔（S1～S10）中监测水位变化，当在水位观测孔中检测到水位后改为每天监测两次。停水后持续观测水位孔中的水位变化，并持续观测至水位消散。水位监测采用上海华岩仪器设备有限公司生产的 LY-2 型抗干扰水位仪进行，测试精度±1.0cm。

试坑浸水试验技术性钻孔一览表　　　　　　　　　　　　　表 7.10

孔号	孔口标高（m）	孔深（m）	类别	完成时间	备注
Z17*	107.89	16.0	取不扰动土	2011/06/23	查明天然状态地基土性质
Z18*	108.12	16.0	取不扰动土	2011/06/26	查明天然状态地基土性质
Z19*	107.93	16.0	标贯孔	2011/07/25	间隔1m，标贯至15m
S3*	108.12	16.0	取扰动样	2011/06/11	测试地基土含水率，至16m
S7*	108.04	16.0	取扰动样	2011/06/10	测试地基土含水率，至16m
H12*	107.35	15.0	动探孔	2011/06/19	连续动探至8.6m
H16*	107.39	14.0	动探孔	2011/06/27	连续动探至9.2m
H18*	107.36	16.0	标贯孔	2011/06/27	间隔1m，标贯至15m
BG1	107.99	16.0	标贯孔	2011/09/06	间隔1m，标贯至9m（其下缩孔），含水率测试至16m
BG2	108.05	16.0	标贯孔	2011/09/08	
DT1	108.03	16.0	动探孔	2011/09/08	连续动探至14.5m
SL1	107.36	3.8	洛阳铲孔	2011/09/03	含水率测试至3.8m
SL2	107.33	3.8	洛阳铲孔	2011/09/03	含水率测试至3.8m

孔号	孔口标高 (m)	孔深 (m)	类别	完成时间	备注
SL3	107.36	3.8	洛阳铲孔	2011/09/03	含水率测试至3.8m
SL4	107.33	3.8	洛阳铲孔	2011/09/03	含水率测试至3.8m
SL5	107.38	3.8	洛阳铲孔	2011/09/03	含水率测试至3.8m
SL6～17	107.37	3.6～3.8	洛阳铲孔	2011/09/03～17	含水率测试至3.6m或3.8m
F1	108.16	16.3	取扰动样	2011/09/03～04	含水率测试至16m，与传感器对比
F2	108.18	9.0	取扰动样	2011/09/04	
F3	108.18	9.0	取扰动样	2011/09/04	
F4	108.20	9.0	取扰动样	2011/09/04	
F5	108.24	9.0	取扰动样	2011/09/05	含水率测试至9m，与传感器对比
F6	108.23	9.0	取扰动样	2011/09/05	
F7	108.25	9.0	取扰动样	2011/09/05	
F8	108.40	9.0	取扰动样	2011/09/05	
F9	108.40	16.0	取扰动样	2011/09/06	含水率测试至16m，与传感器对比
F11	108.31	16.8	取扰动样	2011/09/09～10	含水率测试至15m，查浸润范围
F12	108.21	16.3	取扰动样	2011/09/07	含水率测试至16m，查浸润范围
F13	108.67	16.5	取扰动样	2011/09/10	含水率测试至16.5m，查浸润范围
F14	108.46	16.8	取扰动样	2011/09/10～11	

注：带"＊"钻孔在浸水前进行，其余孔在停水后进行；除SL系列孔为洛阳铲孔外，其余均采用钻机成孔。

3. 浸水前后钻孔原位测试比较

浸水前后分别在红砂地基上开展标准贯入试验和连续动探试验，对比分析浸水前后标贯锤击数和动探锤击数的变化。如表7.10和图7.13所示，浸水前在Z19和H18孔中进行标准贯入试验（表7.10），在H12和H16中进行连续重型动力触探试验；停水后在BG1和BG2孔中进行标准贯入试验，在DT1孔进行连续重型动力触探试验。

4. 浸水量记录

本次坑浸水试验采用拉水车拉水配合市政消防水灌注相结合的注水方式，所有水量均经过安装有水表的水管注入试坑，试验过程中试验人员每天记录注水量，并做好试验情况及异常情况记录。

7.4.3　试验过程

1. 试验流程

鉴于本次浸水试验为红砂地区第一次现场浸水试验且试验过程中监测数据较多，为保证试验的精确和试验过程的顺利，试验开始前设计了试验流程，在试验过程中又根据实际情况及时调整，浸水试验全过程的流程如图7.20所示，试验关键时间点如表7.11所示。

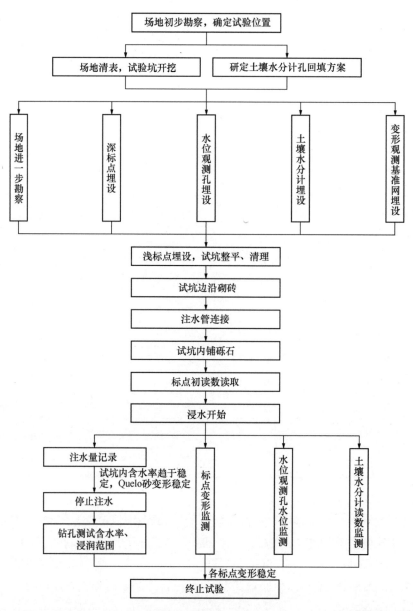

图 7.20　试坑浸水试验流程

2. 停止浸水条件和沉降稳定标准

参考《湿陷性黄土地区建筑规范》GB 50025—2004 的有关规定，浸水及湿陷稳定标准如下：

（1）停止注水标准：规范规定浸水过程中试坑内的水头高度保持在 30cm 左右，至土层变形稳定后可以停止注水，变形稳定标准为最后 5d 的平均变形量小于 1mm/d。实际试验中，由于市政消防水不稳定，经常停水，拉水车难以控制拉水时间，因此试坑内水头没有保持恒定。注水后，地基土中水侧向渗透范围较大，在浸水 10d 后，从土壤水分计监测结果推测，水侧向渗透的距离有可能快接近北侧邻近的 G＋8 模型试验坑，此外本次研究的重点是 Quelo 砂的湿陷变形，从试坑内土壤水分计监测结果可知，浸水 10d 后 Quelo 砂含水率已不再继续增长，从深标点监测结果可知，Quelo 砂土层没有表现明显沉降，且其后 5d Quelo 砂层的变形量小于 1mm/d，因此在浸水 10d 后停止了注水。

（2）试坑内停止注水后，应继续观测不少于 10d，当出现连续 5d 的平均下沉量不大于 1mm/d 时，试验可以终止。实际试验中，为确定停水后红砂的沉降变化规律和地下水消散过程，对停水后的沉降标点和水分计观测持续观测了 9 个月，直到标杆上标尺风化而不能继续观测。

试坑浸水试验关键时间点　　　　　　　　　　　　　　表 7.11

日期	工作内容
2011/01/15～2011/02/23	国内准备有关材料、仪器设备
2011/03/22	仪器设备随主要技术人员抵达安哥拉罗安达
2011/03/27	课题组第一次全体会议，确定各协作单位分工
2011/03/31～2011/04/30	试验场地初步勘察
2011/05/24	课题组第二次全体会议，讨论通过试坑浸水试验方案
2011/06/02～2011/06/02	试验场地放线，清表
2011/06/05	收集试验需要的镀锌钢管
2011/06/08～2011/06/12	水位观测孔成孔（6 月 21 日完成水位观测孔的安装埋设）
2011/06/13～2011/06/27	完成土壤水分计的安装
2011/06/20～2011/06/27	完成深标点的安装
2011/06/24、2011/06/28	进行浅标点的安装
2011/06/21～2011/07/25	试验场地进一步勘察（完成 Z17、Z18 和 Z19 3 个钻孔）
2011/07/04～2011/07/05	完成基准网的埋设
2011/07/10～2011/07/11	试坑边沿砖墙砌筑
2011/07/29～2011/08/02	完成引水管焊接
2011/08/07～2011/08/08	试坑内铺 10cm 厚砾石
2011/08/23～2011/09/02	试坑内注水
2011/08/15～2012/06/05	试坑内外深、浅标点变形观测
2011/09/03～2011/09/17	停水后钻孔测定不同位置地基土含水率
2011/07/21～2012/05/29	土壤水分计读数监测
2011/08/26～2012/05/29	水位观测孔水位监测

7.4.4　试验结果

1. 注水量

试坑累计注水 10d，停水后 8h 坑内水头即完全消散。试验中，特别是在试验前期，市政消防水经常停水，试验由拉水车和市政消防水一起供水，白天供水较充分，晚上拉水车停止供水，因此在试验过程中，出现部分时间段坑中无水的情况，也无法对水头高度进行控制，最高水头约70cm（图7.21）。试验中对试坑中有水和无水的时间段进行了记录，试坑内无水时间段合计0.76d（18.3h），有水时间段合计9.73d（233.6h）。如图7.22所示，试验累计向试坑内注水3020m³，平均日注水量为250m³。

图7.21　试坑浸水试验现场

（a）镜头向东北，土壤水分计监测；（b）镜头向东南，水位监测

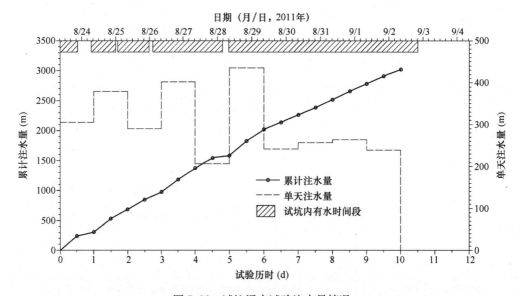

图7.22　试坑浸水试验注水量情况

2. 地表变形

根据观测结果绘制各浅标点累计变形量随时间的变化曲线如图7.23～图7.25所示。图中位移正值表示抬升，负值表示下沉。

各测线浅标点结果表明浸水后试坑内外红砂地基均出现不同程度的抬升，根据各标点变形曲线特征，可将试验监测期间的红砂变形分为三个阶段，即"变形陡升阶段""变形不稳定阶段"和"变形缓升阶段"。以测点A1为例（图7.23），变形陡升阶段（浸水期间），浸水后红砂地基即开始出现抬升变形，变形曲线表现为斜率较大的直线，该期间红砂地基累计抬升量6.3mm，平均抬升速率为0.63mm/d；变形不稳定阶段（浸水后10～

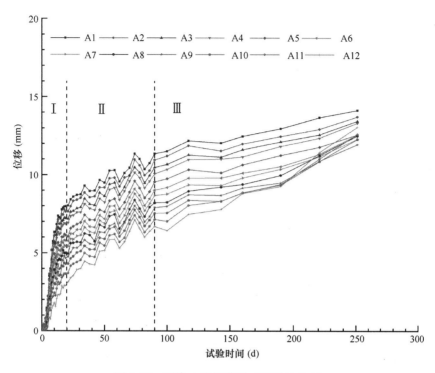

图 7.23　测线 A 变形曲线（彩图见文末）

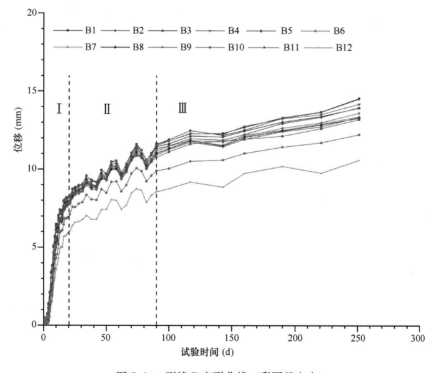

图 7.24　测线 B 变形曲线（彩图见文末）

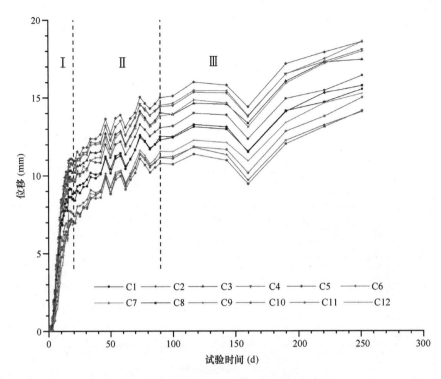

图 7.25 测线 C 变形曲线（彩图见文末）

40d，停水后 0～30d），该期间红砂地基表现为间断的抬升和下降，但整体趋势仍表现为地表抬升，变形曲线表现为倾斜的锯齿线，红砂地基累计抬升量 1.0mm，平均抬升速率为 0.05mm/d；变形缓升阶段（浸水后 40d 至试验结束），该阶段红砂地基持续抬升，但抬升速率进一步减小，该阶段红砂地基累计抬升量 5.9mm，平均抬升速率为 0.03mm/d。此外，3 条测线变形结果表明各测点变形主要发生在浸水期间，停水后各测点产生的变形量较小，其累计变形量占观测期间总变形量的 10.8%～45.1%，其中试坑内各测点浸水期间产生变形量的比例大于试坑外各测点产生变形量的比例，即试坑内各测点的总变形量和浸水期间产生变形量的比例均大于试坑外测点。

对比 3 条测线变形曲线，可得到如下结果：（1）试坑内的抬升量均大于试坑外抬升量，以测线 B 为例（图 7.24），试坑内最大抬升量为 14.5mm，试坑外最大抬升量为10.6mm。（2）3 条测线的变形规律具有差异性，其中测线 A 各测点的变形量随着与试坑中心距离的增加而减小，表现为相邻测点变形曲线的垂直间距基本相等（图 7.23）；测线 B 试坑内各测点的变形量相差较小，表现为变形曲线较密集（图 7.24）；测线 C 各测点变形量与试坑中心距离无明显规律，表现为测线 C 的最大变形量发生在测点 C5 而不是发生在测点 C1（图 7.25）。（3）距试坑边最远的测点 A12、B12 和 C12（距试坑水平距离15.5m）均产生了明显抬升，且测量过程中发现工作基点 GJ1（距试坑水平距离 21m）也产生明显抬升变形，表明浸水影响的水平距离较大，超过 21m。

根据最后一次观测结果（表 7.12）发现各测点的抬升变形量均大于 0，抬升变形量在12.3～19.3mm，其中试坑内测点的抬升变形量为 13.0～19.3mm，表明停止观测时地表变形尚未完全稳定，还处于缓慢变形区，因此可以推测红砂地区的变形时间较持久。

各浅标点的"最终"变形数据　　　　　　　　　　表 7.12

标点	变形量（mm）	标点	变形量（mm）	标点	变形量（mm）
A1	14.6	B1	15.0	C1	16.1
A2	14.2	B2	14.8	C2	17.1
A3	13.7	B3	14.6	C3	18.2
A4	13.4	B4	14.5	C4	18.7
A5	13.0	B5	14.3	C5	19.3
A6	12.5	B6	14.0	C6	18.9
A7	12.5	B7	13.8	C7	18.3
A8	12.6	B8	13.7	C8	16.0
A9	12.5	B9	13.5	C9	14.2
A10	12.9	B10	13.4	C10	14.3
A11	13.5	B11	12.3	C11	15.3
A12	14.4	B12	12.4	C12	15.7
O1	15.1	—	—	—	—

注：各标点的"最终"变形均为抬升变形。

绘制不同时间的测线 A～B 和 A～C 的变形剖面如图 7.26 和图 7.27 所示。图 7.26 表明测线 A～B 的变形曲线呈倒"U"形，表现为试坑圆心测点 O 的变形最大，两侧的变形量随与试坑圆心水平距离的增加而减小，变形曲线基本对称。测线 A～C 变形曲线近似呈倒"V"形，该变形剖面的最大变形量发生在 C5 点，大于试坑内其他测点的位移量，表明红砂场地的变形具有不均匀性。此外，A～B 和 A～C 测线联合剖面的最终变形曲线均

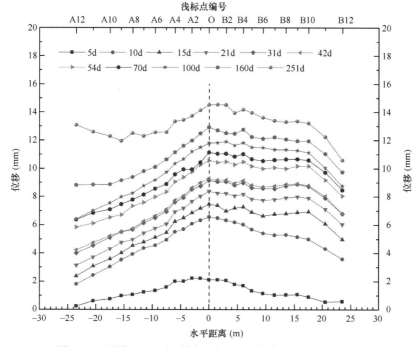

图 7.26　测线 A～B 变形剖面随时间变化曲线（彩图见文末）

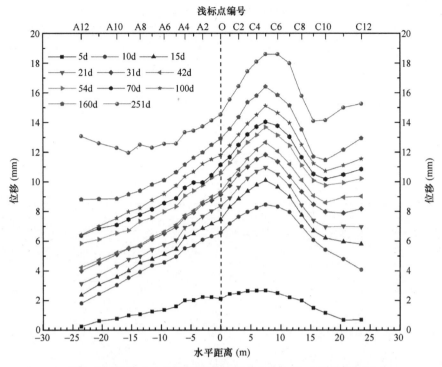

图 7.27　测线 A～C 变形剖面随时间变化曲线（彩图见文末）

较平缓，表明试验期间地表的差异变形较小，其中最大的差异变形发生在测点 C7～C9 之间，对应的最大倾斜率约为 $1.03‰$。

3. 深部变形

根据观测结果绘制不同深度累计变形量随时间的变化曲线如图 7.28 所示。图中位移

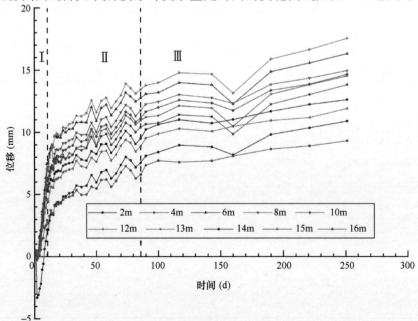

图 7.28　不同深度位移随时间变化曲线（彩图见文末）

为正值表示抬升，负值表示下沉。

从图7.28可以看出，不同深度的位移变化规律与试坑内地表变形规律基本一致，除了14m深度测点以外，其余深度测点在浸水后均表现为持续抬升，其中14m深度测点在浸水初期（浸水1~3d）表现为沉降变形，最大沉降量约为3.1mm，随后沉降停止并开始出现抬升变形。与试坑内地表变形规律相同，可将试验监测期间不同深度变形分为三个阶段，即"变形陡升阶段""变形不稳定阶段"和"变形缓升阶段"。以8m深度为例，变形陡升阶段（浸水期间），浸水后8m深度处红砂地基即开始出现抬升变形，变形曲线表现为斜率较大的直线，该期间红砂地基累计抬升量7mm，平均抬升速率为0.7mm/d；变形不稳定阶段（浸水后10~40d，停水后0~30d），该期间红砂地基表现为间断的抬升和下降，但整体趋势仍表现为地表抬升，变形曲线表现为倾斜的锯齿线，红砂地基累计抬升量2.8mm，平均抬升速率为0.09mm/d；变形缓升阶段（浸水后40d至试验结束），该阶段红砂地基持续抬升，但抬升速率进一步减小，该阶段红砂地基累计抬升量5.1mm，平均抬升速率为0.02mm/d。

此外，绘制不同位置不同深标点位移随时间变化曲线如图7.29所示。从图7.29可知，不同深标点的位移变化规律基本一致，其中埋设在试坑东侧（测线C附近）的H15深标点（埋深8m）的位移量最大（图7.13），试验结束时的最大抬升变形量约22.1mm；然而埋设在试坑南侧（测线B附近）的H6深标点（埋深8m）的位移量则较小，试验结束时的最大抬升变形量约8.7mm，约为H15测点的1/3。因此可以推测不同深度的红砂变形同样具有不均匀性。对比H13深标点（埋深8m）位移量与位置相近的C5点地表位移量，发现该点位移量（22.1mm）大于地表位移量（19.3mm），而埋深同样的H6深标点位移量（13.8mm）则小于位置相近的B2点地表位移量（14.8mm），进一步说明了红砂场地的变形具有不均匀性。深标点H16（埋设14m）在浸水第一天即产生较大的沉降变

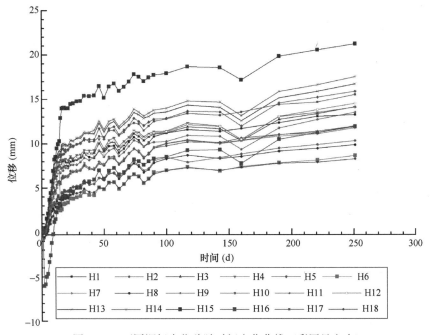

图7.29 不同深标点位移随时间变化曲线（彩图见文末）

形（-6mm），而同样埋设在14m深度处的H8测点则未产生较大的沉降变形，对比其他各深标点的位移变化规律，分析其原因可能是H16测点埋设不稳定产生的异常变化。

根据深标点的布设位置，将深标点分为2组，其中第一组包含6个深标点，均布设在距试坑中心3m的圆周上，如图7.13所示，布设深度为2～12m；第二组包含12个深标点，均布设在距试坑中心6m的圆周上，布设深度为2～16m。根据各深标点的监测变形结果，分别绘制3m圆周深标点和6m圆周深标点变形与时间的对应曲线如图7.30和图7.31所示，当同一深度有两个以上深标点时取其算数平均值。

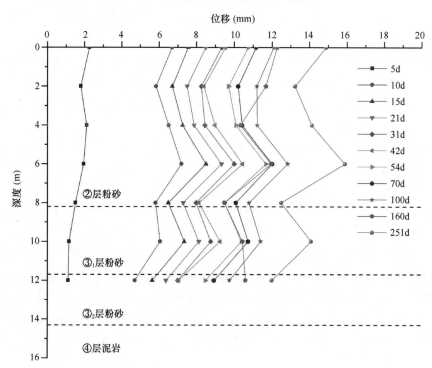

图 7.30 第一组不同深标点不同时间不同深度的位移变化曲线（彩图见文末）

第一组深标点布设位置为距试坑圆心3m的圆周区域，其围成的区域面积较小，因此各标点变形受地层结构差异的影响较小，从图7.30可知，深度12m至地表的变形随深度变化较小，表明12m以上红砂地基的抬升变形较小，地表形成的抬升变形主要由12m以下地层产生。此外，12m以上变形曲线的斜率不一致，表现为折线且部分深度内变形曲线出现反倾，表明不同深度红砂地基的变形不尽相同，既有膨胀抬升变形，也有湿陷沉降变形。从图7.31可知，不同地层位移随深度的变化曲线表现为锯齿形，即不同深度位移随深度变化的斜率出现"正负交替"的现象；其中12m以上地层位移随深度变化的斜率为负值，表明抬升变形量随深度增加而减小，即12m以上红砂地层（②层粉砂）表现为沉降变形，试验结束时该层红砂的累计沉降量约为5.6mm；8～12m地层的位移随深度变化的斜率为正值，表明③₁层粉砂为膨胀变形；12～16m地层的位移随深度变化的斜率为"正负交替"，表明③₂层粉砂和泥岩层既有膨胀抬升变形又有湿陷沉降变形，但仍然以膨胀变形为主。

综上，大面积浸水后非洲红砂并未发生明显的湿陷沉降（压缩）变形，其中②层粉砂的最大湿陷沉降约为5.6mm，远小于根据室内自重湿陷试验结果计算得到的自重湿陷量

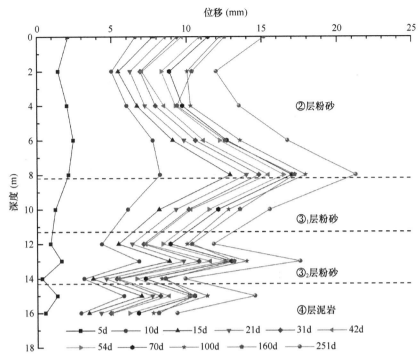

图 7.31　第二组不同深标点不同时间不同深度的位移变化曲线（彩图见文末）

计算值（Z17 和 Z19 号钻孔的自重湿陷量计算值分别为 132mm 和 141mm），说明根据中国《湿陷性黄土地区建筑规范》GB 50025—2004 评价非洲红砂的湿陷性还有待进一步研究。

4. 浸水范围

根据监测结果确定了各个传感器安装位置地基土被水浸湿的时间，进而绘制了不同浸水试验时间的浸润范围和浸水水位如图 7.32 和图 7.33 所示。此外，根据浸水前后钻探取

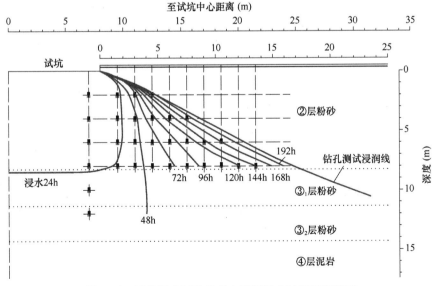

图 7.32　试坑浸水试验地基土不同浸水时间浸润范围

土含水率测试结果,绘制浸水前后不同深度红砂含水率的变化曲线如图 7.34 所示。

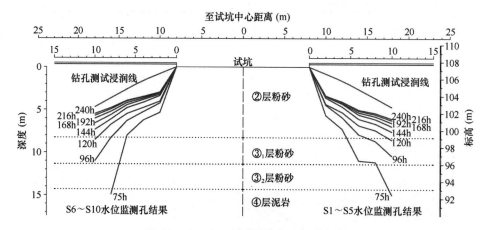

图 7.33 试坑浸水试验浸水过程中水位

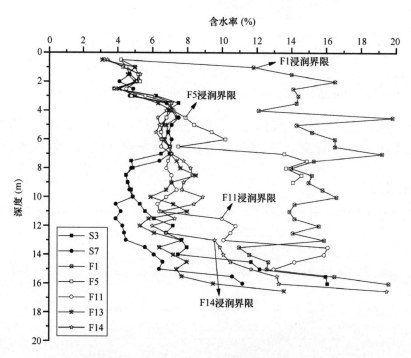

图 7.34 浸水前后不同深度红砂含水率变化曲线

从图 7.32~图 7.34 可以看出如下规律:(1) 在浸水前期,水的渗透以向下渗透为主,在浸水 24h 后,水的下渗深度达 8.5m(平均下渗速度约 0.35m/h),侧向渗透宽度 1.9m;浸水 36h 后,水的下渗深度达 11.6m(平均下渗速度约 0.32m/h),侧向渗透宽度 2.5m。(2) 当水下渗至③₂ 层粉砂后,由于下部土的渗透系数较小,起到相对隔水作用,水的优势渗透方向逐渐改变为以侧向渗透为主,并逐渐趋于稳定,浸水 10d 后的浸润线与水平线的夹角约 24°。(3) 试坑外水位观测孔在浸水后第三天开始监测到水位,随着浸水时间的增加,各孔水位逐渐增加并逐渐趋于稳定。水位连线始终位于浸润线之下,相距 0.8~2.6m,两线在距试坑较近位置距离较大,距试坑较远处距离较小。

5. 渗透规律

　　根据现场试验标定结果，将水分计监测的体积含水率转换为质量含水率，绘制不同深度红砂地层含水率随时间的变化关系，如图 7.35 所示。试验停水后在试坑内部 W5 附近间隔不同时间进行洛阳铲钻孔取样并测试含水率，绘制不同深度红砂含水率随时间变化关系如图 7.36 所示。此外，水位观测孔中水位变化在一定程度上也反映了地基土含水率的变化情况，根据监测结果分别绘制两条水位观测孔剖面中不同钻孔水位随时间的变化关系如图 7.37 和图 7.38 所示。

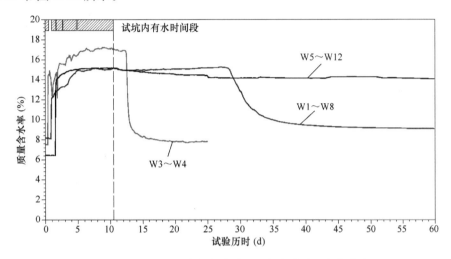

图 7.35　试坑内土壤水分计质量含水率随时间变化曲线

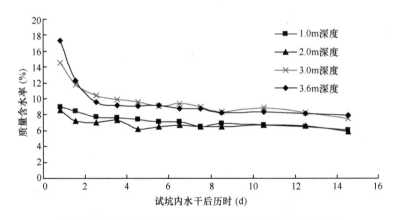

图 7.36　洛阳铲孔揭示的停水后含水率随时间变化曲线

　　从图 7.35 可以看出，浸水后不同深度水分计的变化时间随深度增加而相对滞后，但水分计读数均表现为陡然增加。其结果表明试坑内湿润锋到达后，红砂地层含水率增加的速度较快，其 30min 内含水率的增加量即占总增加量的 80%。水分计的监测结果表明浸水后试坑外红砂含水率发生变化的先后顺序为：距试坑越近，深度越深，含水率越先发生变化（增加）；停水后含水率降低的先后顺序为：距离试坑越远，深度越浅，含水率越先发生（减小）变化。

　　浅部红砂地层的含水率受供水情况影响严重，试坑内供水间断后，其浅部红砂地层的含水率均一定程度的减小，表现为 W3 红砂地层（深度 4m）水分计监测曲线出现锯齿形；而下部红砂地层则不受短时间供水间断影响，表现为 W1（深度 8m）和 W5（深度 12m）水分计曲线较平滑。此外，停止注水后深度较深红砂地层含水率减小时间较滞后，但含水率的减小过程均较短，表现为急剧减小；停水后上部②层粉砂中部地层的含水率维持在 8%，而其底部地层含水率维持在 10%，但③₂ 层粉砂含水率则长期维持在 14% 以上。其原因主要是红砂地层中黏粒较少（一般不超过 10%）且红砂地层的渗透系数较大，而红砂底部的膨胀岩土渗透性较低；在有水源补给时，地下水迅速向下渗透导致场地上部红砂含水率迅速增加，无水源补给后，地下水入渗至膨胀岩土顶部时在其上部形成上层滞水导致底部红砂含水率较高。因此，可以推测红砂场地上部地层持水性较差，浸水或强降雨时红砂含水率增加较快，浸水或强降雨后红砂地层含水率降低也较快。

图 7.36 结果表明停水后试坑内洛阳铲孔测得 3.6m 深度含水率最大 18.8%，对应饱和度约 78%，停水前试坑仍可见气泡从地基土中溢出，表明红砂地层仍未达到完全饱和。而图 7.34 结果表明试坑外 F1 钻孔含水率大多在 14.3%~16.5%，对应饱和度约 59%~74%，均未达到 80%（工程上一般认为地基土达饱和的标准）。根据室内试验研究结果，含水率大于 7% 后，红砂地层即不具有湿陷性，因此可推测浸水试验过程中红砂的湿陷性已消除。此外，停水后的工程地质钻探发现钻孔缩孔较严重，表明红砂的直立性降低且强度明显减小。

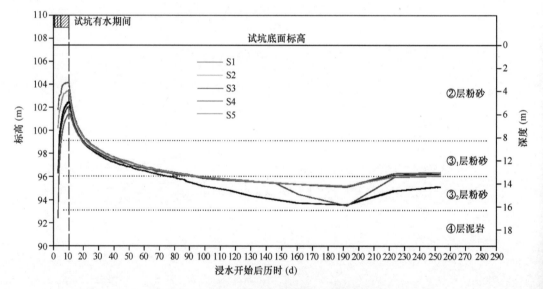

图 7.37　S1~S5 水位观测孔结果（彩图见文末）

从图 7.37 和图 7.38 可以看出浸水过程中，水位监测孔中水位存在一个坡度，即靠近试坑的位置，其水位更高；停水后，各水位监测孔中的水位逐渐降低，随着时间的增加，水位标高逐渐趋于一致，且长期存在于③₂ 层粉砂中形成上层滞水，验证了室内试验③₂ 层粉砂渗透系数较小的结果，也与 K.K. 一期建设场地局部地段上层滞水所处的层位相一致；随着时间的继续增加，由于不同孔位的地层结构具有一定差别，上层滞水水位标高不再统一。此外，图 7.37 中 S1~S5 中水位在后期有所增加且 S5 水位增加明显，进一步证明该区域后期受 G+8 模型试验浸水影响。

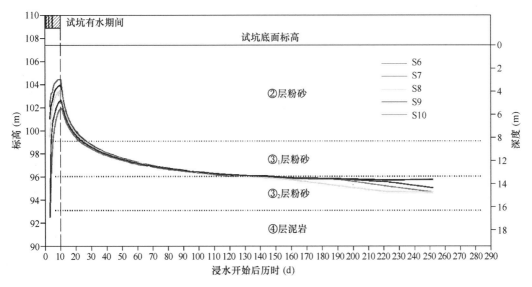

图 7.38　S6～S10 水位观测孔结果（彩图见文末）

6. 浸水前后原位测试变化特征

浸水前后在试验场地进行钻探取样测试含水率，并分别开展标准贯入试验和动力触探试验，根据标贯和钻探试验结果绘制浸水前后标准贯入试验实测锤击数及其对应深度含水率，如图 7.39 所示。根据动探结果绘制浸水前后动力触探实测锤击数随深度变化关系，如图 7.40 所示。此外，按地层分别统计浸水前后标贯锤击数、动探锤击数和含水率如表 7.9 所示。

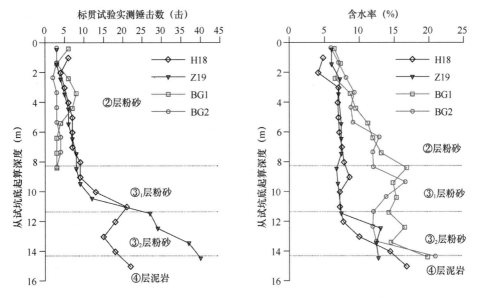

图 7.39　试坑浸水试验点浸水前后标贯试验结果及相应含水率比较

从图 7.39 和表 7.13 可以看出天然红砂地层的标贯锤击数随深度增加而增加，且不同红砂地层的标贯锤击数相差较大，如②层粉砂的标贯锤击数最小，平均值为 6 击，③₂ 层粉砂的标贯锤击数最大，平均值为 28 击，③₁ 层粉砂的标贯锤击数居中，平均值为 13 击。浸水后标贯孔的含水率均显著增加，但标贯锤击数则相对减小，如浸水后②层粉砂的标贯锤击数平均值降为 4 击。

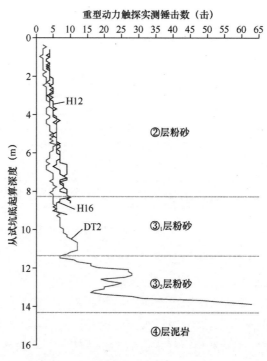

图 7.40　试坑浸水试验点浸水前后重型动力触探试验结果比较

从图 7.40 可以看出，浸水后②层粉砂的动探锤击数也显著降低，从浸水前的 5.7 击降低为浸水后的 3.5 击。但浸水后③₂ 层粉砂的动探锤击数仍较大，平均值为 21.9 击，表明浸水后③₂ 层粉砂仍具有较好的力学性质。

试坑浸水试验点浸水前后钻孔原位测试结果比较　　　　　　表 7.13

层号	值别	浸水前			浸水后		
		含水率（%）	标贯实测击数（击）	动探实测击数（击）	含水率（%）	标贯实测击数（击）	动探实测击数（击）
②层粉砂	范围值	4.8～8.2	3～9	3～9	4.5～13.6	2～7	2～5
	平均值	6.7	6	5.7	9.2	4	3.5
③₁层粉砂	范围值	7.1～8.6	8～21	—	11.6～16.8	—	5～12
	平均值	7.6	13	—	14.4	—	8.0
③₂层粉砂	范围值	9.0～14.4	15～40	—	11.5～16.5	—	7～48
	平均值	11.3	28	—	13.8	—	21.9

注：表中"浸水前"指标统计 H12、H16、H18 和 Z19 4 个孔结果；"浸水后"指标统计 BG1、BG2 和 DT1 3 个孔结果，在 2011 年 9 月 6～8 日（停水后 4～6d）完成，试坑底标高下 6m 内地基土含水率已较浸水时减小。

7.4.5　小结

根据现场试坑浸水试验结果并对比场地室内试验计算结果，可得出以下主要结论：

（1）"试坑浸水试验"场地红砂厚度 15m 左右，浸水坑呈圆形，直径 16m，布置浅标点 37 个，深标点 18 个（埋设深度 2～16m），土壤水分计 30 个，水位观测孔 10 个；浸水 10d，共向试坑中注水 3020m³。自浸水开始日起算，深、浅标点变形观测历时 288d，结果表明，浸水后地面下 16m 深度范围内地基土均表现为持续抬升，观测到的最大抬升量为 22.1mm，地表不同平面位置的变形差异较小，测得最大倾斜 1.03‰。分析认为地基土的抬升主要是由于下部泥岩在浸水后的微弱膨胀引起，红砂在浸水后没有发生明显自重湿陷沉降（压缩变形），试验场地属非自重湿陷性性场地。现场实测结果与根据钻孔采取不扰动土样进行的室内自重湿陷试验结果计算得到的"试坑浸水试验"场地 132～141mm（Z17 和 Z18 钻孔）的自重湿陷量具有明显不同。

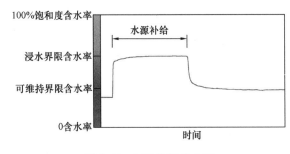

图 7.41　红砂特征含水率

（2）棕红色粉砂存在两个特征含水率，将之定义为"可维持界限含水率"和"浸水界限含水率"，如图 7.41 所示。现场浸水试验含水率实测结果表明，地基土在浸水后，红砂含水率有个陡然增大、缓慢增加，然后达到相对稳定的过程，即使在自由水位线以下，这个相对稳定的含水率所对应的饱和度一般也达不到 80%，一般在 60% 左右，这个相对稳定的含水率即为"浸水界限含水率"；停止浸水没有水源供给后，地基土含水率有个急剧减小，再缓慢降低的过程，急剧减小后的地基土含水率状态因其可维持的时间相对较长，称为"可维持界限含水率"。根据室内不扰动土湿陷试验、抗剪强度试验和现场平板载荷试验结果，地基土含水率小于"可维持界限含水率"时，随地基土含水率的增加，湿陷系数和力学指标都有较大幅度的减弱；含水率在"可维持界限含水率"与"浸水界限含水率"之间时，湿陷系数和力学指标本已较小，其随含水率的增大而减小的幅度也相对较小；含水率大于"浸水界限含水率"后，已不具增湿和湿陷变形，同时现场浸水也不容易使地基土含水率超过"浸水界限含水率"。自然条件下地基土在"可维持界限含水率"至"浸水界限含水率"之间的含水率状态，在无水源补充时存在时间短，不稳定；含水率减小到"可维持界限含水率"后，在渗透、蒸发和植物消耗作用下可进一步减小。上部地基土（地面下 4m 范围内）"可维持界限含水率"和"浸水界限含水率"分别约在 8% 和 14% 左右，对应饱和度分别在 30% 和 60% 左右，其值大小可能受土的干密度和黏粒含量影响。

（3）浸水前后红砂场地的标贯锤击数和动探锤击数明显减小，表明红砂场地地基承载力和变形特性降低，推测红砂场地软化特性明显。

第8章 非洲红砂的变形与强度特性

土的渗透特性、强度特性和变形特性是土力学所研究的三个基本的力学性质。岩土工程勘察工作的本质就是获取反映土体力学性质的渗透系数、压缩模量和抗剪强度等力学指标。土的抗剪强度和压缩模量，首先取决于它本身的基本性质，也就是土的组成、土的状态和土的结构，这些性质又与它形成的环境和应力历史等因素有关；其次还取决于它当前所受的应力状态。在地基设计中，根据同一个力学试验或原位测试往往即可得到土体的变形与强度指标参数，因此将红砂的变形与强度作为整体开展试验研究。第4章和第7章已对非洲红砂的渗透特性开展了详细研究，本章主要对其变形和强度特性开展研究。

野外调查发现天然状态下非洲红砂具有一定的直立性，室内试验结果表明非洲红砂具有湿陷性，因此可以推测除了影响砂土变形与强度指标的一般因素外，含水率是影响红砂力学性质的一个重要因素。本章拟通过大量的室内试验和现场原位试验详细研究红砂地层的变形与强度特性，以确定影响非洲红砂变形与强度的主要因素，着重研究含水率对非洲红砂变形与强度特性的影响规律；在此研究的基础上，与中国黄土的变形及强度特性开展对比研究，从而更好地掌握非洲红砂的变形与强度特性，不仅为后期非洲红砂场地的工程建设提供理论依据，还可为研究湿陷性土的力学性质提供数据支撑。

8.1 天然状态非洲红砂的变形与强度特性

不同于一般砂土，非洲红砂的典型特征为天然状态下具有直立性，且强度较高。为揭示造成红砂出现这种特性的力学机制，本节在试验场地实施3个钻孔并间隔1m取样，对试验样品开展一系列的室内试验，包括基本物理性质试验、固结试验和直剪试验，分别统计原状红砂的基本物理指标、压缩系数、压缩模量和抗剪强度指标，并分析红砂物理指标与其变形指标和强度指标的对应关系。为揭示天然状态下红砂的承载特性，在试验场地开展10组平板载荷试验（图8.1），试验开始前分别测试载荷板下红砂的物理特性。综合考虑红砂的现场试验和室内试验，研究红砂承载特性的评价方法。

室内试验测试3个钻孔30件红砂试样的基本物理指标如表8.1所示，由表8.1可知试验红砂的含水率变化范围为2.8%～7.1%，平均值为5.2%；密度变化范围为1.56～1.80g/cm³，平均值为1.70g/cm³；干密度变化范围为1.52～1.68g/cm³，平均值为1.62g/cm³；土粒相对密度为2.68；孔隙比变化范围为0.595～0.768，平均值为0.657；饱和度变化范围为10.1%～30.2%，平均值为21.2%。

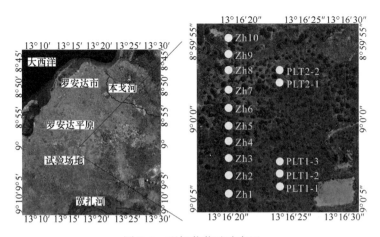

图 8.1 现场载荷试验布置

室内试验红砂的基本物理参数 表 8.1

指标	最小值	最大值	平均值	统计个数	标准差	变异系数
含水率（%）	2.8	7.1	5.2	30	1.10	0.04
密度（g/cm³）	1.56	1.80	1.70	30	0.05	0.002
干密度（g/cm³）	1.52	1.68	1.62	30	0.03	0.001
孔隙比	0.595	0.768	0.657	30	0.04	0.001
饱和度	10.1	32.0	21.2	30	5.04	0.17

8.1.1 固结试验

土的压缩特性是其典型特性，其表征参数主要有侧限变形模量（E_s）、压缩系数（a_v）、压缩模量（E_s）、体积压缩系数（m_v）和压缩指数（C_c）等。目前固结试验（侧限压缩试验）是测定土的压缩性的主要室内试验方法。

1. 试验步骤与方法

用金属环刀（内径 80mm，高 20mm）从原状土样切取试样，将试样连同环刀装入固结仪（侧限压缩仪）的内环中，然后分级施加荷载，每级荷载压力为 25kPa，每级压力施加后试样变形每小时变化不大于 0.01mm 时认为固结稳定，记录稳定读数并施加下一级荷载，试验最大加载压力为 200kPa。试验完成后按式（8.1）计算不同压力稳定后的孔隙比（e），按式（8.2）计算不同压力段的压缩系数（a_v），按式（8.3）计算不同压力段的压缩模量（E_s）。

$$e_i = \frac{H_i}{H_0}(1 + e_0) - 1 \tag{8.1}$$

式中，e_0 为试样的初始孔隙比；e_i 为第 i 级压力下的孔隙比；H_0 为试样的初始高度，本次试验为 20mm；H_i 为第 i 级压力下试样的稳定高度。

$$a_{vi} = \frac{e_i - e_{i+1}}{p_{i+1} - p_i} \tag{8.2}$$

式中，a_{vi} 为第 i 级至 $i+1$ 级压力下的压缩系数；p_i 为第 i 级的施加压力；p_{i+1} 为第 $i+1$

级的施加压力。

$$E_{si} = \frac{1 + e_0}{a_{vi}} \tag{8.3}$$

式中，E_{si} 为第 i 级至 $i+1$ 级压力下的变形模量。

2. 天然红砂的压缩特性

统计不同压力下红砂的压缩系数和压缩模量试验结果如表 8.2 所示。由表 8.2 可知不同压力段红砂的压缩系数随压力增加而减小，但压缩模量随压力增加而增加。如 0～50kPa 压力下红砂压缩系数的平均值为 0.32MPa^{-1}，压缩模量为 5.5MPa；50～100kPa 压力下红砂压缩系数的平均值为 0.26MPa^{-1}，压缩模量为 6.9MPa；100～200kPa 压力下压缩系数的平均值为 0.20MPa^{-1}，压缩模量为 9.2MPa。鉴于 100～200kPa 压力下压缩系数位于 0.1～0.5MPa^{-1} 之间，可判定红砂属于中等压缩性土。

天然红砂的压缩特性指标统计表　　　　　　　　　　表 8.2

指标	压力范围（kPa）	最小值	最大值	平均值	统计个数	标准差	变异系数
压缩系数 （MPa^{-1}）	0～50	0.17	0.45	0.32	30	0.07	0.21
	50～100	0.13	0.34	0.26	30	0.06	0.25
	100～200	0.07	0.31	0.20	30	0.06	0.28
压缩模量 （MPa）	0～50	3.7	9.5	5.5	30	1.28	0.23
	50～100	5.0	12.6	6.9	30	1.97	0.29
	100～200	5.5	23.4	9.2	30	3.74	0.41

3. 天然红砂压缩特性与物理指标的相关关系

鉴于 100～200kPa 压力下的压缩系数是评价压缩性的主要指标，分别统计 100～200kPa 压力下压缩系数与含水率、密度、干密度、孔隙比和饱和度等物理指标的相关关系，并进行函数拟合。

（1）压缩系数与含水率的对应关系

绘制 100～200kPa 压力下压缩系数与含水率的对应关系如图 8.2 所示。由图 8.2 可知

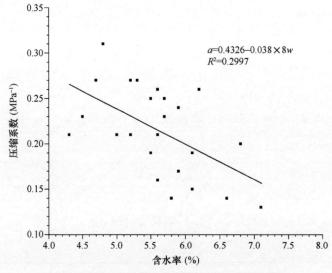

图 8.2　压缩系数与含水率对应关系及拟合曲线

红砂压缩系数整体上与含水率成反比关系，即压缩系数随含水率增加而线性减小，其可用线性函数进行拟合，拟合函数如式（8.4）所示，拟合优度 R^2 为 0.2997。

$$a = 0.4326 - 0.0388\omega$$
$$R^2 = 0.2977$$

（8.4）

（2）压缩系数与密度的对应关系

绘制 100～200kPa 压力下压缩系数与密度的对应关系如图 8.3 所示。由图 8.3 可知红砂压缩系数整体上与密度成反比关系，即压缩系数随密度增加而线性减小，其可用线性函数进行拟合，拟合函数如式（8.5）所示，拟合优度 R^2 为 0.5891。

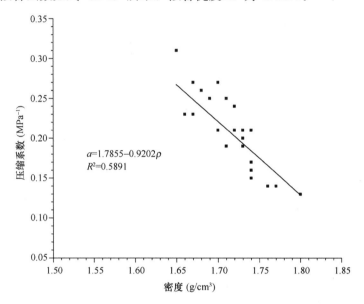

图 8.3 压缩系数与密度对应关系及拟合曲线

$$a = 1.7855 - 0.9202\rho$$
$$R^2 = 0.5891$$

（8.5）

（3）压缩系数与干密度的对应关系

绘制 100～200kPa 压力下压缩系数与干密度的对应关系如图 8.4 所示。由图 8.4 可知红砂压缩系数整体上与干密度成反比关系，即压缩系数随干密度增加而线性减小，其可用线性函数进行拟合，拟合函数如式（8.6）所示，拟合优度 R^2 为 0.6508。

$$a = 2.3011 - 1.2890\rho_{d}$$
$$R^2 = 0.6508$$

（8.6）

（4）压缩系数与孔隙比的对应关系

绘制 100～200kPa 压力下压缩系数与孔隙比的对应关系如图 8.5 所示。由图 8.5 可知红砂压缩系数整体上与孔隙比成正比关系，即压缩系数随孔隙比增加而线性增加，其可用线性函数进行拟合，拟合函数如式（8.7）所示，拟合优度 R^2 为 0.6586。

$$a = -0.6252 + 1.2817e$$
$$R^2 = 0.6586$$

（8.7）

（5）压缩系数与饱和度的对应关系

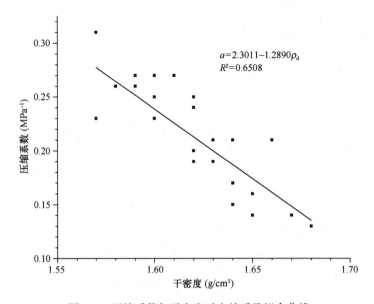

$a=2.3011-1.2890\rho_d$
$R^2=0.6508$

图 8.4　压缩系数与干密度对应关系及拟合曲线

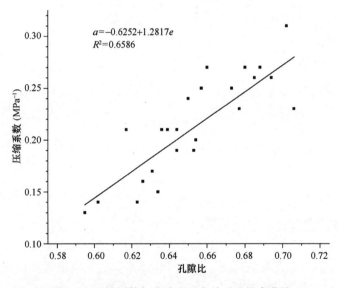

$a=-0.6252+1.2817e$
$R^2=0.6586$

图 8.5　压缩系数与孔隙比对应关系及拟合曲线

绘制 $100\sim200$kPa 压力下压缩系数与饱和度的对应关系如图 8.6 所示。由图 8.6 可知红砂压缩系数整体上与饱和度成反比关系，即压缩系数随孔隙比增加而线性减小，其可用线性函数进行拟合，拟合函数如式（8.8）所示，拟合优度 R^2 为 0.5286。

$$a = 0.4251 - 0.0103S_r$$
$$R^2 = 0.5286$$

(8.8)

4. 小结

综上，天然红砂在 $100\sim200$kPa 下的压缩系数为 0.20MPa^{-1}，可判定为中等压缩性土。天然状态下非洲红砂压缩系数与含水率、密度、干密度和饱和度均成反比关系，而与

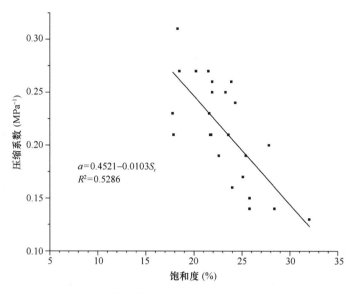

图 8.6　压缩系数与饱和度对应关系及拟合曲线

孔隙比成正比关系，其与干密度和孔隙比的相关性最好，拟合优度 R^2 最大，分别为 0.6508 和 0.6586。

8.1.2　直剪试验

由土力学抗剪强度理论可知，土的抗剪强度由内摩擦角 φ 和黏聚力 c 组成，可表示为式（8.9）。目前揭示土体抗剪强度指标的室内试验主要有直剪试验、三轴压缩试验和无侧限压缩试验，其中直剪试验具有仪器简单、操作方便，且获取抗剪强度指标方便等特点，其在工程上应用广泛。直剪试验又包括固结慢剪试验、固结快剪试验和快剪试验。根据第 4 章内容可知红砂的渗透系数较大，约为 10^{-5} cm/s 数量级，因此室内直剪试验可采用固结快剪试验。

$$\tau = c + \sigma\tan\varphi \qquad (8.9)$$

1. 试验方法与步骤

红砂原状试样采用工程地质钻探间隔 1m 取样，取样后用铁皮桶严密封装运回试验室。在试验室利用内径为 61.8mm、高 20mm 的环刀对不同深度土样取 4 个环刀试样。采用应变控制式四联电动直剪仪对 4 个平行环刀试样分别施加 50kPa、100kPa、150kPa 和 200kPa 的压力，施加每级压力达到固结稳定后进行快剪试验，保持剪切速率为 0.8mm/min，剪破时间约 5min。

2. 红砂抗剪强度特性

红砂直剪试验统计结果如表 8.3 所示。由表 8.3 可知天然红砂既具有粘结强度，又具有摩擦强度。红砂的内摩擦角 φ 的变化范围为 27.4°～41.7°，平均值为 30.8°，统计个数为 30，标准差为 2.8，变异系数为 0.09。黏聚力 c 变化范围为 5.7～81.2kPa，平均值为 23.1kPa，统计个数为 30，标准差为 16.2，变异系数为 0.54。红砂内摩擦角的标准差和变异系数均远小于黏聚力的标准差和变异系数，相差约 1 个数量级，因此可以推测红砂内摩擦角的离散性较小，而红砂黏聚力的离散性则较大，考虑到试验红砂土样的物理指标各不相同，因此可以进一步推测红砂内摩擦角受物理性质影响较小，而红砂黏聚力受物理性质影响较大。

天然红砂的抗剪强度指标统计表　　　　　　　　　　　　　　　表 8.3

指标	最小值	最大值	平均值	统计个数	标准差	变异系数
内摩擦角（°）	27.4	41.7	30.8	30	2.8	0.09
黏聚力（kPa）	5.7	81.2	23.1	30	16.2	0.54

3. 红砂黏聚力与物理指标的对应关系

鉴于黏聚力受物理指标影响较大，而内摩擦角则受物理指标影响较小，因此分别统计黏聚力与含水率、密度、干密度、孔隙比和饱和度等物理指标的相关关系，并进行函数拟合。

（1）黏聚力与含水率的相关关系

绘制黏聚力与含水率的对应关系如图 8.7 所示。由图 8.7 可知红砂黏聚力与含水率无明显关系，但当含水率小于 4% 时，存在黏聚力极大值，其最大值可达 81.2kPa。

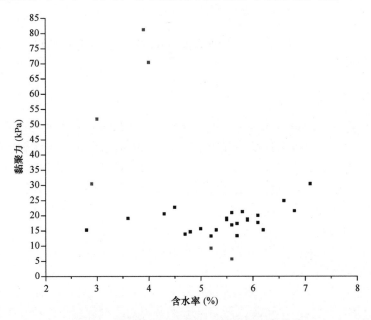

图 8.7　黏聚力与含水率相关关系及拟合曲线

（2）黏聚力与密度的相关关系

绘制黏聚力与密度的相关关系如图 8.8 所示。由图 8.8 可知红砂黏聚力整体上与密度成正比关系，即黏聚力随密度增加而线性增加。在去除一些极大值和极小值的条件下对其进行线性函数拟合，拟合函数如式（8.10）所示，拟合优度 R^2 为 0.4994。此外，黏聚力极大值也与密度成正相关关系，其随密度的增加而线性增加。

$$c = 69.6152\rho - 100.3514$$
$$R^2 = 0.4994$$

（8.10）

（3）黏聚力与干密度的相关关系

绘制黏聚力与干密度的相关关系如图 8.9 所示。由图 8.9 可知红砂黏聚力整体上与干

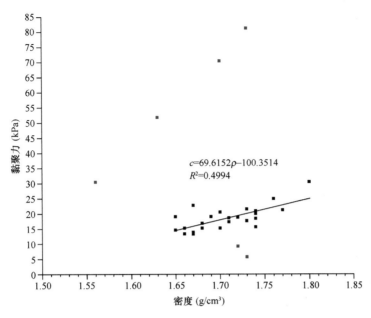

图 8.8　黏聚力与密度相关关系及拟合曲线

密度成正比关系，即黏聚力随干密度增加而线性增加。在去除一些极大值和极小值的条件下对其进行线性函数拟合，拟合函数如式（8.11）所示，拟合优度 R^2 为 0.4565。此外，黏聚力极大值也与干密度的成正相关关系，其随干密度的增加而线性增加。

$$c = 89.1246\rho_\mathrm{d} - 125.7458$$
$$R^2 = 0.4565$$

(8.11)

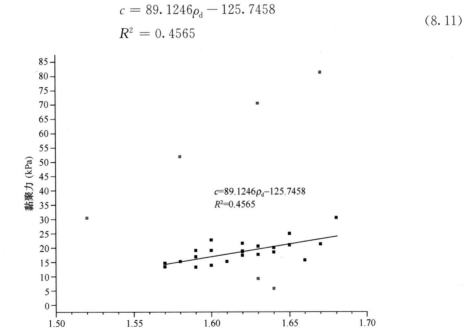

图 8.9　黏聚力与干密度相关关系及拟合曲线

（4）黏聚力与孔隙比的相关关系

　　绘制黏聚力与孔隙比的相关关系如图 8.10 所示。由图 8.10 可知红砂黏聚力整体上与孔隙比成反比关系，即黏聚力随孔隙比增加而线性减小。在去除一些典型异常点的条件下对其进行线性函数拟合，拟合函数如式（8.12）所示，拟合优度 R^2 为 0.4584。此外，黏聚力极大值也与孔隙比的成负相关关系，其随孔隙比的增加而线性减小。

$$c = 76.4408 - 88.3771e$$
$$R^2 = 0.4584$$

(8.12)

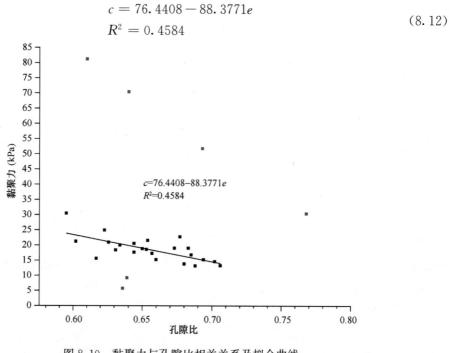

图 8.10　黏聚力与孔隙比相关关系及拟合曲线

（5）黏聚力与饱和度的相关关系

绘制黏聚力与饱和度的相关关系如图 8.11 所示。由图 8.11 可知红砂黏聚力与饱和度

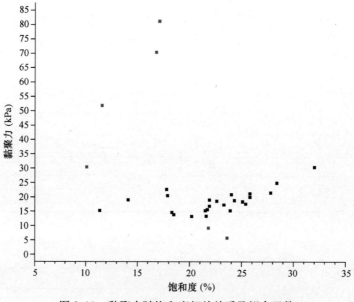

图 8.11　黏聚力随饱和度相关关系及拟合函数

无明显关系，但当饱和度小于 20% 时，存在黏聚力极大值，其最大值可达 81.2kPa。

4. 小结

综上，不同于一般砂土，天然非洲红砂既有黏聚力，又有内摩擦角的存在，其中内摩擦角变化较小，但黏聚力受物理指标影响较大。天然状态下黏聚力与密度和干密度均成正比关系，而与孔隙比成反比关系，其与饱和度和含水率的相关关系无明显特征，但当含水率和饱和度较小时，存在黏聚力极大值。黏聚力与密度、干密度和孔隙比的拟合优度 R^2 基本相等，分别为 0.4994、0.4565 和 0.4584。因此，本节认为红砂的基本物理性质对其抗剪强度影响较大，其中存在关键含水率，当含水率大于关键含水率时，黏聚力急剧降低。

8.1.3　浅层平板载荷试验

1. 试验方法与步骤

浅层平板载荷试验选择面积为 0.25m² （直径 564mm）的圆形板作为承压板，堆载提供反力，千斤顶施加荷载，并采用百分表测读地基变形。试验过程严格按照《建筑地基基础设计规范》GB 50007—2002 的有关规定执行，采用分级维持荷载沉降相对稳定法（常规慢速法）进行试验，每级荷载下的沉降相对稳定标准为连读 2h 的每小时沉降量小于等于 0.1mm。试验加载完成后的卸载，每级荷载维持 1h，按第 15min、30min、60min 测读沉降量后，即卸下一级荷载。卸载至零后，维持时间为 3h，测读时间为第 15min、30min，以后每隔 30min 测读一次。

当出现下列情况之一时，即可终止加载：

（1）承压板周围的土明显地被侧向挤出；

（2）沉降 s 急骤增大，荷载-沉降（p-s）曲线出现陡降段；

（3）在某一级荷载下，24h 内沉降速率不能达到稳定；

（4）沉降量与承压板直径之比大于或等于 0.06。

当满足前三种情况之一时，其对应的前一级荷载定为极限荷载。承载力特征值按下列方法确定：

（1）当 p-s 曲线上有比例界限时，取该比例界限所对应的荷载值；

（2）当极限荷载小于对应比例界限荷载值的 2 倍时，取极限荷载值的一半；

（3）当不能按上述两条要求确定时，取 s/d=0.01 所对应的荷载，但其值不应大于最大加载值的一半。

2. 试验方案设计

在红砂场地共开展 10 组天然状态下红砂地基的现场载荷试验，载荷板为圆形，直径为 0.56m，面积为 0.25m²，现场载荷试验典型照片如图 8.12 所示。不同载荷试验均是分级加载，但不同载荷试验的分级荷载不同，其中 ZH1、ZH3、ZH5 和 ZH6 试验每级荷载增量均为 50kPa，ZH2 和 ZH4 试验每级荷载增量均为 30kPa，ZH7、ZH10、ZH11 和 ZH12 试验每级荷载增量均为 80kPa。鉴于试验现场条件有限，试验最大加载为 650kPa。试验开始前分别通过钻探取样和室内试验测试试验场地的天然含水率与干密度。不同试验对应的含水率与干密度如表 8.4 所示。从表 8.4 可知试验场地天然红砂的含水率变化范围为 3.4%～6.1%，天然干密度变化范围为 1.54～1.72g/cm³。

图 8.12　现场载荷试验典型照片

3. 试验结果分析

绘制不同载荷试验的 p-s 曲线如图 8.13 所示。由图 8.13 可知不同载荷试验 p-s 曲线特征相差较大，可分为以下两种类型。

（1）p-s 曲线包含直线段和曲线段（如 ZH2、ZH3、ZH5、ZH6 试验）

其在试验开始阶段，红砂地基沉降量随压力增加而线性增加，随后地基沉降量随压力增加而加速增大，表明地基进入局部减损阶段；由于最大加压荷载有限，地基最后未出现明显的破坏阶段。不同试验获取的比例极限荷载分析如下，ZH2 试验获取的比例极限荷载为 330kPa，ZH3 试验获取的比例极限荷载为 150kPa，ZH5 试验获取的比例极限荷载为 500kPa，ZH6 获取的比例极限荷载为 300kPa；不同载荷试验的比例极限荷载均小于沉降量 $s/d=0.010$ 对应的荷载，因此可取比例极限荷载作为地基承载力特征值。

（2）p-s 曲线包含直线段、曲线破坏段（如 ZH1、ZH4、ZH7、ZH8、ZH9 和 ZH10 试验）

试验过程中红砂地基除了出现上述压密变形阶段和局部减损阶段外，还出现明显的破坏阶段。不同试验获取的比例极限荷载和极限荷载分析如下，ZH1 获取的比例极限荷载为 100kPa，获取的极限荷载为 200kPa；ZH4 获取的比例极限荷载为 120kPa，获取的极限荷载为 210kPa；ZH7 获取的比例极限荷载为 120kPa，获取的极限荷载为 240kPa；ZH8 获取的比例极限荷载为 120kPa，获取的极限荷载为 240kPa；ZH9 获取的比例极限荷载为 80kPa，获取的极限荷载为 240kPa；ZH10 获取的比例极限荷载为 120kPa，获取的极限荷载为 240kPa。

因此，根据《建筑地基基础设计规范》GB 50007—2002，不同载荷试验获取的地基承载力特征值如表 8.4 所示，从表 8.4 可知不同试验的地基承载力特征值：ZH1 为 100kPa，ZH2 为 330kPa，ZH3 为 150kPa，ZH4 为 120kPa，ZH5 为 500kPa，ZH6 为 300kPa，ZH7 为 120kPa，ZH8 为 120kPa，ZH9 为 80kPa，ZH10 为 120kPa。

此外，根据《工程地质手册》（第四版），采用公式（8.13）计算不同浅层平板载荷试验对应的变形模量 E_0（MPa）。试验均取比例极限荷载的压力和对应沉降量，计算 10 组不同载荷试验对应的变形模量如表 8.4 所示。从表 8.4 可知不同试验的变形模量：ZH1 为 25.0MPa，ZH2 为 46.0MPa，ZH3 为 26.0MPa，ZH4 为 27.4MPa，ZH5 为 47.9MPa，ZH6 为 37.5MPa，ZH7 为 8.2MPa，ZH8 为 51.6MPa，ZH9 为 10.9MPa，ZH10 为 29.1MPa。

$$E_0 = I_0(1 - \nu^2)\frac{pd}{s}$$ (8.13)

式中 I_0——承压板系数，圆形取 0.785，方形取 0.886；

ν——土的泊松比，砂土取 0.30，本次取 0.30；

p——p-s 曲线线性段压力（kPa）；

s——与 p 对应的沉降（mm）；

d——承压板直径（m）。

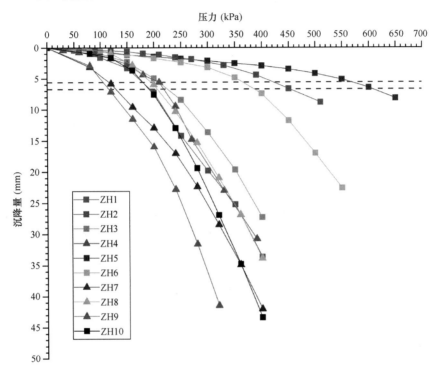

图 8.13 天然红砂不同载荷试验 p-s 曲线（彩图见文末）

试验场地红砂基本物理性质与承载特性 表 8.4

试验编号	含水率（%）	干密度（g/cm³）	地基承载力（kPa）	变形模量（MPa）
ZH1	5.6	1.61	100	25.0
ZH2	4.1	1.74	330	46.0
ZH3	4.3	1.62	150	26.0
ZH4	6.1	1.65	120	27.4
ZH5	3.7	1.71	500	47.9
ZH6	3.4	1.68	300	37.5
ZH7	5.0	1.60	120	8.2
ZH8	4.1	1.63	120	51.6
ZH9	5.4	1.54	80	10.9
ZH10	5.2	1.62	120	29.1

4. 天然红砂地基承载特性与物理性质对应关系

不同红砂场地的干密度和含水率相差较大，为确定含水率和干密度对红砂场地地基承载特性的影响规律，分别研究地基承载力及变形模量随干密度和含水率的对应关系。

（1）地基承载力与含水率变化关系

绘制天然红砂地基承载力与含水率的对应关系如图 8.14 所示。从图 8.14 可知地基承载力整体上与含水率成反比关系，即地基承载力随含水率增加而迅速减小。但当含水率较小时，地基承载力对含水率更加敏感，如含水率从 3.7% 增加至 4.3% 时，地基承载力即从 500kPa 降低为 150kPa，即含水率增加了 0.4%，而地基承载力降低了 350kPa；当含水率从 4.3% 增加至 6.1% 时，地基承载力从 150kPa 降低为 120kPa，即含水率增加了 1.8%，而地基承载力仅降低了 30kPa。对地基承载力与含水率进行指数函数拟合，拟合优度 R^2 为 0.8542。

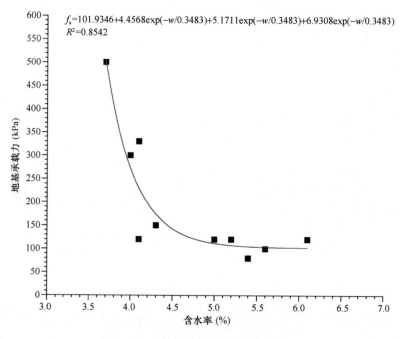

图 8.14　地基承载力与含水率对应关系

（2）地基承载力随干密度变化关系

绘制天然红砂地基承载力随干密度的变化曲线如图 8.15 所示。从图 8.15 可知地基承载力与干密度成正比关系，其随干密度增加而增加。但当干密度较大时，地基承载力对干密度更加敏感，当干密度从 1.65g/cm³ 增加至 1.72g/cm³ 时，地基承载力特征值从 120kPa 增加至 500kPa，即干密度增加 0.07g/cm³ 时，地基承载力增加了 380kPa；而当干密度从 1.54g/cm³ 增加至 1.65g/cm³ 时，地基承载力特征值从 80kPa 增加至 120kPa，即干密度增加 0.11g/cm³ 时，地基承载力特征值仅增加了 40kPa。地基承载力特征值与干密度关系可以二次函数拟合，拟合优度 R^2 为 0.7280。

（3）地基变形模量与含水率变化关系

绘制天然红砂地基变形模量与含水率的对应关系如图 8.16 所示。从图 8.16 可知地基

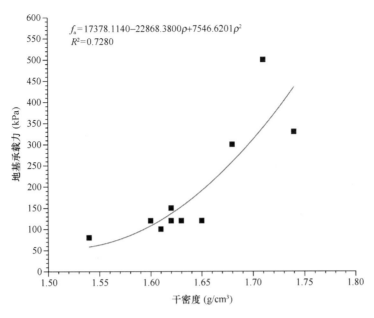

图 8.15　地基承载力与干密度对应关系

变形模量整体上与含水率成反比关系，即地基变形模量随含水率增加而减小。但当含水率较小时，地基变形模量对含水率更加敏感，如含水率从 4.0％增加至 4.3％时，地基承载力即从 57MPa 降低为 26MPa，即含水率增加了 0.3％，而地基变形模量降低了 31MPa；当含水率从 4.3％增加至 5.7％时，地基变形模量从 26MPa 降低为 24MPa，即含水率增加了 1.4％，而地基变形模量仅降低了 2MPa。

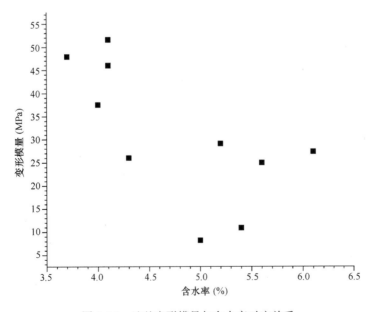

图 8.16　地基变形模量与含水率对应关系

（4）地基变形模量与干密度变化关系

绘制天然红砂地基变形模量与干密度的对应关系如图 8.17 所示。从图 8.17 可知地基变形模量整体上与干密度成正比关系，即地基变形模量随含水率增加而线性增加。其相关关系可用线性函数进行拟合，拟合函数如式（8.14）所示，拟合优度 R^2 为 0.9429。

$$E_0 = 186.6458\rho - 276.0407$$
$$R^2 = 0.9429$$

(8.14)

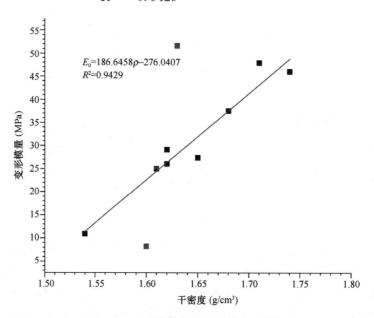

图 8.17　变形模量与干密度对应关系

8.1.4　深层平板载荷试验

为确定不同深度红砂地基的承载特性，揭示深度对红砂地基的影响规律，分别在试验场地开展深度 1.5m 和深度 3.0m 的红砂地基深层平板载荷试验。

1. 试验方法与步骤

深层平板载荷试验采用面积为 0.5m² （直径 564mm）的圆形板作为承压板，试验承压板布置在直径 0.9m 的探井中，探井采用人工开挖，试验深度分别为 1.5m 和 3.0m。人工探井开挖到试验深度后立即安装设备开始试验。试验设备采用传力柱形式将承压板与传力柱刚性连接后吊装布置在探井中，传力柱上部设置 0.25m² 的圆形承压板并在承压板上安放千斤顶、百分表等试验装置（图 8.18），整个试验过程满足《建筑地基基础设计规范》GB 50007—2011 的要求，即每级荷载下的沉降相对稳定标准为连读 2h 每小时沉降量小于等于 0.1mm。

当出现下列情况之一时，即可终止加载：

（1）沉降 s 急骤增大，荷载-沉降（p-s）曲线上有可判断极限承载力的陡降段，且沉降量超过 0.04d（d 为承压板直径）；

（2）在某一级荷载下，24h 内沉降速率不能达到稳定；

（3）本级沉降量大于前一级沉降量的 5 倍；

当满足三种情况之一时，其对应的前一级荷载定为极限荷载。承载力特征值按下列方法确定：

（1）当 $p\text{-}s$ 曲线上有比例界限时，取该比例界限所对应的荷载值；

（2）当极限荷载小于对应比例界限的荷载值的2倍时，取极限荷载值的一半；

（3）当不能按上述两条要求确定时，取 $s/d=0.01$ 所对应的荷载，但其值不应大于最大加载量的一半。

图8.18　深层载荷试验现场照片

探井开挖过程中分别测试深度1.5m和深度3.0m红砂地基的基本物理指标，得出深度1.5m红砂地基含水率 $w=2.9\%$，干密度 $\rho_d=1.60\text{g/cm}^3$，颗粒相对密度 $G_s=2.71$；深度3.0m红砂含水率为 $w=4.6\%$，干密度 $\rho_d=1.60\text{g/cm}^3$，颗粒相对密度 $G_s=2.71$。

2. 试验结果与分析

绘制不同深度平板载荷试验 $p\text{-}s$ 曲线如图8.19所示。从图8.19可知，深度1.5m红砂地基 $p\text{-}s$ 曲线仅包括一个阶段，即比例变形阶段，表明在当前最大荷载下红砂地基未出现剪切变形阶段和破坏阶段。深度3.0m红砂地基 $p\text{-}s$ 曲线包括两个阶段，即比例变形阶段和剪切变形阶段，表明当前最大荷载下红砂地基未出现明显的破坏阶段。根据《建筑地基基础设计规范》GB 50007—2011取 $s/d=0.01$ 对应沉降的承载力为地基承载力特征值，从图8.19可知，深度1.5m红砂地基承载力特征值可取350kPa，深度3m红砂地基承载

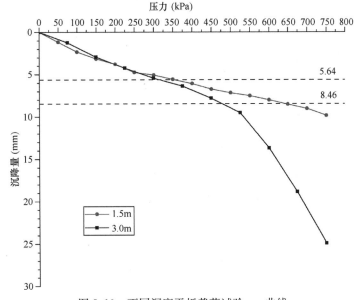

图8.19　不同深度平板载荷试验 $p\text{-}s$ 曲线

力特征值可取 300kPa。

　　对比深度 1.5m 和深度 3.0m 地基承载力特征值，发现深度 3.0m 处红砂地基承载力特征值小于深度 1.5m 处红砂地基承载力特征值，分析其原因可能是深度 1.5m 处红砂地基含水率较小，为 2.9%，而深度 3.0m 红砂地基含水率较大，为 4.6%，较大的含水率导致红砂地基承载力大大降低，并超过深度增加引起的承载力增加值。从图 8.14 可知红砂地基在含水率较小时承载力对含水率非常敏感，当红砂含水率小于 4.5% 时，红砂地基承载力特征值随含水率增加而降低，且降低速率较快，而当含水率大于 4.5% 时，地基承载力特征值基本不变并大约维持在 120kPa。因此，为了揭示不同深度地基承载力变化特征，确定红砂地层承载力深度修正系数，需要确保红砂地层的含水率保持一致。

8.2　增湿条件下非洲红砂的变形与强度特性

　　天然状态红砂的室内试验和现场载荷试验表明，红砂的变形与强度特性受含水率和干密度影响较大。为进一步揭示红砂变形及强度特性与含水率、干密度、细粒土含量等因素对红砂变形与强度的影响规律，选择典型试验场地进行钻探取样并开展不同条件下的室内试验，测试含水率、结构性、干密度、细粒土含量等对红砂抗剪强度的影响规律。此外，为揭示不同含水率对红砂地基变形与强度的影响规律，在如图 8.1 所示试验场地南部开展 2 组增湿条件下的（PLT1 和 PLT2）浅层平板载荷试验。

8.2.1　不同条件下的抗剪强度指标

　　工程上黏聚力 c 和内摩擦角 φ 两个抗剪强度指标是土力学性质的重要指标，土的抗剪强度指标 c 和 φ 的大小反映了土的抗剪强度的高低。$\tan\varphi = f$ 为土的内摩擦系数，$\sigma\tan\varphi$（σ 为正应力）则为土的内摩擦力，通常由两部分组成，一部分为剪切面上颗粒与颗粒接触面所产生的摩擦力；另一部分则是由颗粒之间的相互嵌入和联锁作用产生的咬合力。黏聚力 c 是由于黏土颗粒之间的胶结作用，结合水膜以及分子引力作用等构成的。影响土的抗剪强度的因素是多方面的，主要有下述几个方面：①土粒的矿物成分、形状、颗粒大小与颗粒级配。土的颗粒越粗，形状越不规则，表面越粗糙，φ 越大，摩擦力越大，抗剪强度也越高。黏土矿物成分不同，其黏聚力也不同。土中含有多种胶合物，可使 c 增大。②土的密度。土的初始密度越大，土粒间接触较紧，土粒表面摩擦力和咬合力也越大，剪切试验时需要克服这些土的剪力也越大。黏性土的紧密程度越大，黏聚力 c 值也越大。③含水率。土中含水率的多少，对土抗剪强度的影响十分明显。土中含水率大时，会降低土粒表面上的摩擦力，使土的内摩擦角 φ 值减小；黏性土含水率增高时，会使结合水膜加厚，因而也就降低了黏聚力。④土体结构的扰动情况。黏性土的天然结构如果被破坏时，其抗剪强度就会明显下降，原状土的抗剪强度高于同密度和含水率的重塑土。

　　通常认为砂土是没有黏聚力的，但非洲红砂中含有细颗粒土，天然条件下具有一定的直立高度，表明其不同于一般砂土，具有特殊性。为研究不同条件下砂土的力学性能，本次研究进行了一系列的直接剪切试验，讨论含水率、结构、密度和颗粒组成等对抗剪强度指标的影响。

1. 含水率对抗剪强度指标的影响

为研究含水率对红砂抗剪强度指标的影响，在取土坑一和取土坑二中采取不扰动试样（编号分别为 QT2-S1 和 QT1-S1，属棕红色②层粉砂），采用风干或滴水的方法配制不同含水率试样进行直接剪切试验，试验结果如表 8.5 所示。根据试验结果绘制的抗剪强度指标随含水率变化散点图如图 8.20 所示，抗剪强度随含水率变化情况如图 8.21 所示。

抗剪强度指标随含水率变化试验数据（不扰动土）　　　　　　　　表 8.5

土样编号	含水率（%）	干密度（g/cm³）	黏聚力 c（kPa）	内摩擦角 φ（°）	不同垂直压力下抗剪强度（kPa）			
					50kPa	100kPa	150kPa	200kPa
QT1-S1	2.0	1.61	25	36.4	61	98	138	171
	3.0	1.61	11	40.3	51	102	135	182
	4.0	1.62	26	40.9	65	124	147	202
	5.0	1.63	6	33.3	40	70	105	149
	6.0	1.62	18	27.0	43	73	87	123
	7.0	1.63	9	30.3	38	70	95	127
	9.0	1.63	16	25.5	40	62	93	109
	11.0	1.60	6	30.1	36	64	92	123
	13.0	1.61	3	31.5	36	63	93	128
QT2-S1	2.0	1.62	48	36.9	90	120	151	205
	3.0	1.63	47	35.9	79	135	136	200
	4.0	1.64	80	29.6	99	154	158	192
	5.0	1.62	0	37.5	38	75	115	198
	6.0	1.63	22	26.5	47	73	93	123
	7.0	1.64	0	33.3	34	65	94	134
	9.0	1.64	8	30.2	36	70	93	125
	11.0	1.65	7	29.2	36	65	87	122
	13.0	1.66	8	30.2	36	70	93	125

根据试验结果，棕红色粉砂在低含水率条件下具较大的黏聚力和内摩擦角，随着含水率的增加，均呈降低趋势，含水率增大到 13% 时，黏聚力几乎消失，内摩擦角维持在 30° 左右。不同垂直压力下的抗剪强度也表现较为一致的规律，即随含水率的增加，抗剪强度降低，在含水率 7% 之前，抗剪强度随含水率增加减小的幅度较大，含水率 7% 之后，抗剪强度减小的趋势已不明显。需要注意的是，进行固结快剪时需先施加垂直荷载，由于土的软化，在高含水率时会发生较大的沉降变形，土试样的密度已发生较大改变，因此在高含水率下的抗剪强度测试结果可能偏大；垂直压力越小，固结后对土密度的改变相对要小，抗剪强度误差应该更小，图 8.21 中绘制了 50kPa 垂直压力下的抗剪强度随含水率变化的趋势线，QT1-S1 和 QT2-S1 在含水率 13% 时的抗剪强度仅为含水率 2% 时的 0.6 倍和 0.4 倍，表明含水率对棕红色粉砂的力学性能（承载力）有较大影响。

不同含水率下剪切试验的应力-应变关系曲线也具有明显区别，如图 8.22 所示，在低含水率条件下，应力-应变关系类型为典型应变软化型（密砂的曲线形态）；而在高含水率

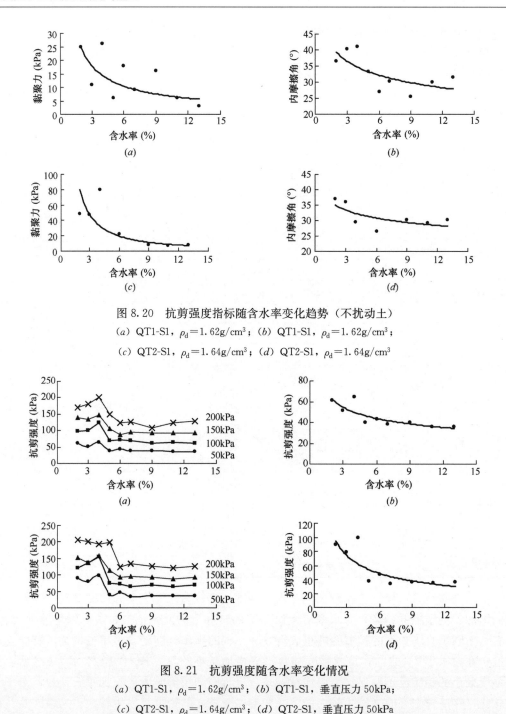

图 8.20　抗剪强度指标随含水率变化趋势（不扰动土）

(a) QT1-S1，$\rho_d=1.62\mathrm{g/cm^3}$；(b) QT1-S1，$\rho_d=1.62\mathrm{g/cm^3}$；

(c) QT2-S1，$\rho_d=1.64\mathrm{g/cm^3}$；(d) QT2-S1，$\rho_d=1.64\mathrm{g/cm^3}$

图 8.21　抗剪强度随含水率变化情况

(a) QT1-S1，$\rho_d=1.62\mathrm{g/cm^3}$；(b) QT1-S1，垂直压力 50kPa；

(c) QT2-S1，$\rho_d=1.64\mathrm{g/cm^3}$；(d) QT2-S1，垂直压力 50kPa

条件下，应力-应变关系在向应变强化型（松砂的曲线形态）过渡，低垂直压力下为应变软化型，高垂直压力下为应变强化型。

2. 结构性对抗剪强度指标的影响

在 SN1 和 SN5 钻孔中采取不扰动土样，进行了不扰动土和重塑土的固结快剪试验，分层统计结果见表 8.6。根据统计结果，总体上钻孔重塑土的黏聚力 c 和内摩擦角 φ 均比

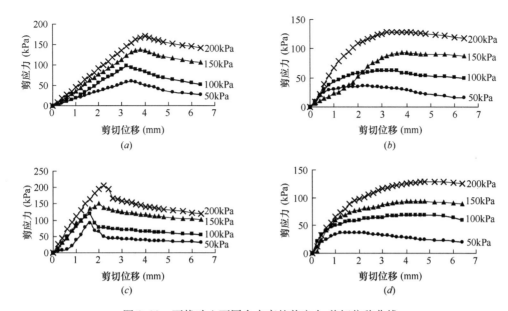

图 8.22　不扰动土不同含水率的剪应力-剪切位移曲线

(a) QT1-S1，w=2.0%；(b) QT1-S1，w=13.0%；(c) QT2-S1，w=2.0%；(d) QT2-S1，w=13.0%

不扰动土低，对应 50kPa 垂直压力，②层粉砂，③₁层、③₂ 层重塑土的抗剪强度分别是不扰动土的 0.86、0.74 和 0.81 倍。图 8.23 为代表性土的应力-应变曲线，对不扰动土②层粉砂在低垂直压力下曲线主要呈应变软化型，高压力下呈应变强化型，③₁层、③₂ 层粉砂主要呈应变软化型；②层、③₁层、③₂ 层重塑土粉砂均主要表现为低垂直压力下的应变软化型和高垂直压力下的应变强化型。

钻孔土抗剪强度指标分层统计结果　　　　　　　　　　　　　　　　表 8.6

层号	值别	含水率（%）	干密度（g/cm³）	不扰动土		重塑土	
				黏聚力（kPa）	内摩擦角（°）	黏聚力（kPa）	内摩擦角（°）
②层粉砂	范围值	3.9~8.4	1.53~1.84	4~50	23.9~35.8	0~38	16.6~35.3
	平均值	5.9	1.67	18	32.4	14	29.8
	统计频数	17	17	15	15	17	17
③₁层粉砂	范围值	6.8~7.2	1.57~1.72	18~81	30.4~32.5	13~40	29.3~34.1
	平均值	7.1	1.66	42	31.4	24	30.7
	统计频数	4	4	5	5	5	5
③₂层粉砂	范围值	5.7~9.3	1.80~1.91	4~77	31.4~42.5	17~65	30.5~33.7
	平均值	7.2	1.83	38	37.5	31	31.7
	统计频数	4	4	4	4	4	4

由于含水率也是影响非洲红砂力学性质的重要因素，为研究不同含水率条件下的原状土、重塑土区别，在取土坑一中采取不扰动试样和扰动试样（试样编号 QT2-S2），采用风

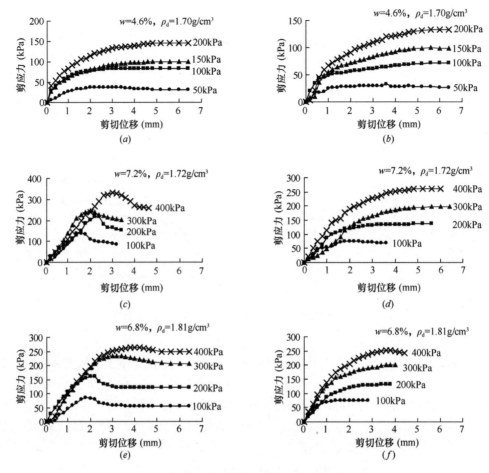

图 8.23　钻孔土代表性土样剪切应力-应变曲线

(a) SN2-1，不扰动土；(b) SN2-1，重塑土；(c) SN2-11，不扰动土；(d) SN2-11，重塑土；
(e) SN2-14，不扰动土；(f) SN2-14，重塑土

干（烘干）和滴水法配制不同的含水率红砂土样进行固结快剪试验，试验结果如表 8.7 所示，据此绘制的抗剪强度指标随含水率变化散点图及趋势线如图 8.24 所示。

不同含水率条件的不扰动土、重塑土抗剪强度比较　　　　　　　　表 8.7

试验编号	含水率（％）	干密度（g/cm³）	黏聚力（kPa）	内摩擦角（°）	不同垂直压力下抗剪强度（kPa）			
					50kPa	100kPa	150kPa	200kPa
QT2-S2 不扰动土	0.3	1.66	44	36	79	122	145	193
	1.7	1.66	36	34.7	70	70	107	136
	3.7	1.57	17	35.7	52	90	122	162
	5.9	1.61	17	29.4	45	73	104	129
	6.8	1.63	8	31.9	39	72	98	134
	7.7	1.62	2	32.9	34	70	93	136
	9.9	1.65	1	32.5	32	68	80	134
	17.5	1.60	0	28.5	27	54	80	109

续表

试验编号	含水率（%）	干密度（g/cm³）	黏聚力（kPa）	内摩擦角（°）	不同垂直压力下抗剪强度（kPa）			
					50kPa	100kPa	150kPa	200kPa
QT2-S2 重塑土	0.4	1.66	29	43.5	69	135	176	214
	1.1	1.63	24	44.7	69	128	180	216
	3.7	1.58	6	34.1	49	85	116	151
	5.9	1.62	12	27.4	37	64	91	114
	6.8	1.63	5	27.3	31	58	82	109
	7.7	1.62	0	31.3	31	62	87	124
	9.9	1.65	8	23.8	27	55	78	93
	15.6	1.62	10	26.1	35	58	82	109

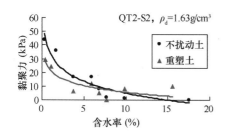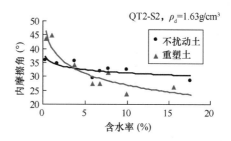

图 8.24　不同含水率条件的不扰动土、重塑土抗剪强度指标对比

从图 8.24 可以看出，重塑土的黏聚力 c 一般要比不扰动土小；低含水率条件下，重塑土的内摩擦角比不扰动土大，而高含水率条件下，不扰动土的内摩擦角相对重塑土小。表明重塑土颗粒间的胶结作用要比不扰动土低。颗粒间的咬合和摩擦作用，在含水率较低时，重塑土较好；含水率较大时，不扰动土较好。据此可解释湿陷试验中相对于不扰动土，重塑土天然含水率条件下沉降变形小，饱和含水率条件下沉降变形大（图 6.10 中 A 类、B 类曲线）的现象。此外，相对于重塑土，不扰动土内摩擦角随含水率的不同变化幅度更小。

3. 干密度对抗剪强度指标的影响

为研究干密度对抗剪强度指标的影响，并考虑在不同含水率条件下干密度对抗剪强度指标影响可能不同，在取土坑一和取土坑二中采取扰动土样（编号分别在 QT2-S3 和 QT1-S3），配制干密度 1.40g/cm³、1.60g/cm³ 和 1.80g/cm³ 试样，分别进行 4% ～ 12% 不同含水率条件下的固结快剪试验，试验成果如表 8.8 所示，为直观比较不同干密度、含水率条件的抗剪强度指标，绘制了两组试样在 50kPa 垂直压力下的抗剪强度等值线图如图 8.25 和图 8.26 所示。

根据试验结果，随着干密度的增大，非洲红砂的抗剪强度也增大，增加幅度在低含水率条件较大，如在含水率 4%，垂直压力 50kPa 条件下，干密度 1.80g/cm³ 试样的抗剪强度分别是干密度 1.40g/cm³、1.60g/cm³ 试样抗剪强度的 2.8 倍和 2.1 倍；但在较大含水率条件（大于 7%）下，干密度从 1.40g/cm³ 增大到 1.80g/cm³，抗剪强度增长的幅度较小。

不同干密度条件下的抗剪强度指标试验结果（一）　　　　　　表 8.8

试验编号	含水率（%）	干密度 1.40g/cm³		干密度 1.60g/cm³		干密度 1.80g/cm³	
		黏聚力（kPa）	内摩擦角（°）	黏聚力（kPa）	内摩擦角（°）	黏聚力（kPa）	内摩擦角（°）
QT1-S3重塑土	12.0	0	33.3	7	26.2	2	31.3
	10.0	4	29.3	4	29.1	8	30.8
	8.0	4	28.3	5	29.5	5	30.8
	6.0	3	29.9	11	28.5	10	37.6
	4.0	10	29.5	24	33.9	73	38.4
QT2-S3重塑土	12.0	4	25.4	4	27.9	3	30.4
	10.0	7	28.5	9	25.7	9	30.8
	8.0	7	28.5	3	26.0	14	29.0
	6.0	11	25.3	8	29.0	14	33.1
	4.0	8	33.7	31	30.8	74	33.7

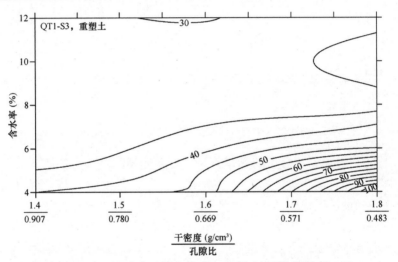

图 8.25　不同干密度试样在 50kPa 垂直压力下抗剪强度（一）

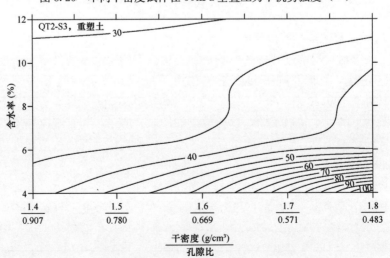

图 8.26　不同干密度试样在 50kPa 垂直压力下抗剪强度（二）

工程实践表明，分布于地表附近的棕红色非洲红砂经压实后均有较好的工程性质，在当地常被用作建筑和道路换填垫层法的材料，研究更大干密度条件下的非洲红砂的抗剪力学性质指标，具有重要的意义。鉴于上述干密度对抗剪强度指标影响试验中，采用静力压入法制作试样难以获得干密度超过 $1.80g/cm^3$ 的试样，为此在取土坑一中另取扰动试样（编号 QT2-S4）采用静力压入法和击实土样开环刀方法制作了含水率 6.8%，干密度为 $1.32\sim2.12g/cm^3$ 的系列试样，进行抗剪强度试验，试验结果如表 8.9 所示，按此绘制的抗剪强度指标随干密度变化散点图及趋势线如图 8.27 所示。

不同干密度条件下的抗剪强度指标试验结果（二）　　　　表 8.9

试验编号	含水率（%）	干密度（g/cm³）	黏聚力（kPa）	内摩擦角（°）	不同垂直压力下抗剪强度（kPa）			
					50kPa	100kPa	150kPa	200kPa
QT2-S4 重塑土	6.8	1.32	2	28.3	29	56	80	111
	6.8	1.42	3	30.1	34	60	87	120
	6.8	1.52	6	29.9	34	66	91	122
	6.8	1.62	12	27.0	38	64	84	116
	6.8	1.72	14	29.7	41	72	100	127
	6.8	1.82	20	28.4	47	75	99	129
	6.8	1.92	23	32.0	51	90	118	145
	6.8	2.02	33	40.1	70	122	165	196
	6.8	2.12	32	46.8	87	135	193	245

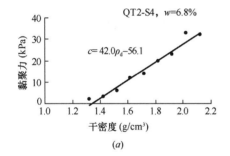 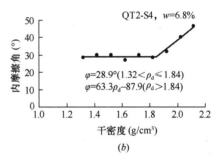

图 8.27　重塑土抗剪强度指标随干密度变化趋势

在含水率 6.8% 条件下，随着干密度的增加，黏聚力呈线性增加，但内摩擦角存在明显分段性，在干密度小于 $1.84g/cm^3$ 时，内摩擦角变化幅度很小，在 28.9° 左右，但干密度大于 $1.84g/cm^3$（砂的相对密度试验确定的最大干密度见表 3-8）后，内摩擦角也随干密度的增加而线性增加。参照《建筑地基处理技术规范》JGJ 79—2002，换填垫层法采用棕红色粉砂作为换填材料，若压实系数 λ_c 对应轻型击实试验取 0.97，对应重型击实试验取 0.94，则换填压实土的干密度分别为 $1.90g/cm^3$ 和 $1.99g/cm^3$（击实试验最大干密度见图 3.14），对应黏聚力、内摩擦角分别为（24kPa，32°）和（28kPa，38°），前者的抗剪力学指标相较天然土（表 8.5）提高的幅度不是太大，从这个意义上讲，宜采用重型击实试验确定换填垫层法地基处理的压实标准。

4. 细粒土含量对抗剪强度指标的影响

为研究颗粒粒径小于 0.075mm 细粒土含量对抗剪强度指标的影响，在取土坑一、二中取扰动土过 0.075mm 筛收集细粒土，充分拌合均匀后与经水洗收集的大于 0.075mm 粒径颗粒土拌合，制作含水率 6%，干密度 1.40g/cm³、1.60g/cm³ 和 1.80g/cm³，细粒土含量 0～100% 的重塑土试样，进行抗剪强度试验（粗颗粒来源于取土坑一、二中的土样分别编号 QT1-S5 和 QT2-S5）。试验结果见表 8.10，根据试验结果绘制的 50kPa 垂直压力，不同细颗粒含量、干密度条件下抗剪强度见图 8.28 和图 8.29。

总的说来，细颗粒含量对抗剪强度的影响具有以下规律：（1）随着细粒土含量的增加，抗剪强度有个先增加后减小的过程，峰值处对应细粒土含量约 60%～80%；（2）干密度越大，细粒土含量对抗剪强度的影响也越大；（3）细粒土含量对抗剪强度的影响，在细粒土含量较大时更为明显，细粒土含量较小时则不太明显，如 1.6g/cm³ 干密度条件下，细粒土含量小于 40% 时，细粒土含量增加对抗剪强度的增加作用不太明显。

不同细颗粒含量抗剪强度指标试验结果　　　　　　表 8.10

试验编号	细粒土含量（%）	干密度 1.40g/cm³		干密度 1.60g/cm³		干密度 1.80g/cm³	
		黏聚力（kPa）	内摩擦角（°）	黏聚力（kPa）	内摩擦角（°）	黏聚力（kPa）	内摩擦角（°）
QT1-S5 重塑土	0.0	0	29.1	0	30.5	6	30.5
	20.0	4	27.7	7	25.2	6	31.3
	40.0	27	21.6	10	28.1	29	29.4
	60.0	20	29.2	65	31.0	65	46.7
	80.0	3	35.7	14	39.9	42	35.7
	100.0	4	33.7	59	31.4	44	31.9
QT2-S5 重塑土	0.0	9	26.4	9	26.8	6	30.0
	20.0	5	28.6	8	27.2	16	29.2
	40.0	10	27.4	16	26.1	31	29.3
	60.0	5	31.3	18	31.4	82	21.7
	80.0	12	32.8	58	39.5	103	49.1
	100.0	20	28.5	58	39.5	30	40.6

5. 三轴压缩试验抗剪强度指标

三轴压缩试验也是室内常用的一种抗剪强度试验方法，它能克服直剪试验中存在的不能控制排水条件，剪切面上应力分布不均匀等缺点。本次研究三轴压缩试验在常规应变控制式三轴仪上进行，由于天然 Quelo 砂容易开裂，难以制作三轴试样，本研究三轴试验均在重塑土上进行。考虑三轴试验较为费时，本研究三轴试验着重针对天然土密度和压实土密度下的重塑土，进行天然含水率和饱和含水率条件下的对比。三轴试验方案设计的初衷拟解决如下问题：①天然土密度和压实土密度下重塑土在天然和饱和含水率抗剪力学强度指标的对比；②获得天然土密度和压实土密度下重塑土在饱和含水率条件下的邓肯-张模型参数，以便用于数值计算。对天然含水率条件下的重塑土进行固结不排水剪试验，饱和含水条件下重塑土进行固结排水剪试验（邓肯-张模型参数的获得应采用固结排水剪）。但

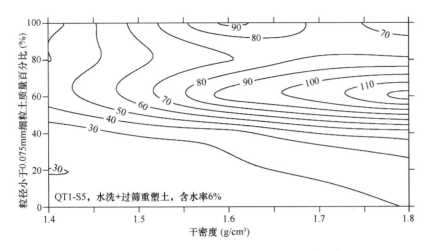

图 8.28　不同细粒土含量在 50kPa 垂直压力下抗剪强度（一）

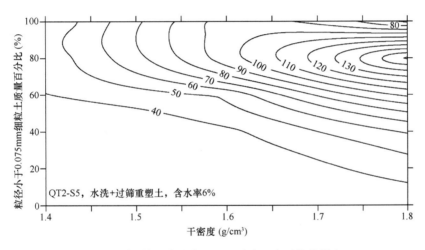

图 8.29　不同细粒土含量在 50kPa 垂直压力下抗剪强度（二）

从最终的试验结果来看，饱水后的重塑土较软，在试验固结时产生了较大的体积减小，使得压缩剪切时土试样的密度实际上有了较大程度的增大，已不能反映土初始密度情况下的抗剪强度指标。本小节将试验结果列出，实际应用时应考虑这种土试样固结压密的严重影响。

（1）天然含水率条件下重塑土固结不排水（CU）试验

在取土坑一中采取扰动土样（棕红色②层粉砂），制作含水率均为 6.0%，干密度分别为 1.60g/cm³（天然土平均干密度附近）和 1.98g/cm³（相当于压实系数 0.94 左右的压实土）的三轴试样各 3 组（每组 4 个试样）进行三轴 CU 平行试验，各组试验的固结围压 σ_3 为 100kPa、200kPa、300kPa 和 400kPa，剪切速度采用 0.1mm/min。由于试样土未饱和，所以固结过程中的体积变化值为排出的气体和水的体积之和，气体可压缩，不能真实反映体积变化，资料分析中假定剪切过程中土体体积不变，以计算剪切过程中的试样面积、主应力差。根据试验数据绘制的各组试验主应力差（$\sigma_1 - \sigma_3$）与轴向应变 ε_1 关系曲线，固结不排水抗剪强度包线如图 8.30、图 8.31 所示，试验结果汇总表如表 8.11 所示。在围压 σ_3

固结试验过程中，试样体积有所减小，表8.11、图8.30和图8.31中的固结后干密度 ρ_d 为根据试样初始体积和固结后体积，计算得到的固结后试样的干密度平均值。

固结不排水剪试验结果汇总表
表 8.11

编号	初始含水率 w（%）		初始干密度 ρ_d（g/cm³）		固结后干密度 $\rho_{d固}$（g/cm³）		黏聚力 c_{cu}（kPa）		内摩擦角 φ_{cu}（°）	
QT2-S6 重塑土	6.0		1.60		1.73		3		28.8	
	6.0	6.0	1.60	1.60	1.74	1.73	0	3	29.4	29.0
	6.0		1.60		1.72		5		28.8	
QT2-S7 压实土	6.0		1.98		2.02		67		30.7	
	6.0	6.0	1.98	1.98	2.02	2.02	53	61	33.5	32.6
	6.0		1.98		2.02		63		33.6	

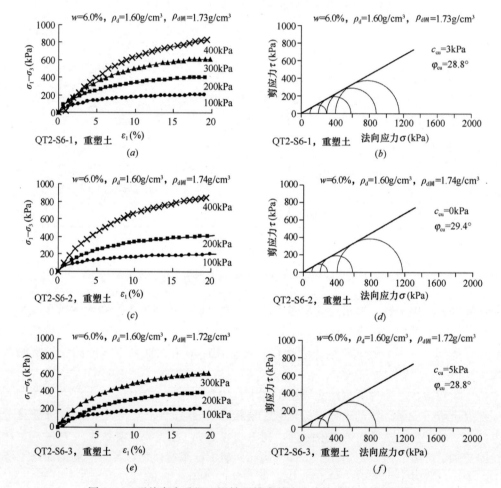

图 8.30 天然密度重塑土固结不排水剪应力应变曲线及强度包线

根据图 8.30、图 8.31 及表 8.11，分析可得：

① 天然密度重塑土的固结不排水剪应力应变关系，在较小围压下表现为弱硬化型，较大围压下表现为强硬化型。

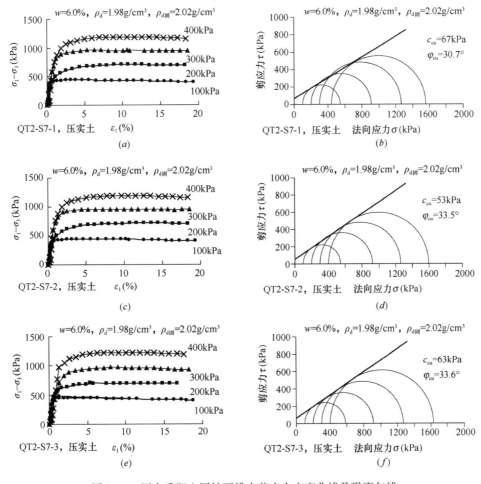

图 8.31　压实重塑土固结不排水剪应力应变曲线及强度包线

② 压实土的固结不排水剪应力应变关系接近理想塑性型。

③ 与直剪（固结快剪）试验结果（表 8.8）相比，天然密度重塑土的三轴固结不排水剪（CU）试验得到的抗剪强度指标与直剪试验结果基本相同。

④ 天然密度重塑土进行固结不排水剪试验，固结过程中干密度已有较大增长，而压实土固结过程中干密度增长相对较小。

⑤ 相对于天然密度重塑土，压实土的黏聚力有较大程度增长，内摩擦角有小幅度增长。

（2）饱和含水率条件下重塑土固结不排水（CD）试验

邓肯-张双曲线模型能较好地反映土体的非线性形态，概念清楚，易于理解，在岩土工程和地下工程的数值分析中得到广泛应用。本次研究对天然密度（干密度 1.60g/cm³）重塑土和压实土（干密度 1.98g/cm³）进行饱和含水率条件下的固结不排水（CD）试验，以期确定饱和棕红色②层粉砂的邓肯-张双曲线模型参数。先对邓肯-张（Duncan-Chang）双曲线模型进行简要介绍：

① 双曲线应力应变关系

康得纳（Kondner）和柴拉斯高（Zelasko）在1963年根据大量土的三轴试验的应力应变关系曲线，提出可以用双曲线拟合三轴试验的 $(\sigma_1 - \sigma_3)$-ε_1 曲线，即：

$$(\sigma_1 - \sigma_3) = \cfrac{\varepsilon_1}{\cfrac{1}{E_i} + \cfrac{\varepsilon_1}{(\sigma_1 - \sigma_3)_{ult}}} \tag{8.15}$$

式中，$(\sigma_1 - \sigma_3)$ 为主应力差；ε_1 为轴向应变；E_i 为初始模量，即双曲线初始点的斜率；$(\sigma_1 - \sigma_3)_{ult}$ 表示主应力差极限，为应变趋于无限大的主应力差。

② 初始模量

简布（Janbu）通过试验研究在1963年指出，初始模量是侧限压力的指数函数，并可用下式表示：

$$E_i = KP_a \left(\frac{\sigma_3}{P_a} \right)^n \tag{8.16}$$

式中，P_a 为大气压，可取 0.1033MPa；K 为无因次基数（试验参数），可能小于100，也可能大于3500；n 为无因次指数（试验参数），一般在 0.2～1.0 之间。

③ 抗剪强度

在工程实践中必须控制各部位土体的应变。对于应变强化的土体，通常认为15%～20%应变为屈服强度，相应的应力也就称为抗剪强度，或在三轴试验中称为破坏应力差 $(\sigma_1 - \sigma_3)_f$。应力超过抗剪强度（亦即应变超过屈服应变）的土体，就认为发生了塑流，引入抗剪强度 $(\sigma_1 - \sigma_3)_f$，并用破坏比 R_f 将它与应力差极限 $(\sigma_1 - \sigma_3)_{ult}$ 相联系，即：

$$R_f = \frac{(\sigma_1 - \sigma_3)_f}{(\sigma_1 - \sigma_3)_{ult}} \tag{8.17}$$

R_f 值小于1.0，一般在 0.5～1.0 之间。

④ 摩尔-库仑（Mohr-Coulomb）准则

根据摩尔-库仑准则，抗剪强度可以表示为：

$$(\sigma_1 - \sigma_3)_f = \frac{2c\cos\varphi + 2\sigma_3\sin\varphi}{(1 - \sin\varphi)} \tag{8.18}$$

式中，c，φ 为土体的黏聚力和内摩擦角。

⑤ 切线模量

在每个小主应力 σ_3 为常数的应力应变关系曲线上，任一点的切线模量为：

$$E_t = \frac{\partial(\sigma_1 - \sigma_3)}{\partial\varepsilon_1} \tag{8.19}$$

对式（8.19）进行微分，并经整理得：

$$E_t = E_i \left[1 - \frac{(\sigma_1 - \sigma_3)}{(\sigma_1 - \sigma_3)_{ult}} \right]^2 \tag{8.20}$$

将式（8.17）～式（8.19）代入式（8.20），即得由邓肯（Duncan）和张（Chang）于1970年提出的土体非线性模型：

$$E_t = KP_a \left(\frac{\sigma_3}{P_a} \right)^n \left[1 - \frac{R_f(1 - \sin\varphi)(\sigma_1 - \sigma_3)}{2c\cos\varphi + 2\sigma_3\sin\varphi} \right]^2 \tag{8.21}$$

⑥ 线体积模量

起初，邓肯-张模型中采用切线泊松比 μ_t，但后来在实际应用中发现不太理想（主要

是按公式计算出的 μ_t 值偏大），继而采用切线体积模量 B_t 作为计算参数：

$$B_t = K_b P_a \left(\frac{\sigma_3}{P_a}\right)^m \qquad (8.22)$$

式中，K_b，m 为试验确定的参数。

由式（8.21）和式（8.22）可以看出，邓肯-张（E-B）模型具有 7 个参数，即：K，n，R_f，c，φ，K_b 和 m。

三组天然密度重塑土和三组压实重塑土固结排水剪的应力应变曲线和强度包线如图 8.32 和图 8.33 所示。

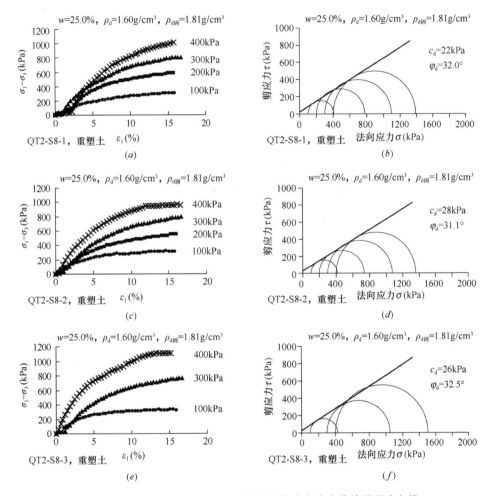

图 8.32　天然密度重塑饱和土固结排水剪应力应变曲线及强度包线

试验时先在低含水率下制样，放入三轴容器采用水头饱和后进行试验，试验固结围压采用 100kPa、200kPa、300kPa 和 400kPa，固结后按 0.01mm/min 的速度进行三轴压缩试样，对轴向应变和体变均进行了测试。根据测试结果计算了邓肯-张双曲线模型的 7 个参数如表 8.12 所示。

根据图 8.32、图 8.33 和表 8.12，分析有：

① 天然密度（1.60g/cm³）重塑土饱和含水率下的 CD 试验，其应力应变曲线类型与

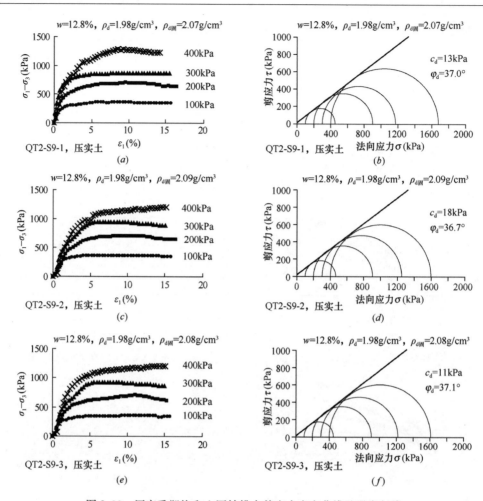

图 8.33 压实重塑饱和土固结排水剪应力应变曲线及强度包线

天然含水率（6.0%）下的 CU 试验一致，为应变硬化型；压实密度（1.98g/cm³）重塑土饱和含水率下的 CD 试验，在低围压下应力应变关系为理想塑性型，随着围压增大，表现为弱软化和弱硬化型。

固结排水剪邓肯-张模型参数结果汇总   表 8.12

试验编号	QT2-S8，重塑土			QT2-S9，压实土		
	1	2	3	1	2	3
初始含水率（%）	25.0	25.0	25.0	12.8	12.8	12.8
	25.0			12.8		
初始干密度 ρ_d（g/cm³）	1.60	1.60	1.60	1.98	1.98	1.98
	1.60			1.98		
固结后干密度 $\rho_{d固}$（g/cm³）	1.81	1.81	1.81	2.07	2.09	2.08
	1.81			2.08		
K	62.22	92.56		650.58	522.40	550.93
	77.39			574.64		

试验编号	QT2-S8，重塑土			QT2-S9，压实土		
	1	2	3	1	2	3
n	0.67	0.45		0.34	0.19	0.32
	0.56			0.28		
R_f	0.61	0.68	0.66	0.89	0.75	0.82
	0.65			0.82		
c（kPa）	22	28	26	13	18	11
	25			14		
φ（°）	32.0	31.1	32.5	37.0	36.7	37.1
	31.9			36.9		
K_b	17.31	28.84		114.08	112.90	140.48
	23.08			122.49		
m	1.20	0.60		0.82	0.52	0.50
	0.90			0.61		

② 相对于含水率6%固结不排水（CU）试验抗剪强度指标，天然密度（1.60g/cm³）重塑土在饱和含水率下的固结排水（CD）试验结果具有更大的黏聚力和内摩擦角，从表面看似乎违背了随含水率增长、力学性能降低的宏观表象，但实际上是由于试样在固结过程中土被压密引起，饱和含水率下试样干密度由最初的 1.60g/cm³ 增加到围压固结后的 1.81g/cm³ 左右，反映了天然密度重塑土在饱和含水率条件下是不稳定的，极易产生压缩。同时，表 8.12 中的参数实际上是围压固结作用下干密度较大增长后的结果，不能直接应用于数值计算。

③ 压实密度（1.98g/cm³）重塑土在饱和含水率条件下仍有较大的抗剪强度，表明换填压实土浸水后仍具有较好的力学性质。

8.2.2　增湿条件下非洲红砂的浅层平板载荷试验

1. 试验方案与设计

为揭示不同含水率对红砂地基变形与强度的影响规律，在如图 8.1 所示试验场地南部开展 2 组增湿条件下的（PLT1 和 PLT2）浅层平板载荷试验。PLT1 系列载荷试验包括 3 个，试验前在试验场地南部开挖平面尺寸约 3m×15m，距地表深度 0.7~1m 的试验坑，分别开展天然含水率、增湿后含水率和持续浸水 3 种工况，以测试地基土承载力随含水率的变化特征。由于非洲红砂具有较高的渗透特性，且试验时间为旱季、蒸发量较高，导致浅部红砂地基的高含水率难以维持，因此在试验前需要持续浸水一段时间。不同含水率载荷试验的具体实施步骤如下：

（1）天然含水率载荷试验 PLT1-1：选择直接开挖后试坑进行试验，试验完成后用洛阳铲取载荷板以下 2.0m 内地基土并测试其含水率，测试结果如图 8.34 所示，天然含水率载荷试验下地基土的含水率为 4.6%。

（2）增湿后含水率条件下载荷试验 PLT1-2：试验试坑开挖完成后，在载荷试验坑底选择平面尺寸为 1.8m×3.2m，深度 20cm 的矩形浸水坑，在坑底铺设 10cm 厚角砾，载荷试验前在浸水坑内按下述步骤分别浸水和停水：浸水 12h—停水 3.5h—浸水 0.5h—停水 24h，然后开展载荷试验。在开始浸水至载荷试验的整个过程中埋设水分计监测地基土的含水率变化，此外在载荷试验加压前、加压至 175kPa 和加压至 300kPa 稳定后，分别采用洛阳铲取载荷板下 2.0m 范围内的地基土并测试其含水率，测试结果如图 8.34 所示，增湿后载荷试验地基土的平均含水率为 7.4%。

（3）持续浸水饱和含水率载荷试验 PLT1-3：试验试坑开挖完成后，在载荷试验坑底选择平面尺寸为 1.8m×3.2m，深度 20cm 的矩形浸水坑，坑底铺厚 10cm 砾石，浸水 6.5h（根据 4.2 节试坑注水试验有关数据，浸水 6.5h 已能保证载荷试验影响深度范围内地基土均被水浸泡）后开始进行载荷试验，试验过程中保持浸水坑内一直有水头浸没。载荷试验完成后，立即采用洛阳铲取土测试地基土含水率（图 8.34），载荷试验影响深度范围内平均含水率为 11.1%。

上述载荷试验完成后，立即在载荷板附近开挖探井，取样测试其含水率的同时，分别开展天然状态和饱和状态下的压缩试验，测试不同含水率红砂地基土的湿陷系数、天然压缩模量和饱和压缩模量。

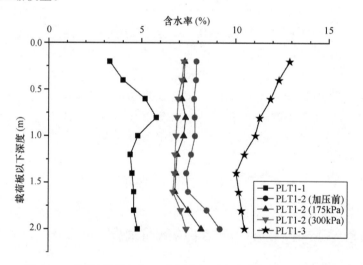

图 8.34　载荷承压板下 2m 范围内红砂含水率随深度变化关系

2. 试验结果分析

绘制不同含水率下红砂地基的载荷试验结果，如图 8.35 所示。从图 8.35 可知，随含水率增加，非洲红砂地基土的承载力特征值逐渐减小；含水率 $w=4.6\%$ 时，地基承载力特征值 $f_{ak}=250kPa$；含水率 $w=7.4\%$ 时，地基承载力特征值 $f_{ak}=125kPa$；含水率 $w=11.1\%$ 时，地基承载力特征值 $f_{ak}=100kPa$。因此非洲红砂的地基承载力随含水率增加而减小，红砂含水率为 4.6%、7.4% 和 11.1% 时，对应的承载力特征值比为 1：0.5：0.4。此外，根据以上结果绘制不同含水率与红砂地基承载力特征值的对应关系，如图 8.36 所示。从图 8.36 可知，地基承载力特征值与含水率变化曲线呈现为"上凹型"，即地基承载力特征值随含水率的增加而逐渐降低，但随着含水率的增加，衰减速率显著减小。如含水率从 4.6% 增加至 7.4% 时，承载力减少 125kPa；含水率从 7.4% 增加至 11.1% 时，承载

力减少 25kPa。

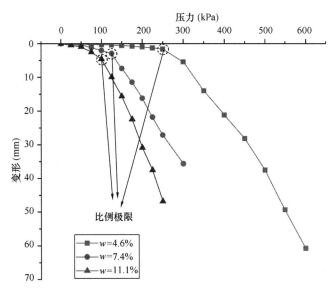

图 8.35　不同含水率下非洲红砂载荷试验 $p\text{-}s$ 曲线

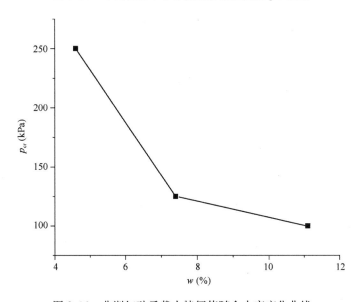

图 8.36　非洲红砂承载力特征值随含水率变化曲线

　　将不同含水率下非洲红砂的承载力特征值、变形模量、湿陷系数、天然压缩模量的试验结果列于表 8.13。从表 8.13 可知,与地基承载力特征值一致,非洲红砂的变形模量 E_0 也随含水率增加而降低。如天然含水率($w=4.6\%$)状态下的非洲红砂变形模量为 62.0MPa,增湿后含水率($w=7.4\%$)下非洲红砂变形模量为 11.4MPa,饱和状态含水率($w=11.1\%$)下非洲红砂变形量为 6.8MPa。与天然状态相比,增湿后非洲红砂地基变形模量降低 81.6%,饱和非洲红砂地基变形模量降低 89.0%。绘制非洲红砂变形模量与含水率对应关系,如图 8.37 所示。对比图 8.36 和图 8.37 可以发现,与地基承载力特征值随含水率变化规律一致,非洲红砂变形模量随含水率的变化曲线也表现为"上凹型",

即变形模量随含水率增加而减小，但随着含水率的增加，衰减速率显著降低。

不同含水率红砂的力学参数试验结果   表 8.13

| 地基土含水率 w (%) | 载荷试验 | | 室内压缩实验 | | |
	地基承载力特征值 f_{ak} (kPa)	变形模量 E_0 (MPa)	湿陷系数 δ_s	压缩模量 E_s (MPa)	饱和压缩模量 E_s (MPa)
4.6	250	62.0	0.070	14.17	4.10
7.4	125	11.4	0.023	5.28	4.23
11.1	100	6.8	0.009	4.91	3.59

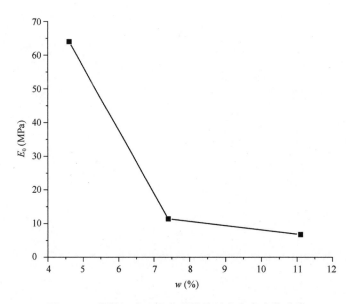

图 8.37 非洲红砂地基变形模量随含水率变化曲线

据表 8.13 可知，非洲红砂的湿陷系数和天然压缩模量也随含水率增加而减小。分别绘制湿陷系数和压缩模量随含水率变化曲线，如图 8.38 和图 8.39 所示。从图 8.38 可以看出，红砂地基土的湿陷系数随含水率变化曲线表现为"上凹型"，即红砂地基的湿陷系数随含水率增加而降低，但衰减速率也随之降低。从图 8.39 可以看出，红砂地基土的压缩模量随含水率变化曲线也表现为"上凹型"，即红砂地基的压缩模量随含水率增加而降低，但衰减速率也随之降低。此外，开展不同含水率下非洲红砂地基土的饱和压缩试验，结果如表 8.13 所示。从表 8.13 可知，非洲红砂的饱和压缩模量均较小，其值不仅均远小于天然状态含水率和增湿后含水率的压缩模量，还略小于浸水饱和含水率下非洲红砂的压缩模量，表明现场浸水条件下，非洲红砂地基仍未达到完全饱和，据此可推测非洲红砂含水率大于一定的含水率后，含水率变化不再影响红砂地基的强度和变形特性。

综合以上试验结果，对比分析天然状态和饱和状态下非洲红砂的强度和变形特征，发现天然状态下非洲红砂的承载力特征值是饱和状态的 2.5 倍，变形模量是饱和状态的 9.1 倍，压缩模量是饱和状态下的 2.9 倍。因此，增湿条件下平板载荷试验结果表明，非洲红

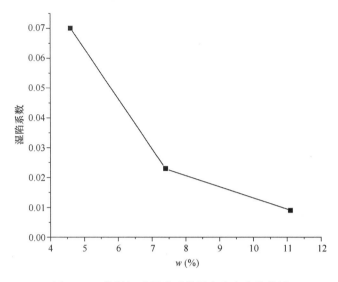

图 8.38　非洲红砂湿陷系数随含水率变化曲线

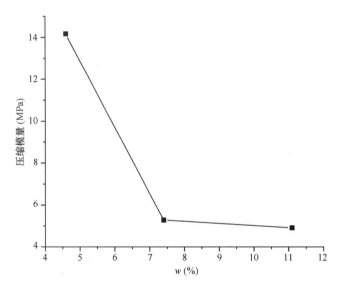

图 8.39　非洲红砂地基压缩模量随含水率变化曲线

砂地基浸水后具有较强的湿陷或软化特性。

8.2.3　增湿条件下非洲红砂的深层平板载荷试验

1. 试验方案与设计

为揭示不同深度饱和红砂地基的变形与强度特性，分析红砂地基承载力计算的深度修正系数，在深层平板载荷试验场地开展 2 组浸水饱和条件下的深层平板载荷试验，深度分别为 1.5m 和 3.0m。试验布置在直径 0.9m 的探井中，探井采用人工开挖，探井底部预留 20cm 土层并预先在井底保持 30cm 水头浸水 24h，停水后开挖井底浮土，安装好设备，然后保持继续浸水并完成试验，测试浸水饱和后土层的承载力。试验设备采用传力柱形式将承压板与传力柱刚性连接后吊装布置在探井中，传力柱上部设置 0.25m² 的圆形承压板，并在承压板上安放千斤顶、百分表等试验装置（图 8.18），整个试验过程满足《建筑地基基础设计规范》GB 50007—2011 的要求，每级荷载下的沉降相对稳定标准为连读 2h 每小时沉降量小于等于 0.1mm。

2. 试验结果与分析

（1）红砂地基承载特性

绘制浸水饱和条件下深层平板载荷试验 p-s 曲线如图 8.40 所示。从图 8.40 可知浸水饱和条件下不同深度红砂地基载荷试验 p-s 曲线均包括三个阶段：比例变形阶段，剪切变形阶段和破坏阶段。比例变形阶段，红砂地基处于压密状态，不同深度红砂地基沉降量随压力增加而线性增加，对应的比例极限荷载分别为 80kPa 和 100kPa。当承载力大于比例极限荷载时，不同深度红砂地基沉降量随压力增加而非线性增加，对应的极限荷载分别为 160kPa 和 180kPa。因此浸水饱和条件下深度 1.5m 和深度 3m 处红砂地基的地基承载力特征值分别可取 80kPa 和 90kPa。对比天然含水率下不同深度红砂地基承载力（图 8.19），发现浸水饱和条件下不同深度红砂地基承载力也显著降低。

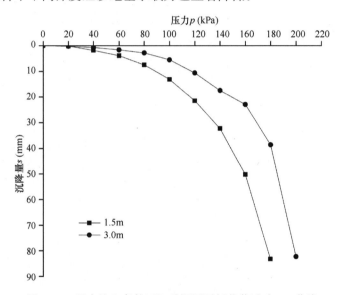

图 8.40　浸水饱和条件下红砂深层平板载荷试验 p-s 曲线

在地基基础设计的理论中，有一个深宽修正的概念，本次试验的主要目的就是测试浸水条件下不同深度的承载力情况，确定极端条件下的深度修正系数。从不同深度的浸水载荷试验结果来看（图 8.40），随着试验深度的增加，承载力具有一定的提高，且其 p-s 曲线形态类似，具有相同的破坏模式，且随深度增加承载力是有所提高的，因此在浸水条件下，红砂地基是可以进行深度修正的。本研究参考《湿陷性黄土地区建筑规范》GB 50025—2004 中对黄土地基承载力的深宽修正公式，见式（8.23）：

$$f_a = f_{ak} + \eta_b \gamma(b-3) + \eta_d \gamma_m (d-0.5) \tag{8.23}$$

以浸水饱和条件下深层载荷试验计算，不考虑宽度修正，取 $\gamma_m = 17.5 \text{kN/m}^3$，通过联立方程组反算，可得出本次试验场地内的罗安达红砂地基承载力的深度修正系数 $\eta_d = 0.38$。

（2）含水率变化特征

为确定浸水饱和后载荷板下不同深度红砂地层含水率增加效果，试验完成后约 24h，分别对天然含水率和浸水饱和条件下不同深度载荷板下红砂地层进行取样并测试含水率，分别绘制不同深度载荷板下深度 6m 内红砂地层含水率随深度变化曲线如图 8.41 所示。从图 8.41 可知浸水以后载荷板下深度 6m 以内红砂地层含水率均显著提高，其中深度 1.5m 载荷试验、载荷板下 6m 以内红砂地层含水率平均值约为 10.0%，比天然状态的载荷板下深度 6m 以内红砂含水率约增加 1 倍；深度 3.0m 载荷试验、载荷板下 6m 以内红砂地层含水率平均值约为 11.0%，比天然状态的载荷板下深度 6m 以内红砂含水率增加约 1.2 倍。

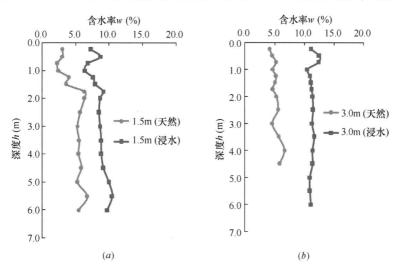

图 8.41　深层载荷试验后地基土含水率随深度变化曲线

8.3　不同含水率条件下非洲红砂承载力的评价方法

室内试验和现场试验结果表明含水率是影响红砂力学性质的关键因素，如含水率较低时，红砂具有直立性且强度较高，但浸水增湿后红砂强度显著降低并产生附加沉降，具有明显的水敏性。本节根据不同含水率下室内直剪试验结果，采用土力学不同承载力评价方法计算其承载力特征值并与载荷试验结果对比，从而得出不同含水率下红砂承载力的评价方法。

8.3.1　天然状态下非洲红砂承载力的评价方法

根据 8.1 节和 8.2 节可知含水率和干密度是影响红砂力学性质的关键因素，在红砂场地开展 5 组平板载荷试验，试验开始前取样测试其基本物理指标和抗剪强度指标，得出天然红砂场地的地基承载力特征值如表 8.14 所示。根据室内试验结果采用《建筑地基基础设计规范》GB 50007—2011 计算公式（以下简称规范公式）分别计算红砂的地基承载力特征值，并将计算结果与载荷试验对比，分析天然红砂地基承载力评价方法的适宜性。

相同含水率相同干密度下红砂试样的室内外试验结果　　　　表 8.14

试验编号	黏聚力（kPa）	内摩擦角（°）	地基承载力特征值（kPa）
ZH11	19	29.6	120
ZH12	20.5	31	130
ZH13	20.0	28.5	115
ZH14	21.0	31.2	135
ZH15	25.2	33.1	170

根据《建筑地基基础设计规范》GB 50007—2011，地基承载力特征值计算公式如式（8.24）所示，按该公式计算不同载荷试验地基的承载力特征值，结果如表 8.15 所示。

$$f_a = M_b \gamma_b + M_d \gamma_m d + M_c c_k \tag{8.24}$$

按太沙基公式采用不同试验参数计算的极限承载力　　　　表 8.15

试验方法	黏聚力（kPa）	内摩擦角（°）	M_b	M_d	M_c	承载力计算值（kPa）	0.55×承载力计算值
ZH11	19	29.6	1.9	5.59	7.95	214.7	118.1
ZH12	20.5	31	2.25	5.97	8.25	238.6	131.2
ZH13	20.0	28.5	1.53	5.1	7.54	208.8	114.9
ZH14	21.0	31.2	2.32	6.05	8.31	244.8	134.6
ZH15	25.2	33.1	3	6.78	8.89	307.4	169.1

由表 8.15 可知采用直剪试验抗剪强度指标按式（8.24）计算的地基承载力特征值均大于平板载荷试验结果，将计算结果乘以 0.55 得到的地基承载力折减值则与载荷试验结果相当，因此，根据室内直剪试验结果和式（8.24）评价天然红砂场地地基承载力特征值时，应将计算值乘以 0.55 的折减系数。

8.3.2　增湿条件下非洲红砂承载力的评价方法

为揭示增湿条件式（8.24）的适宜性，对 8.2.2 节增湿后红砂取样并进行室内直剪试验，测试其不同含水率的抗剪强度指标（表 8.16）。根据室内试验结果采用式（8.26）分别计算红砂的地基承载力特征值，并将计算结果与载荷试验对比。

相同含水率相同干密度下红砂试样的室内外试验结果　　　　表 8.16

试验编号	黏聚力（kPa）	内摩擦角（°）	地基承载力特征值（kPa）
PLT1-2	10	30	125
PLT1-3	7	29.2	100

按公式（8.24）计算不同含水率载荷试验的地基承载力特征值，结果如表 8.17 所示。

按规范公式采用不同试验参数计算的极限承载力　　　　表 8.17

试验方法	黏聚力（kPa）	内摩擦角（°）	M_b	M_d	M_c	承载力计算值（kPa）	0.85×承载力计算值（kPa）
PLT1-2	10	30	1.7	5.33	7.73	118.5	100.8
PLT1-3	7	29.2	1.9	5.59	7.95	145.6	123.8

由表 8.17 可知采用直剪试验抗剪强度指标按式（8.26）计算的地基承载力特征值均大于平板载荷试验结果，将计算结果乘以 0.85 得到的地基承载力折减值则与载荷试验结果相当，因此，根据室内直剪试验结果和式（8.26）评价增湿条件下红砂场地地基承载力特征值时，应将计算值乘以 0.85 的折减系数。

第9章 非洲红砂垫层法地基处理的
试验研究与评价

换填垫层法也称换填法或垫层法，是指在建筑物的地基土比较软弱，不能够满足上部荷载对地基强度和变形的要求时，将基础下一定范围内的土层挖去，然后回填密度大、强度高、水稳定性好的砂、碎石或灰土等的方法。可用于处理湿陷性土、冻胀土、膨胀土、素填土、杂填土、淤泥、淤泥质土及暗塘、暗沟、古墓、古井，或者拆除旧基础后的坑穴等的地基处理。与其他处理方法相比，垫层法具有施工简单、经济效益良好等优点。目前，垫层法已被广泛地应用于我国湿陷性黄土地区的公路、铁路和房屋建筑等不同工程的地基处理。

针对湿陷性黄土地基，换填垫层法是将基础以下的湿陷性土层部分或全部挖除，然后使用素土或者灰土，经过筛后，在其最优含水率的状态下分层回填并夯实或压实。换填垫层法能消除一定深度内（一般为 1~3m，开挖过深时往往是不经济的，同时若垫层厚度小于 500mm，则垫层效果不明显）土体的湿陷变形，改善土体的工程性质，增强地基的防水效果，并且费用较低。换填垫层法适用于地下水位以上的局部或整片地基土的处理。在湿陷性黄土地基上设置局部或整片垫层具有以下几个作用：（1）通过处理基底下部分或全部湿陷性土层，可消除地基的部分或全部湿陷量；（2）降低地基土的压缩性和透水性；（3）减小垫层下卧层顶面的附加应力；（4）设置整片土垫层，同时具有隔水、防水作用，可以保护下部未处理的湿陷性土层不受水浸湿，不致引起湿陷。

非洲红砂具有与黄土相似的直立性、湿陷性和软化性，但非洲红砂的湿陷沉降量、湿陷等级和湿陷土层厚度均小于我国西北地区湿陷性黄土。因此，可优先考虑采用垫层法对地基进行处理。为揭示垫层法对非洲红砂地基的处理效果，确定适宜的垫层法设计参数，本章选择典型红砂试验场地，通过换填垫层设计和原型试验开展系统研究，为后期非洲红砂地区垫层法地基处理技术提供科学依据和理论支撑。

9.1 垫层法地基处理设计

非洲红砂地区房屋建设以多层建筑为主，为确定不同层数建筑下换填垫层法地基处理的设计参数和处理效果。K.K. 一期共建设公寓楼 710 栋，包括 G+4、G+8、G+10 和 G+12 四种类型，其中 G+4 楼型 424 栋，占总楼数的 60%，该楼型为 5 层砌体结构（其中 123 栋底层为框架结构）建筑，高 15m，基础形式采用墙下条形基础，基础宽度 1.0~1.6m，基础埋深 1.0m，红砂为基础持力层。地基处理方式采用整片棕红色砂换填垫层，换填厚度 1.0m，换填范围为基础边界外扩 2.0m。由于红砂室内外试验表现出在浸水后发生软化和具有湿陷性，而 G+4 楼型的地基处理置换的湿陷性土层厚度为 1.0m，其下仍可能存在较大厚度的湿陷性土层，因此 G+4 楼型在建成使用期间，若发生水的渗漏或者水文环境条件变化，是否会对建筑安全产生严重影响，是建设者们非常关心的问题。鉴于相关研究资料和工程实践经验的缺乏，本课题采用了模型试验对该问题进行研究，模型试验中按实际的地基处理方式、基础埋深、基础形式等设计试验方案，在基础上施加实际楼荷载进行浸水试验，称为"G＋4 楼型原型地基基础浸水模型试验"，简称"G＋4 模型试验"。本试验的目的为：(1) 模拟和测试 G＋4 楼型在房侧浸水、房心浸水以及地基土长时间被水浸泡条件下地基基础的变形；(2) 房侧和房心浸水条件下水的渗透规律与范围。通过上述试验目的以达到验证 K.K. 一期工程中地基基础设计的安全性，以及为建筑使用过程中的维护工作提供建议。

此外，G＋8 楼型有 160 栋，占总楼数的 22.5%，该楼型为 9 层异形柱框架剪力墙结构，高 27m，基础形式采用柱下条形基础，基础宽度 1.2~1.8m，基础埋深 1.5m，Quelo 砂通常是基础直接持力层。地基处理方式采用整片棕红色砂换填垫层，换填厚度 2.0m，换填范围为基础边界外扩 2.4m。由于 Quelo 砂室内外试验表现出在浸水后发生软化和具有湿陷性，而 G＋8 楼型的地基处理置换的湿陷性土层厚度为 2.0m，其下仍可能存在较大厚度的湿陷性土层，因此 G＋8 楼型在建成使用期间，若发生水的渗漏或者水文环境条件变化，是否会对建筑安全产生严重影响，是建设者们非常关心的问题。鉴于相关研究资料和工程实践经验的缺乏，本课题采用了模型试验对该问题进行研究，模型试验中按实际的地基处理方式、基础埋深、基础形式等设计试验方案，在基础上施加实际楼荷载进行浸水试验，称为"G＋8 楼型原型地基基础浸水模型试验"，简称"G＋8 模型试验"。本试验的目的为：(1) 模拟和测试 G＋8 楼型在房侧浸水、房心浸水以及地基土长时间被水浸泡条件下地基基础的变形；(2) 房侧和房心浸水条件下水的渗透规律与范围。通过上述试验目的以达到验证 K.K. 一期工程中地基基础设计的安全性，以及为建筑使用过程中的维护工作提供建议。此外 G＋10 楼型的地基处理方式、结构类型、基底压力等和 G＋8 楼型一致，本模型试验的结果也可为 G＋10 楼型浸水后的情况提供一定参考。

现场选择典型试验场地并开展 2 组不同设计参数的垫层法试验，分别研究 5 层楼（G＋4 楼）和 9 层楼（G＋8 楼）荷载下垫层法的设计参数和处理效果（图 9.1）。

9.1.1　场地地层概况与基础设计

(1) G＋4 模型试验地层概况与基础设计

G＋4 模型试验布置在试验场地偏北位置，浸水坑中心位置坐标为 $X=30921.83m$，$Y=53853.13m$。浸水试验坑两侧的 Z12 和 Z14 钻孔揭示的场地红砂地层厚度约为 12.5m，均为湿陷性土层。浸水试坑布置为矩形，平面尺寸 16m（南北向）×15m（东西向）。G＋4 模型试验平面布置图如图 9.2 所示。

实测 G＋4 模型试验浸水坑边缘的原始地面标高为 106.644~107.168m，按试坑深度不小于 0.5m 的原则，将模型试验±0.00（房心回填土顶面）标高确定为 106.10m，按工程实际基础埋深，基础底面标高确定为 104.70m，棕红色砂换填垫层底面标高确定为 103.70m，试坑天然土区底面标高确定为 105.60m。参照《湿陷性黄土地区建筑规范》GB 50025—2004 有关湿陷量的计算方法，按 Z12 孔和 Z14 孔地层条件和室内湿陷试验指标，采用式（9.1）计算的 G＋4 模型试验场地经地基处理后的剩余湿陷量计算值分别为 231mm 和 132mm。

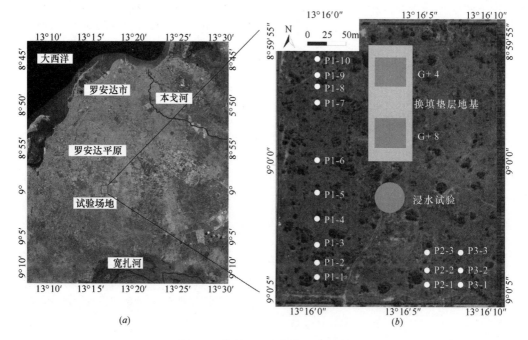

图 9.1　换填垫层与模型浸水试验

$$\Delta_{\mathrm{s}} = \sum_{i=1}^{n} \beta \delta_{si} h_i \qquad (9.1)$$

式中　Δ_{s}——湿陷量计算值（mm），计算至基础底面下 10m 为止，湿陷系数小于 0.015 时不累计；

　　　δ_{si}——第 i 层土湿陷系数，采用 200kPa 下湿陷系数；

　　　h_i——第 i 层土厚度；

　　　β——考虑基底下地基土的受水浸湿可能性和侧向挤出等因素的修正系数，基底下 0～5m 深度内，取 $\beta=1.50$，基底下 5～10m 深度内，取 $\beta=1$。

（2）G+8 模型试验地层概况与基础设计

G+8 模型试验布置在试验场地中部位置（图 9.1），浸水坑中心位置坐标为 $X=30865.03$m，$Y=53853.13$m，北距 G+4 模型试验浸水坑中心 56.8m，南距试坑浸水试验浸水坑中心 54.7m。浸水试验坑两侧的 Z15 和 Z16 钻孔揭示的场地红砂厚度在 13.3m 左右，均为湿陷性土层。浸水试坑布置为矩形，平面尺寸 17.8m（南北向）×15m（东西向）。G+8 模型试验平面布置图如图 9.3 所示。

实测 G+8 模型试验浸水坑边缘的原始地面标高为 107.33～107.76m，按试坑深度不小于 0.5m 的原则，将模型试验±0.00（房心回填土顶面）标高确定为 106.80m，按工程实际基础埋深，基础底面标高确定为 104.90m，棕红色砂换填垫层底面标高确定为 102.90m，试坑天然土区底面标高确定为 106.30m。

参照《湿陷性黄土地区建筑规范》GB 50025—2004 有关湿陷量的计算方法，按 Z15 孔和 Z16 孔地层条件和室内湿陷试验指标，采用式（9.1）计算的 G+8 模型试验场地经地基处理后的剩余湿陷量计算值分别为 383mm 和 39mm。

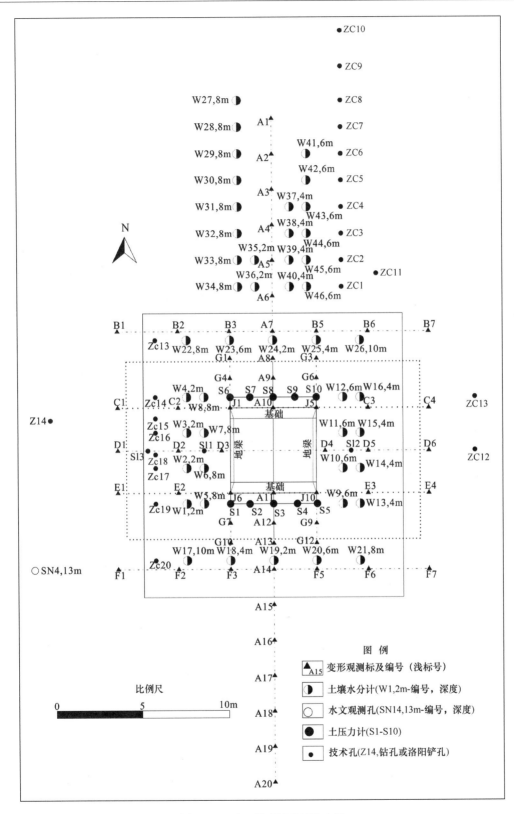

图 9.2　G＋4 模型试验试坑布置

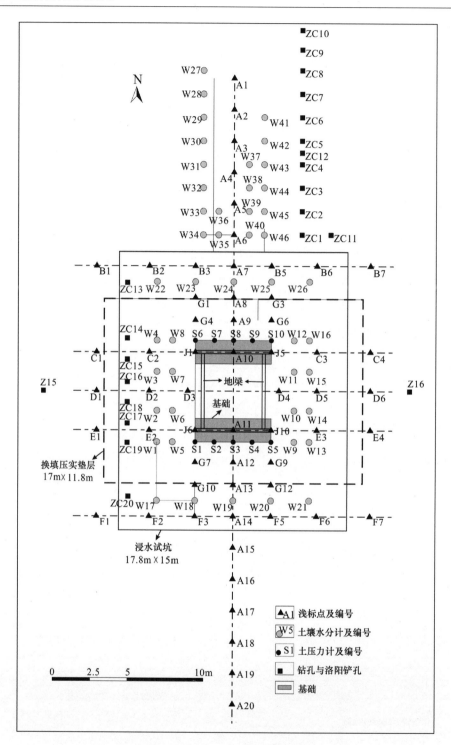

图 9.3　G+8 模型试验试坑布置

9.1.2　换填垫层与基础设计

G+4 模型试验地基基础设计简图剖面图如图 9.4 所示。

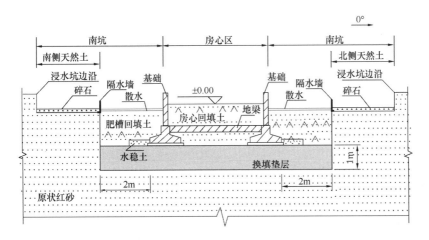

图 9.4　G＋4 模型试验地基基础设计图

注：肥槽回填土和房心回填土的顶面标高在浸水试坑内东西方向上均保持一致，散水也在
浸水坑内东西方向上通长设置。

1. G＋4 楼原型试验垫层与基础设计

（1）换填垫层设计

换（回）填（压实）土垫层采用场地内棕红色②层粉砂（主要是基坑开挖出地基土），换（回）填范围如图 9.2 所示，换填面积 17m×10m，南北方向上相较基础外侧边沿外放 2.0m，换填厚度 1.0m，对应标高范围 103.70～104.70m，设计压实系数 0.95。其施工方法和程序均与实际工程中一致，施工步骤为：开挖基坑→基坑底洒水碾压→按每层 50cm 厚碾压至基础底面，碾压机械采用德国宝马格（BOMAG）生产的 BW219D-4 型（操作重量 19.05t，最大重量 20.78t）单钢轮振动压路机。施工过程中，采用核子密度仪法（美国 MC-4C 型核子密度仪）和环刀法对垫层干密度（压实系数）进行了检测，其中每批垫层采用核子密度仪检测 5 个点（垫层区域的 4 个角点和中心点），采用环刀法检测 3 个点（沿垫层区域对角线的两个角点和中心点，开挖 20cm 深度采取环刀）。两种方法检测结果存在一定差别，鉴于工程检测中多以核子密度仪法进行，本试验换填土垫层的检测合格标准也以核子密度仪法结果判定，最终各批垫层的干密度检测结果如表 9.1 所示。环刀法检测含水率一般为 4.1%～5.3%，干密度 1.93～1.96g/cm³，平均干密度 1.95 g/cm³，对应平均压实系数 0.92（对应重型击实试验最大干密度，下同）。施工和检测现场如图 9.5 所示。

（a）　　　　　　　　　　　　　　（b）

图 9.5　换填土垫层的施工和检测

（a）换填土垫层碾压（镜头向东）；（b）核子密度仪检测后的环刀法检测

（2）基础设计

基础布置在垫层及浸水试坑的中部，共布置两条长 5.0m，宽 1.2m 的 C25 混凝土＋黏土砖墙条形基础，黏土砖墙宽 240mm，两道基础间轴线距离 4.8m。基础东西两端有地梁相连，地梁截面尺寸 240mm×240mm、采用 C25 混凝土现浇。基础底面标高为 104.70m。基础施工现场见图 9.6。

（a）　　　　　　　　　　　　　（b）

图 9.6　G＋4 模型试验基础施工

（a）基础现浇混凝土（镜头向西）；（b）施工完成后的基础（镜头向东北）

（3）房心、肥槽回填

基础内外的房心、肥槽回填仍主要采用棕红色②层粉砂，房心回填土厚度 1.4m，肥槽回填厚度 1.1～1.2m，设计压实系数 0.93，此外在基础周围和散水下部布置有一定厚度水泥含量 3％的水稳土。施工时每层虚铺 30cm，主要采用振动冲击夯进行压实（图 9.7a）在局部

（a）　　　　　　　　　　　　　（b）

（c）　　　　　　　　　　　　　（d）

图 9.7　G＋4 模型试验房心、肥槽回填土施工

（a）振动冲击夯压实；（b）小压路机压实；（c）地梁下部处理；（d）房心、肥槽回填后状态

操作空间较大的地段采用卡特彼勒（CATERPILLAR）小型压路机进行碾压（图9.7b）。

由于进行房心、肥槽回填时，基坑中存在较多需要保护的传感器电缆和标点，因此施工难度较大，难以达到0.93的压实系数。每层土压实后采用环刀法进行了检测，回填土的含水率介于3.9%～5.0%之间，平均值5.0%，干密度介于1.61～1.90g/cm³之间，平均值1.76g/cm³，对应平均压实系数0.83。

按设计，地梁下设5cm厚聚苯泡沫板，实际由于未能找到聚苯泡沫板材料，采用了活动板房的墙体泡沫进行代替，泡沫和地梁之间留有缝隙，使地梁在试验过程中不传递竖向力，如图9.7（c）所示。此外，散水和基础墙之间设计采用的沥青麻丝嵌缝，现场也未能找到，实际留置了缝隙，使基础墙和散水（C20混凝土）之间不传递力的作用。

房心回填土与肥槽回填土顶面存在有20cm的高差，为保持基础区域外房心回填土的稳定性，在房心回填土边缘施工有砖墙支护，如图9.7（d）所示。

2. G+8模型试验垫层与基础设计

G+8模型试验地基基础设计沿南北向对称轴所切剖面如图9.8所示。

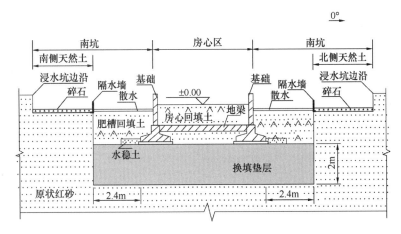

图9.8　G+8模型试验地基基础设计图

注：肥槽回填土和房心回填土的顶面标高在浸水试坑内东西方向均保持一致，
散水也在浸水坑内东西方向上通长设置。

（1）换填垫层设计

换（回）填（压实）土垫层采用场地内棕红色②层粉砂（主要是基坑开挖出地基土），换（回）填范围见图9.3，换填面积17.0m×11.8m，南北方向上相较基础外侧边沿外放2.4m，换填厚度2.0m，对应标高范围102.90～104.90m，设计压实系数0.95。其施工方法和程序均与实际工程中一致，施工步骤为：开挖基坑→基坑底洒水碾压→按每层50cm厚碾压至基础底面，碾压机械采用德国宝马格（BOMAG）生产的BW219D-4型（操作重量19.05t，最大重量20.78t）单钢轮振动压路机。施工过程中，采用核子密度仪法（美国MC-4C型核子密度仪）和环刀法对垫层干密度（压实系数）进行了检测，其中每批垫层采用核子密度仪检测5个点（垫层区域的4个角点和中心点），采用环刀法检测3个点（沿垫层区域对角线的两个角点和中心点，开挖20cm深度采取环刀）。两种方法检测结果存在一定差别，鉴于工程检测中多以核子密度仪法进行，本试验换填土垫层的检测合格标准也以核子密度仪法结果判定，最终各批垫层的干密度检测结果如表9.1所示。环刀法检测含水率 4.8%～7.0%，干密度 1.89～2.02g/cm³，平均干密度 1.95，对应平均压实系数 0.92。施工和检测现场如图 9.9 所示。

(a)   *(b)*

图 9.9　换填土垫层的施工和检测

（*a*）换填土垫层碾压（镜头向东北）；（*b*）垫层施工完成后的承载力检测

（2）基础设计

基础布置在垫层及浸水试坑的中部，共布置两条长 5.0m、宽 1.5m 的 C25 混凝土条形基础，基础上为钢筋混凝土剪力墙，剪力墙宽 200mm，两条基础间轴线距离 5.5m。基础东西两端有地梁相连，地梁截面尺寸 200mm×300mm、采用 C25 混凝土现浇。基础底面标高为 104.90m。基础施工现场见图 9.10。

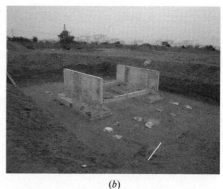

(a)   *(b)*

图 9.10　G+8 模型试验基础施工

（*a*）基础现浇混凝土（镜头向东）；（*b*）施工完成后的基础（镜头向西北）

（3）房心、肥槽回填设计

基础内外的房心、肥槽回填仍主要采用棕红色②层粉砂，房心回填土厚度 1.9m，肥槽回填厚度 1.5～1.7m，设计压实系数 0.93，此外在基础周围和散水下部布置有一定厚度水泥含量 3% 的水稳土。施工时每层虚铺 30cm，在基础和地梁围成的区域，以及标点或传感器密集分布区域内采用振动冲击夯进行压实（图 9.11*a*），其他地段采用卡特彼勒（CATERPILLAR）小型压路机进行碾压（图 9.11*b*）。

由于进行房心、肥槽回填时，基坑中存在较多需要保护的传感器电缆和标点，因此施工难度较大，难以达到 0.93 的压实系数。每层土压实后采用环刀法进行检测，回填土的含水率介于 4.1%～8.3%，平均值 5.5%，干密度介于 1.60～1.90g/cm³，平均值 1.77g/cm³，对应平均压实系数 0.84。

按设计，地梁下设 5cm 厚聚苯泡沫板，实际由于未能找到聚苯泡沫板材料，采用了活动板房的墙体泡沫进行代替，泡沫和地梁之间留有缝隙，使地梁在试验过程中不传递竖向力，如图 9.11（c）所示。此外，散水和基础墙之间设计采用沥青麻丝嵌缝，该材料也未能找到，实际留置了缝隙，使基础墙和散水（C20 混凝土）之间不传递力的作用。

房心回填土与肥槽回填土顶面存在有 20cm 的高差，为保持基础区域外房心回填土的稳定性，在房心回填土边缘施工有砖墙支护，如图 9.11（d）所示。

图 9.11　G＋8 模型试验房心、肥槽回填土施工

（a）振动冲击夯压实；（b）小压路机压实；（c）地梁下部处理；（d）房心、肥槽回填基本完成后状态

9.2　垫层地基承载力与变形特征

"G＋4 模型试验"和"G＋8 模型试验"中，分别施工有厚 1.0m 和 2.0m 的换填压实土垫层，垫层底分别距地表 2.9m 和 4.4m。选择典型试验场地如图 9.12 所示，按"G＋4 模型试验"和"G＋8 模型试验"垫层要求进行换填垫层施工。施工方法和检验方法见 9.1.2 节，最终各批垫层的干密度检测结果如表 9.1 所示。

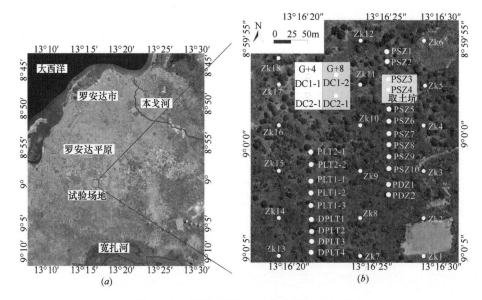

图 9.12　换填垫层分布区与载荷试验布置

换填压实土干密度检测结果　　　　　　　　　　　　　　　表 9.1

批次	核子密度仪法			环刀法			场地
	含水率（%）	干密度（g/cm³）	压实系数	含水率（%）	干密度（g/cm³）	压实系数	
第○批	11.8	1.94	0.92	7.3	1.83	0.86	G+4 模型试验垫层
第一批	9.5	2.01	0.95	5.9	1.95	0.92	
第二批	7.7	2.02	0.96	4.3	1.95	0.92	
第○批	11.4	1.92	0.91	6.5	1.83	0.87	G+8 模型试验垫层
第一批	9.2	2.03	0.96	6.2	1.97	0.94	
第二批	9.5	2.02	0.96	6.4	1.98	0.94	
第三批	7.8	2.02	0.96	6.5	1.91	0.90	
第四批	9.6	2.02	0.96	5.0	1.92	0.91	

注：表中数值均为平均值；"第○批"为对基坑底原土洒水碾压的试验结果。

9.2.1　天然含水率平板载荷试验

为揭示换填压实地基的承载力特征值，分别在"G+4 模型试验"和"G+8 模型试验"中的换填压实土垫层上开展天然含水率下平板载荷试验，选择面积 0.25m²（直径 564mm）的圆形板作为承压板，堆载提供反力，千斤顶施加荷载，并采用百分表测读地基变形。试验过程严格按照《建筑地基基础设计规范》GB 50007 的有关规定执行，采用分级维持荷载沉降相对稳定法（常规慢速法）进行试验，每级荷载为 60kPa，最大荷载为 600kPa。每级荷载下的沉降相对稳定标准为连读 2h 每小时沉降量小于等于 0.1mm。试验结果如图 9.13 所示，从图 9.13 可知"G+4 模型试验"换填垫层和"G+8 模型试验"换填垫层载荷试验 p-s 曲线均近似为直线，表明换填垫层地基未出现明显破坏阶段，因此换填垫层地基承载力特征值可取最大荷载的 1/2，为 300kPa。但是在最大荷载下"G＋4 模型试验"换填垫层的最大沉降量为 1.05mm，而"G＋8 模型试验"换填垫层的最大沉降量为 0.73mm。

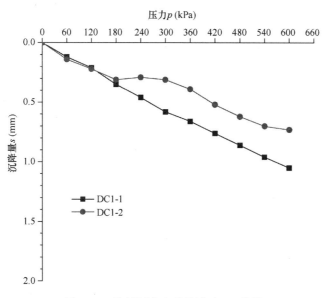

图 9.13　换填压实土载荷试验 p-s 曲线

此外，根据式（8.13）计算不同垫层平板载荷试验对应的变形模量 E_0（MPa）。由于 p-s 曲线近似为直线，试验均取试验最大荷载和对应沉降量，计算不同垫层载荷试验对应的变形模量分别为 230.2MPa 和 331.1MPa。比天然红砂地基变形模量（范围为 8.2～51.6MPa）增大很多。

9.2.2　浸水饱和平板载荷试验

为揭示换填压实地基承载力的软化特性，分别在"G＋4 模型试验"和"G＋8 模型试验"中的换填压实土垫层上开展浸水饱和的平板载荷试验，选择面积 0.25m² （直径 564mm）的圆形板作为承压板，堆载提供反力，千斤顶施加荷载，并采用百分表测读地基变形。试验过程严格按照《建筑地基基础设计规范》GB 50007 的有关规定执行，采用分级维持荷载沉降相对稳定法（常规慢速法）进行试验，每级荷载为 50kPa，最大荷载为 800kPa。每级荷载下的沉降相对稳定标准为连读 2h 每小时沉降量小于等于 0.1mm。

"G＋4 模型试验"垫层施工完成 94d 后，在垫层表面开挖直径 1.8m，深约 20cm 的浸水坑，浸水坑底铺设 10cm 角砾，承压板居于浸水坑中心位置；保持 10cm 水头持续向浸水坑中浸水 66h（根据试坑注水试验有关数据，载荷试验影响深度范围内压实土已受水浸泡）后开始加压。"G＋8 模型试验"垫层施工完成 122d 后，在垫层表面开挖直径 1.8m，深约 20cm 的浸水坑，浸水坑底铺设 10cm 角砾，承压板居于浸水坑中心位置；保持 10cm 水头持续向浸水坑中浸水 79h 后开始加压。试验典型现场如图 9.14 所示，为测试浸水效果，载荷试验结束后立即用洛阳铲取土测试载荷试验换填垫层地基的含水率，结果如图 9.15 所示。

图 9.14　试验典型现场

（a）D2-1 载荷试验现场；（b）D2-2 载荷试验现场

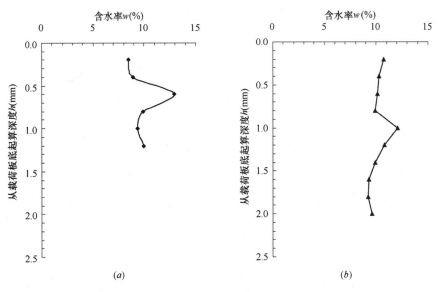

图 9.15　持续浸水条件下压实土载荷试验含水率

（a）SD2-1；（b）SD2-2

从图 9.15 可知，载荷板下"G＋4 模型试验"换填垫层（SD2-1）的含水率均大于8.0%，局部深度可达 13%，平均值约为 10%，对应饱和度约为 71%，对比表 9.1 可知浸水饱和后换填垫层深度 1m 内含水率均远大于换填垫层的天然含水率；载荷板下"G＋8模型试验"换填垫层（SD2-2）的含水率约为 10%，对应的饱和度约为 71%，对比表 9.1可知浸水饱和后换填垫层深度 2m 内含水率均远大于换填垫层的天然含水率。因此，换填垫层浸水后地基含水率均明显增加，达到了增湿的效果。

绘制浸水饱和下换填垫层载荷试验 p-s 曲线如图 9.16 所示。从图 9.16 可知"G＋4 模型试验"换填垫层和"G＋8 模型试验"换填垫层浸水饱和载荷试验 p-s 曲线均近似为直线，表明浸水饱和下换填垫层地基未出现明显破坏阶段，因此换填垫层地基浸水饱和后的承载力特征值可取最大荷载的 1/2，为 400kPa。但是在最大荷载下"G＋4 模型试验"浸水饱和换填垫层的最大沉降量为 5.835mm，而"G＋8 模型试验"浸水饱和换填垫层的最大沉降量为 3.90mm。

此外，根据式（8.13）计算不同垫层平板载荷试验对应的变形模量 E_0（MPa）。由于 p-s 曲线近似为直线，试验均取试验最大荷载和对应沉降量，计算不同垫层浸水饱和后对应的变形模量分别为 55.3MPa 和 82.6MPa；分别是天然含水率换填垫层变形模量的 0.24 倍和 0.25 倍。

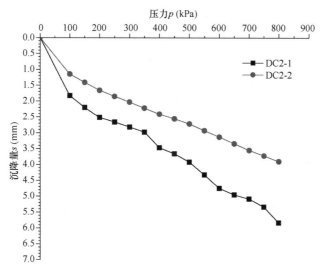

图 9.16　浸水饱和换填垫层地基载荷试验 p-s 曲线

9.2.3　小结

综上，红砂换填垫层地基变形模量比天然状态显著增加，约为天然地基变形模量的 10 倍；换填浸水饱和后变形模量比其天然含水率下变形模量降低，约为天然含水率地基变形模量的 0.24 倍。因此，换填垫层后红砂地基的变形模量和承载力均显著增加，但仍需考虑其软化特性。

9.3　G+4 模型试验

9.3.1　试验设计

（1）变形观测标布置与埋设

本试验共布置变形观测标 58 个，为防止浸水时水从深标点孔进入地基土改变渗透规律，本次试验中没有布置观测深部变形的深标点，58 个变形观测标均为浅标点，包括 A、B、C、D、E、F、G、J 共 8 个系列（图 9.2）。

变形观测标的安装区域可分为三类：1）换填压实土垫层区域；2）天然土红砂地基区域；3）基础覆盖区域。不同区域的标点采用了不同的埋设方法，其中换填压实土垫层区，标点安装在换填土垫层（图 9.4）顶面，其安装方法为基坑内换填土垫层和基础施工完成后，在换填土垫层顶面开挖平面尺寸约 20cm×20cm，深约 10cm 小坑，放入水泥砂浆，并将浅标点底盘（浅标点构造与试坑浸水试验的浅标点一致，即外径 25mm 的镀锌钢管标杆底部焊接 15cm×15cm×0.5cm 的底座）嵌入水泥砂浆当中，如图 9.17 (a) 所示，外套 60mm 直径 PVC 管并使 PVC 管也嵌入水泥砂浆中，PVC 管的长度需伸出原始地面标高（图 9.11a），标点标杆（镀锌钢管）通过螺纹连接至伸出原始地面 2m，PVC 管顶部安装 60mm 变 30mm 变径接头使标杆居中。水泥砂浆的作用是即使 PVC 管内有水，也能防止水渗入地基土当中，减小标点存在对渗透过程的影响。PVC 管的作用：一是防止房心和肥槽回填土变形对测试结果产生影响；二是在房心和肥槽回填时对标点起到保护作用。天然土区标点安装方法与试坑浸水试验浅标点安装方法相同，安装深度一般为地面下 50cm，在松散回填土较厚区域，深入松散回填土以下深度。另外，浸水试坑内天然土区由于标杆高度较高，也采用了水泥砂浆对底部进行固定。基础上标点的埋设通过在基础墙顶面预埋钢构件，焊接标杆形成浅标点，在基础上共布置了 6 个标点（J1、A10、J5、J6、A11 和 J10）。

 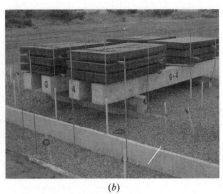

(a)   (b)

图 9.17　标点埋设

(a) 换填土垫层区标点埋设；(b) 基础上预埋件焊接标杆形成标点

所有变形观测标点均伸出原始地面 2m，在适当位置牢靠绑扎 50cm 长钢卷尺用于变形观测。试坑外最外侧浅标点距离试坑边沿 11.1m。

（2）土壤水分计布置与埋设

本次试验共布置安装土壤水分计 46 个，用于监测浸水试验过程中水的渗透范围变化及地基土含水率变化规律，埋设位置如图 9.2 所示，将所有传感器投影到南北向对称轴面的位置，如图 9.18 所示。土壤水分计埋设方法同试坑浸水试验，即采用在钻孔中埋设，土壤水分计在插入原状土中后采用棕红色砂回填钻孔并击实，每隔 1m 填水泥砂浆防水。

土壤水分计分三批埋设，第一批在换填土垫层施工完成后立即埋设 W1～W16，基础施工和房心、肥槽回填施工时对传感器电缆采取保护措施；第二批埋设浸水坑外的 W27～W46；浸水坑（天然土区）开挖后进行第三批 W17～W26 的埋设。在实际埋设中，部分传感器较设计深度有所偏差，均对实际埋设深度进行了量测，图 9.18 为各土壤水分计实际埋设的深度。

（3）土压力计的布置与埋设

本试验布置了 10 个土压力计，拟用于测试地基土在试验过程中应力的变化，土压力

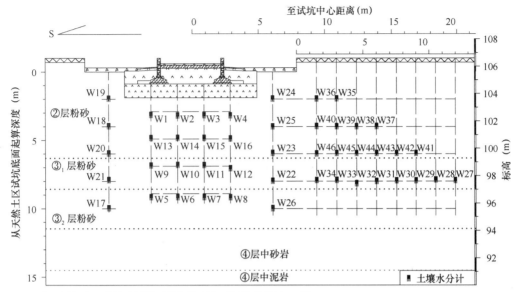

注：图中地层界线根据试坑内外各钻孔揭示地层结构进行了平均。

图 9.18　G＋4 模型试验土壤水分计埋设深度

计共 2 组，布置在基础外侧边缘，埋设深度在基础底面以下 1.0m（S3 和 S8）、2.5m（S2 和 S7）、4.0m（S4 和 S9）、5.5m（S1 和 S6）和 7.0m（S5 和 S10）。土压力计在钻孔中安装，安装方法为：直径 150mm 的钻孔钻至预定深度后，取土器清孔至预定深度以下 30cm，将孔底夯击密实，将土压力计用透明胶带绑扎在预制的 $\phi 125mm \times 300mm$ 混凝土柱顶面，将混凝土柱与土压力计一起放置在钻孔底部，回填棕红色彩砂，分层回填至孔口。使用混凝土柱的目的，一是使土压力计底部有足够刚度，二是使土压力安装得尽量水平。土压力计在换填土垫层施工完成后，基础施工前完成安装。

在钻孔中安装土压力计的方法长期以来是岩土工程界的难题，即使采用了上述措施安装土压力计，但最终的测试结果表明土压力的测试效果仍不理想，没有测出准确的自重压力。

（4）加载平台及堆载

为在基础上堆载配重，专门设计了堆载平台，主要在基础墙上现浇 4 根 $0.6m \times 0.5m \times 8.0m$ 的 C30 混凝土载荷梁，为缩短载荷梁的养护期，在混凝土中添加了早强剂。载荷梁上堆载钢板和混凝土作为配重，单张钢板规格 $3255mm \times 1800mm \times 16mm$，每 15 张钢板为 1 捆，经称重，每捆钢板平均重 10.373t。

（5）水位观测孔

利用采取不扰动土样进行室内试验的 SN4 钻孔，将其制作为水位观测孔，该孔距试坑边沿 13.6m。水位观测孔的埋设方法同试坑浸水试验，埋设 PVC 管深度为地面下 13.0m。

（6）其他

本试验中采用了分阶段浸水方式进行浸水，在浸水试坑内南北两侧天然土区与换填土垫层区（或肥槽回填土）分界上设有隔水墙。此外，为防止浸水坑壁土在浸水过程中发生坍塌,在试坑边缘施工有砖墙作为防护墙。为防止注水引起试坑内地基土产生冲刷,在试坑底铺设有10cm厚碎石。试坑内土壤水分计电缆均引至试坑边缘,以方便浸水过程中进行观测。浸水前的试坑现状如图9.19所示。

图 9.19 G+4 模型试验浸水前试坑现状(镜头向东南)

9.3.2 试验过程

(1)试验流程

本次试验现场工作项目繁多,试验之前设计了试验流程,在试验过程中又根据实际情况及时调整,使得试验各项目有序进行。G+4模型试验全过程的流程图见图9.20,试验关键时间点如表9.2所示。

试验加载分三次进行,第一次和第二次在浸水之前加载,第一次加载2d后进行第二次加载,第二次堆载沉降变形稳定后进行浸水,浸水标点变形稳定,土壤水分计显示地基土含水率增长稳定后停止浸水,待标点变形再次稳定后进行第三次加载。第一、二次加载后在载荷梁上分别有8捆和12捆钢板,第三次加载后载荷梁上有15捆钢板和12t混凝土块,相当于在基础上分别堆载了106t、147t和191t配重(含4根载荷梁重量),对应基底附加压力88kPa、123kPa和159kPa。其中第二次加载后的基底附加压力123kPa与设计单位核算的G+4楼型基底实际平均附加压力120kPa接近,在该压力下对地基土进行浸水,并测试地基基础的反应是本次试验的重点,图9.19为第二次加载后浸水前的现场图;第三次加载的目的是测试比平均附加应力大33%压力下浸水后的地基基础反应。

试坑浸水在第二次加载后进行,浸水分为如下几个过程:北坑间歇性浸水→北坑持续浸水→满坑持续浸水→停水→(第三次加载后)满坑持续浸水→停水。原计划首先在北侧天然土区进行浸水,但实施过程中发现在天然土区和肥槽回填土区之间施工的隔水墙并不能起到隔水作用,水从隔水墙下部渗入肥槽回填土区,天然土区水头较高时还会出现管涌，将隔水墙下部棕红色砂土掏空。在北坑进行间歇性浸水的目的在于延长水的渗透和地基基础的变形过程，测试小浸水量下水的渗透范围与规律，以及地基基础的反应；在北坑进行持续浸水的目的在于测试基础外单侧长时间浸水的渗透范围与规律，以及地基基础的反应；试坑内满坑持续浸水的目的在于综合检验极端渗水（包括房屋内管道漏水）条件下的地基基础反应与渗透范围。

（2）停止浸水条件和沉降稳定标准

参考《湿陷性黄土地区建筑规范》GB 50025—2004 的有关规定，浸水及变形稳定标准如下：

① 停止注水标准：规范规定浸水过程中试坑内的水头高度保持在 30cm 左右，至土层变形稳定后可以停止注水，变形稳定标准为最后 5d 的平均变形量小于 1mm/d。实际试验时，采用拉水车拉水与市政消防水供水相结合的方式注水，由于市政消防水不稳定，经常停水，拉水车难以控制拉水时间，因此试坑内水头没有保持恒定。试验中地基基础发生的

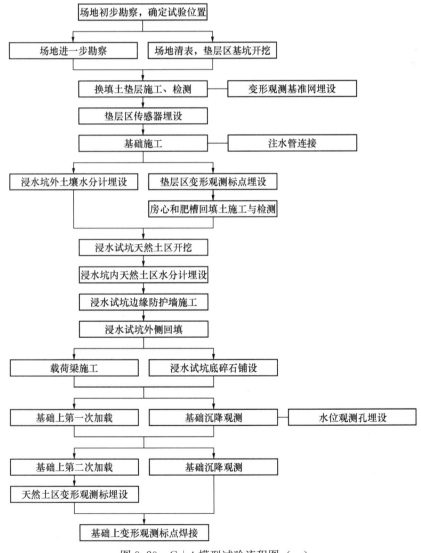

图 9.20　G+4 模型试验流程图（一）

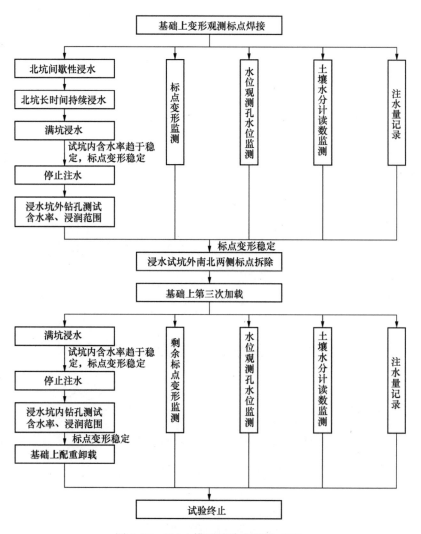

图 9.20　G＋4 模型试验流程图（二）

注：试验过程中对土压力计也进行了监测，但由于监测结果不理想，本报告不对其结果进行分析和详细叙述。

变形较小，变形稳定标准容易满足，停止注水的条件主要考虑浸水坑内土壤水分计的测试结果是否趋于稳定（针对第二次加载浸水）。

②试坑内停止注水后，应继续观测不少于 10d，当出现连续 5d 的平均下沉量不大于 1mm/d 时，试验可以终止。实际观测时，地基基础发生的变形较小，变形稳定标准也容易满足，但停水后观测了 25d（第二次加载浸水），直至浸水试坑底以下 6m 范围内地基土含水率发生明显减小。

（3）变形观测基准网

G＋4 模型试验变形观测采用的基准网和试坑浸水试验一致，如图 7.18 所示，变形观测从 BM5（距 G＋4 模型试验坑 39.5m）引测，引测基准点和测量标点之间布设了工作基点（GJ2，距浸水坑 20.0m），为试验需要，在浸水试坑东南角、西北角和南侧中部设置了三个观测站（分别为 3 号、5 号和 7 号观测站）。其他有关观测方法见 7.3.2 节。

根据基准网观测结果，在整个试验过程中 BM1～BM3 都是稳定的，但受到现场试坑浸水和本次浸水影响，BM4 和 BM5 在试验过程中发生了显著抬升，其中 BM5 发生显著抬升是在本次试验浸水后 50d，至浸水后第 177d 最后一次观测，BM5 共发生 10.97mm 抬升，如图 9.21 所示。在分析 G+4 试验变形观测标的变形时，根据 BM5 基准点的变化曲线对各标点数据进行了校正。

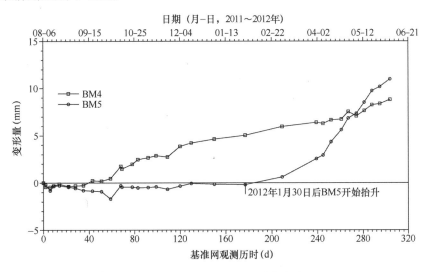

图 9.21　BM4 和 BM5 基准点变形

注：正值表示抬升，负值表示下降。

（4）试验测试项目

本试验测试项目包括：①地基和基础变形观测；②地基土含水率测试；③水位观测孔水位监测；④浸水前后钻孔原位测试指标对比。

在地基和基础的变形观测中，基础上第一次加载和第二次加载前后 45d 内采用铟钢尺对地基土天然含水率下的基础变形（6 个标点）进行连续观测，累计观测 26 次；浸水前后每天连续对所有地基基础上的标点进行观测，观测期为浸水前 21d 开始，至浸水后第 150d 结束，历时 171d。其中浸水前 21d 至浸水后第 88d，每天观测 58 个标点，共观测 104 次；浸水后第 88d 至浸水后第 122d，每天观测 48 个标点，共观测 19 次；浸水后第 122d 至浸水后第 150d，每天观测 44 个标点，共观测 49 次。

地基土含水率测试包括对 46 个土壤水分计的监测，以及浸水前后钻孔采取土样进行含水率测试。其中土壤水分计的监测从各传感器埋设后即开始进行，浸水后每隔 2h 进行一次土壤水分计测试，截止浸水后第 143d，共获得土壤水分计测试结果 88826 个。浸水前在 Z13、W5、W17、W26、W30 和 S10 钻孔（位置如图 9.2 所示）中间隔 0.5m 取土进行含水率测试，另在每个安装土壤水分计钻孔底部取土进行含水率测试；浸水后在试坑外完成了 13 个钻孔（ZC1～ZC12，ZF1，如图 9.2 所示），间隔 0.5m 取土进行含水率测试，以标定试坑外土壤水分计并分析最终浸润范围；试坑内完成 3 个洛阳铲孔（SL1～SL3，取土间隔 0.2m），6 个钻孔（ZC13、ZC14、ZC16、ZC17、ZC19、ZC20，取土间隔 0.5m）测试试坑内含水率情况以及标定试坑内土壤水分计。

水位监测孔的水位监测从浸水后第 32d 开始，一直持续到浸水后第 151d。

浸水前后的钻孔原位测试指标对比，浸水前在 W5、W17、W26、W30 和 S10 五个钻孔中进行了标准贯入试验，在 W8 和 S5 两个钻孔中进行了连续重型动力触探试验；浸水后在 ZC12、ZC14 和 ZC17 三个钻孔中进行了标准贯入试验，在 ZC15 和 ZC18 钻孔中进行了连续重型动力触探试验。

（5）试验异常情况及处置

试验浸水过程中，试坑外侧地基土在水的作用下丧失黏聚力，在土压力作用下试坑外侧地基土向坑内方向上发生位移，而试坑边缘防护墙采用景观砖砌成，强度不足，致使防护墙上多处出现开裂和倾斜。在开裂位置采取了在防护墙外侧开挖一定深度地基土，以减小土压力的处理措施。

9.3.3 试验结果与分析

1. 注水量

G+4 模型试验试坑累计注水 111d，共向浸水坑内注水 5530m³，停水第 2d，坑内水头即完全消散。试验由拉水车和市政消防水一起供水，受客观因素影响，供水量经常不足，即使在持续浸水期，试坑中也出现了无水情况，水头高度也无法进行控制。试验中对"北坑""南坑"和"房心区"有水时间段进行了详细记录，如图 9.22 所示，在整个试验期间，北坑有水时间段合计 51d，南坑有水时间段合计 35d，房心区有水时间段合计 14d。

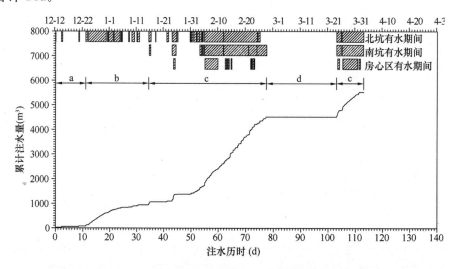

图 9.22　G+4 模型试验累计注水量随时间变化曲线
a—北坑间歇浸水期；b—北坑持续浸水期；c—满坑持续浸水期；d—中间停水期

在"北坑间歇浸水期"（浸水后第 11d 至浸水后第 22d）共向浸水坑内注水 79m³；"北坑持续浸水期"（浸水后第 22d 至浸水后第 45d），共向浸水坑内注水 869m³；第二次加载后的"满坑持续浸水期"（浸水后第 36d 至浸水后第 79d），共向浸水坑内注水 3570m³；第三次加载后的"满坑持续浸水期"（浸水后第 105d 至浸水后第 125d），共向浸水坑内注水 1012m³。

累计注水量随时间的变化曲线如图 9.22 所示，浸水现场如图 9.23 所示。

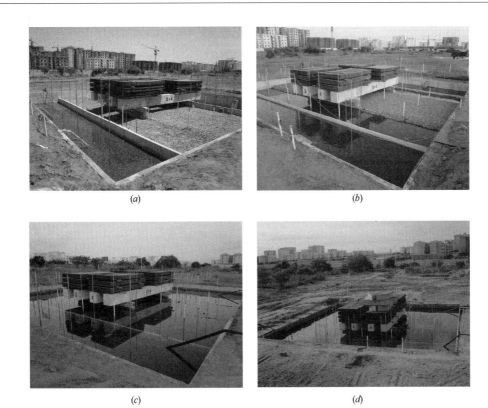

图 9.23 G+4 模型试验浸水场景

(a) 北坑浸水场景；(b) 南、北坑同时浸水场景；(c) 满坑浸水场景（第二次加载后）；
(d) 满坑浸水场景（第三次加载后）

2. 浸水影响范围与渗透规律

（1）浸水浸润范围

第二次加载停水期间（浸水后第 76d 至浸水后第 86d），在试坑外布置 ZC1～ZC12 和 ZF1 共计 13 个钻孔，取样测试不同深度红砂含水率，以查明满坑持续浸水后红砂地基土的浸润范围。钻孔位置如图 9.2 所示，有关技术参数如表 9.2 所示。

G+4 模型试验钻孔技术参数一览表 表 9.2

孔号	孔口标高 （m）	孔深（m）	类别	完成时间 （月/日）	备注
Z12*	106.70	16.4	取不扰动土	6/15	查明天然状态地基土性质
Z13*	106.70	13.2	取扰动土	6/16	测试地基土含水率，至13m
Z14*	106.96	13.7	取不扰动土	6/17	查明天然状态地基土性质
W5*	104.69	8.3	标贯孔	7/20	标贯及含水率测试至8m
W8*	104.68	8.3	动探孔	7/16	连续动探至6.2m
W17*	105.49	9.9	标贯孔	8/27	标贯测试至9m，含水率测试至9.5m
W26*	105.48	9.9	标贯孔	8/29	标贯测试至9m，含水率测试至9.9m

续表

孔号	孔口标高（m）	孔深（m）	类别	完成时间（月/日）	备注
W30*	106.81	9.2	标贯孔	7/24	标贯及含水率测试至9m
S5*	104.70	7.3	动探孔	7/15	连续动探至7.2m
S10*	104.69	7.3	标贯孔	7/15	标贯及含水率测试至7m
SL1	106.01	1.0	洛阳铲孔	2/21	含水率测试至1.0m
SL2	106.01	3.0	洛阳铲孔	2/21	含水率测试至3.0m
SL3	106.00	1.2	洛阳铲孔	2/21	含水率测试至1.2m
ZF1	107.00	10.0	取扰动样	2/24	含水率测试至10m
ZC1	106.76	10.0	取扰动样	2/25	含水率测试至10m，查浸润范围及标定土壤水分计
ZC2	106.78	10.0	取扰动样	2/25	
ZC3	106.76	10.0	取扰动样	2/25	
ZC4	106.75	10.0	取扰动样	2/25	
ZC5	106.73	10.0	取扰动样	2/26	
ZC6	106.69	10.0	取扰动样	2/26	
ZC7	106.66	10.0	取扰动样	2/26	
ZC8	106.55	10.0	取扰动样	2/26	
ZC9	106.55	15.5	取扰动样	2/27	含水率测试至15.5m，查浸润范围
ZC10	106.72	16.0	取扰动样	2/29	含水率测试至16m，查浸润范围
ZC11	106.76	16.0	取扰动样	3/1	含水率测试至16m
ZC12	106.65	16.0	标贯孔	3/3	标贯及含水率测试至16m
ZC13	105.50	10.5	取扰动样	4/5	含水率测试至10.5m，标定土壤水分计
ZC14	105.79	10.0	标贯孔	4/5	标贯及含水率测试至10m，标定土壤水分计
ZC15	106.16	8.0	动探孔	4/3	连续动探至8.0m
ZC16	105.94	10.0	取扰动样	4/4	含水率测试至10m，标定土壤水分计
ZC17	106.02	10.0	标贯孔	4/3	标贯及含水率测试至10m
ZC18	105.98	8.0	动探孔	4/3	连续动探至8.0m
ZC19	105.68	10.0	取扰动样	4/4	含水率测试至10m，标定土壤水分计
ZC20	105.43	10.5	取扰动样	4/5	含水率测试至10.5m，标定土壤水分计

注：带"*"钻孔在浸水前进行，其余孔在停水后进行；除SL系列孔为洛阳铲孔外，其余均采用钻机成孔。

根据土壤水分计的监测结果，可以确定每个水分传感器位置地基土被水浸湿的时间，进而可确定不同时间地基土中水的浸润范围；满坑持续浸水后，除试坑外W35传感器受水浸湿作用不明显外，其他传感器测值均有显著增大，采用钻孔确定了试坑外不同位置的浸润深度。

根据土壤水分计和钻孔含水率测试结果，绘制了不同时期地基土浸润线如图9.24所示。

根据图9.24及有关测试结果，对不同时期的地基土的浸润范围有如下认识：

① 在北坑间歇性浸水期间，共向试坑内浸水三次，三次浸水后的浸水总量为

20.08m³、54.34 m³ 和 78.83m³，分别相当于在短时间有 446mm、1208mm 和 1752mm 的降雨量（此三次浸水的浸水面积为 45m²）。在第一次浸水后，北坑底之下 4m 传感器测值有明显增大，6m 传感器未有增长，表明在一般非低洼积水地段，446mm 降雨量下降雨的影响深度在 6m 左右（考虑降雨没有侧向渗透可能影响深度更大些）；第二次浸水后，水的浸润深度超过 10m，试坑外距试坑 1.5m 距离，深度 2～8m 地基土均有被水浸润的作用，但基础下传感器仍未受到浸润作用。

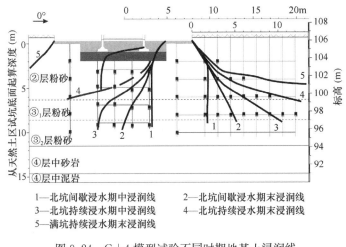

图 9.24　G＋4 模型试验不同时期地基土浸润线

② 在南坑开始浸水之前，试坑天然土区以下 2.0m（W19）、4.0m（W18）和 6.0m（W20）传感器未受到水的浸润作用，南坑开始浸水后，由于经常发生断水，实际上也相当于间歇性浸水。前三次间歇性浸水后对 W18～W20 传感器进行自动监测，数据采样间隔 4min 左右，因此能较准确测试水浸润到传感器的时间，监测结果如图 9.25 所示，从图中可以看出，第一、二、三次浸水后，水到达相同深度传感器的时间具一定差异，如到达 2m 传感器的时间分别为 3.92h、3.70h 和 3.50h，到达 6m 传感器的时间分别为 16.27h、13.30h 和 12.72h（可计算得棕红色粉砂②层中，水向下渗透的速度为 0.37～0.47m/h），表明地基土中初始含水率越大，水越容易浸入下部土体，进而在相同浸水量下水的影响深度更深。

③ 北坑持续浸水后，浸润范围逐渐按图 9.24 曲线"1"→"2"→"3"发展，即浸润范围从浸水坑内向浸水坑外，从下部地层向上部地层逐渐发展，并最终稳定于曲线"4"的实线。若考虑浸润范围的对称性，按试坑外（北侧）浸润线，换填土垫层之下浸润线应如曲线"4"虚线所示，出现曲线"4"实线浸润范围的原因可能是肥槽及房心回填土密度较小，而换填土垫层密度较大，使得垫层起到相对隔水的作用，水在肥槽及房心回填土中可以侧向渗透得较远，因此若基础以上边墙能起到较好的隔水作用，预计地基土的浸润范围应如曲线"4"虚线所示。但不管如何，图 9.24 表明在试验地层条件下，若建筑物周围有充足下渗水源时，建筑外侧基础的持力层范围内地基土是可以受到水的浸润作用的。

④ 满坑持续浸水后，所有传感器中仅剩 W35 没有明显受到水的浸润作用，试坑内外钻孔揭示地基土浸润范围如图 9.24 曲线 5 所示，在试坑（天然土区）底面以下 4m 范围内浸润线坡度较陡，与水平面的夹角约 46°，但 4m 以下浸润线坡度较缓，与水平面的夹

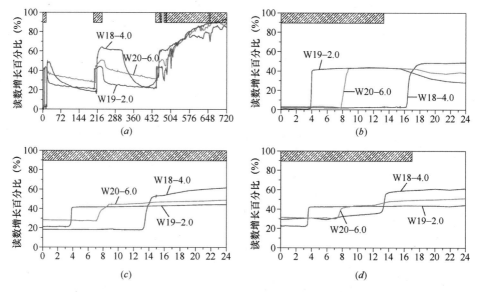

图 9.25　南坑间歇浸水后传感器受水时间比较

（a）南坑开始浸水后历时（h）；（b）南坑第一次浸水后历时（h）；

（c）南坑第二次浸水后历时（h）；（d）南抗第三次浸水后历时（h）

注：1. 图中斜线填充时间段内南坑有水；

2. 读数增长百分比为传感器该时刻读数减去初始读数与试验中最大读数减去初始读数的比值。

角仅约 $10°$，表明若浸水时间足够长，浸润的范围在平面上可以延伸较远。距试坑边沿 13.6m 的水位观测孔 SN4，监测到的最高水位标高也达到 100.09m（图 9.26），与图 9.24 距试坑相同距离的浸润深度比较，水位标高较浸润线低 1.0m。此外，距试坑边沿 39.5m 的基准点 BM5 在浸水后发生了明显的变形（图 9.21），表明本试验浸润的范围在平面上要大于 39.5m。

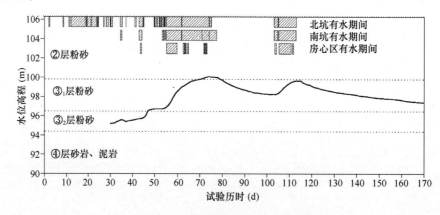

图 9.26　G＋4 模型试验水位观测孔监测结果

（2）浸水后含水率

如图 9.27 所示为本试验不同区域浸水前后钻孔测试得到的地基土含水率对比图，从图 9.27 可以看出，试坑内钻孔深度各土层均受到水的浸润作用。综合分析浸水后期未停水之前房心（肥槽）回填土、换填土垫层、②层粉砂、③₁层粉砂、③₂层粉砂和

④层砂岩的平均含水率分别为 12.8%、11.1%、13.5%、14.1%、13.5% 和 15.8%，对应平均饱和度为 66%、80%、56%、64%、70% 和 74%，大致有地基土越密实，浸水后饱和度越大的规律。根据室内试验研究有关结果，地基土在上述含水率下，已不具湿陷性。

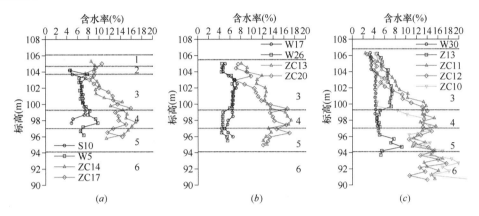

图 9.27　G＋4 模型试验浸水前后地基土含水率对比（彩图见文末）

(a) 试坑内垫层区；(b) 试坑内天然土区；(c) 试坑外

1—房心、肥槽回填土；2—换填土垫层；3—②层粉砂；4—③$_1$ 层粉砂；5—③$_2$ 层粉砂；6—④层砂岩、泥岩

注：受钻探时间影响，上部土体含水率较浸水过程中有所降低。

按 7.3.2 节所述方法，根据土壤水分计安装时取土得到的质量含水率和传感器读数，以及停水后钻孔取土测试得到的地基土质量含水率与相应位置和时间的传感器读数，将各传感器实测读数转换成质量含水率，绘制试坑内北侧天然土区传感器的"转换质量含水率"时间曲线如图 9.28 所示。

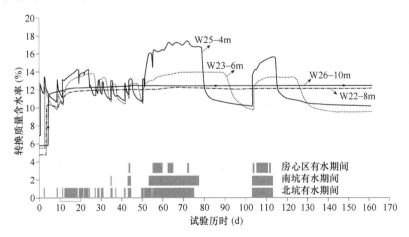

图 9.28　G＋4 模型试验试坑内北侧天然土区传感器转换含水率时间曲线

从图 9.28 中可以看出，浅部地基土排水条件较好，含水率在停水后很快衰减，因此其随时间变化曲线与浸水坑中有无水源供给关系密切，而且含水率值与试坑中有水的时间长短有关，长时间浸水时，含水率变化有一个急剧增大→缓慢增加→稳定的过程。而深部地基土含水率在急剧增加后很快达到稳定，停水后由于排水不畅，其含水率减小需要经历

的时间也较长。

3. 地基基础变形

（1）基础浸水前加压过程中沉降

浸水前，在基础两次加载前后，采取精密水准仪配合铟钢尺对预埋在北侧基础墙上的 J1、A10、J5 和南侧基础墙上的 J6、A11、J10 标点进行了变形观测，两次加载后的沉降观测结果如表 9.3 所示，表中测量结果以载荷梁施工完成后，配重加载前，基底附加压力为 19kPa 时测量数据为基准（变形 0.0mm），第一次和第二次加载后基础的总沉降平均值分别为 0.89mm 和 1.92mm。

（2）浸水后地基基础变形

自浸水前 2d 开始，至浸水后第 169d，对试坑内外的浅标点（最初埋设 58 个，后期由于加载和卸载需要拆除或破坏了 10～15 个标点）进行了（竖向）变形观测，历时共 171d。每间隔 1d 观测标点 1 次。

标点	G＋4 模型试验基础浸水前加载过程中沉降 表 9.3 竖向位移（mm）	
	基底附加压力 88kPa（第一次加载）	基底附加压力 123kPa（第二次加载）
J1	−0.8	−1.6
A10	−1.0	−1.9
J5	−0.6	−2.1
J6	−1.4	−2.2
A11	−0.7	−2.0
J10	−0.8	−1.7

注：表中负值表示下沉；以载荷梁施工后，配重加载前（对应基底附加压力 19kPa）标点测量数据为沉降测量基准。

A～G 和 J 共 8 个系列标点从浸水开始日起的实测竖向位移（正值表示抬升，负值表示下降）随时间变化曲线如图 9.29～图 9.36 所示。由于 C1、D1、E1 处于施工坡道位置，

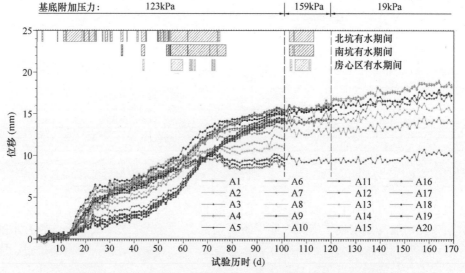

图 9.29　G＋4 模型试验 A 系列标点变形随时间曲线（彩图见文末）

虽然这三个标点的埋设深度超过 1.0m，但其下还存在一定厚度未经压实的回填土，因此这三个标点在浸水后的变形规律与其他标点明显不同，未绘入图中。

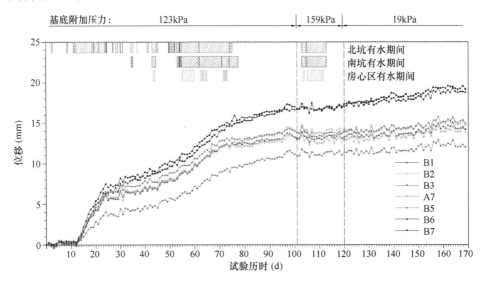

图 9.30　G＋4 模型试验 B 系列标点变形随时间曲线（彩图见文末）

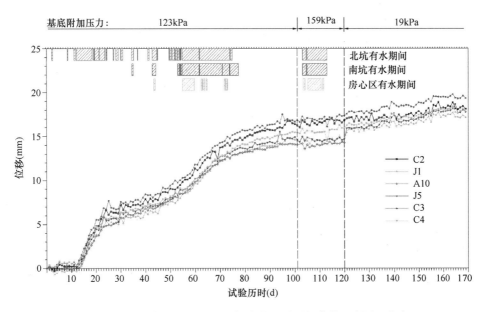

图 9.31　G＋4 模型试验 C 系列标点变形随时间曲线（彩图见文末）

各标点在不同时间的实测竖向位移结果如表 9.4 所示。

分析试验过程中各标点的实测竖向位移数据，可得如下认识：

① 除位于未经压实回填土地带的标点外，其余标点的竖向位移均表现为浸水后抬升，表明试验条件下地基基础在浸水后发生了抬升现象，浸水后第 150d 最后一次观测时，标点抬升最大的为 C3 标点，累计抬升 19.3mm。依据"试坑浸水试验"深标点测试结果，抬升主要是由于下部泥岩浸水膨胀导致。

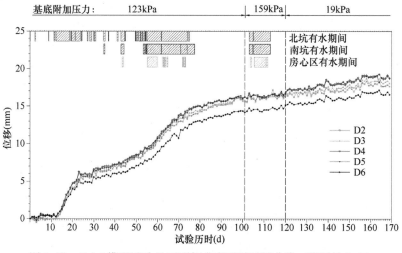

图 9.32 　G＋4 模型试验 D 系列标点变形随时间曲线（彩图见文末）

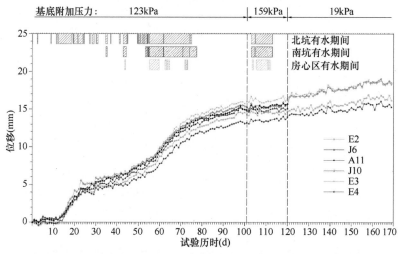

图 9.33 　G＋4 模型试验 E 系列标点变形随时间曲线（彩图见文末）

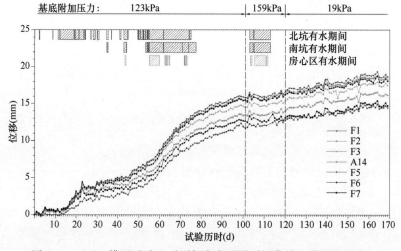

图 9.34 　G＋4 模型试验 F 系列标点变形随时间曲线（彩图见文末）

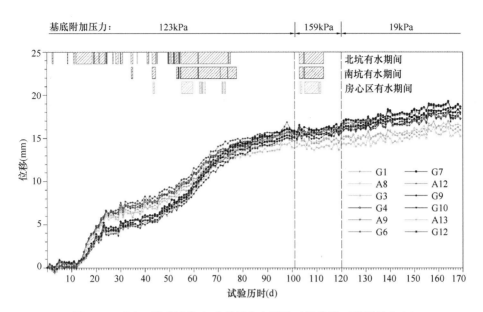

图 9.35　G＋4 模型试验 G 系列标点变形随时间曲线（彩图见文末）

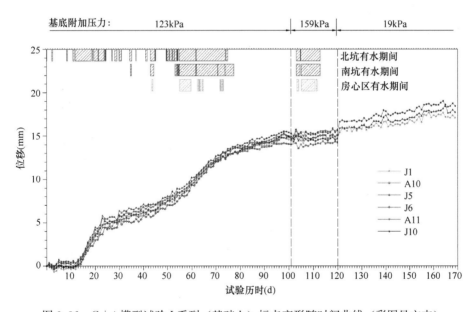

图 9.36　G＋4 模型试验 J 系列（基础上）标点变形随时间曲线（彩图见文末）

G＋4 模型试验不同时间各标点实测竖向位移（单位：mm）　　　　表 9.4

标点	浸水后第 12d	浸水后第 36d	浸水后第 79d	浸水后第 102d	浸水后第 122d	浸水后第 150d
A1	0.2	5.9	11.0	12.0	—	—
A2	0.1	6.2	10.6	11.1	—	—
A3	0.2	5.7	9.6	9.7	—	—
A4	0.1	5.8	8.8	9.0	—	—

标点	浸水后第 12d	浸水后第 36d	浸水后第 79d	浸水后第 102d	浸水后第 122d	浸水后第 150d
A5	0.2	5.8	9.1	9.3	—	—
A6	0.2	5.9	9.4	9.8	9.5	10.0
A7	0.3	6.5	12.1	13.3	13.0	13.9
A8	0.0	6.3	12.7	15.0	15.3	15.3
A9	0.2	6.9	15.1	15.3	15.6	17.2
A10	0.0	6.1	12.9	15.1	15.3	—
A11	0.4	5.5	13.5	15.0	15.7	—
A12	0.6	5.5	15.0	15.6	16.1	—
A13	0.5	5.9	13.6	15.6	16.1	18.5
A14	0.5	5.5	13.4	15.5	16.3	18.2
A15	0.6	3.5	11.7	15.3	15.2	16.6
A16	0.5	3.0	11.5	13.9	—	—
A17	0.7	2.9	11.7	15.3	—	—
A18	0.6	2.4	11.5	15.4	—	—
A19	0.8	2.5	12.0	15.1	—	—
A20	0.7	2.0	11.4	15.9	—	—
B1	0.2	5.1	9.5	11.1	11.4	12.0
B2	0.5	6.4	12.5	15.1	15.2	15.7
B3	0.4	6.4	12.4	13.2	13.3	15.2
(A7)	0.3	6.5	12.1	13.3	13.0	13.9
B5	0.0	7.2	12.9	15.0	13.9	15.9
B6	0.2	8.3	15.3	17.0	17.1	18.8
B7	0.5	7.9	15.0	16.6	17.3	19.2
C1	0.1	−1.2	−17.9	−16.2	−16.6	−15.6
C2	0.2	7.0	15.6	16.4	16.8	18.1
C3	0.7	7.6	15.4	16.6	17.4	19.3
C4	0.8	6.7	13.9	15.4	15.9	17.8
D1	0.1	2.5	−2.4	−0.3	−0.2	1.0
D2	0.0	6.2	13.9	15.9	16.4	17.6
D3	0.0	6.4	15.2	15.6	16.5	18.0
D4	0.5	6.9	15.9	16.0	16.7	18.8
D5	0.4	6.7	15.8	16.1	16.8	18.7
D6	0.6	5.7	12.8	15.4	15.1	16.5
E1	−0.1	3.9	2.1	5.2	5.6	5.9
E2	−0.1	5.8	12.3	15.6	15.7	16.1

标点	浸水后第12d	浸水后第36d	浸水后第79d	浸水后第102d	浸水后第122d	浸水后第150d
E3	0.7	6.1	15.3	15.7	16.4	18.3
E4	0.7	5.6	11.8	13.1	15.0	15.3
F1	−0.1	2.4	9.7	11.9	12.8	15.4
F2	0.5	3.8	11.4	13.4	15.0	16.2
F3	0.5	5.4	12.5	15.6	15.4	17.5
(A14)	0.5	5.5	13.4	15.5	16.3	18.2
F5	0.6	5.6	13.9	15.9	16.7	18.6
F6	0.8	5.3	13.3	15.4	16.3	18.1
F7	0.7	3.3	10.9	12.7	13.1	15.7
G1	0.4	6.5	13.3	15.7	15.0	16.0
(A8)	0.0	6.3	12.7	15.0	15.3	15.3
G3	−0.1	7.1	13.7	15.9	15.9	16.5
G4	0.3	7.1	15.3	15.7	16.2	17.3
(A9)	0.2	6.9	15.1	15.2	15.6	17.2
G6	0.0	7.5	15.8	15.9	16.4	18.0
G7	0.6	5.2	13.5	15.2	15.8	18.0
(A12)	0.5	5.5	13.9	15.5	16.1	—
G9	0.8	5.5	15.3	15.9	16.5	18.7
G10	0.6	5.8	13.1	15.9	15.6	17.8
(A13)	0.5	5.9	13.6	15.6	16.1	18.5
G12	0.8	5.0	15.0	15.9	16.6	18.4
J1	−0.3	5.7	12.9	15.6	15.8	17.1
J6	−0.2	5.1	13.0	15.9	15.1	—
(A10)	0.0	6.1	12.9	15.1	15.3	—
(A11)	0.4	5.5	13.5	15.0	15.7	—
J5	0.4	6.7	13.6	15.9	15.7	17.7
J10	0.6	6.0	13.8	15.4	15.6	18.5

②典型标点竖向位移曲线如图 9.37 中 B6 标点所示，标点变形与浸水量密切相关，浸水前期北坑间歇性浸水期间的第 1d 至第 13d，该期间浸水量较小，各标点竖向位移均无明显变化；浸水后第 14d 至浸水后第 26d，北坑持续浸水且供水量相对充足，各标点的变形速度加快；浸水后第 27d 至浸水后第 52d，虽然是北坑或满坑持续浸水期，但由于水量供应不足，实际上为间歇性浸水，各标点的变形速度减缓；浸水后第 53d 至浸水后第 77d，供水量再次加大，各标点的变形速度也再次加快；浸水后第 78d 后，地基土变形趋于稳定，各标点变形速度再次减缓。

③ 如图 9.38 所示为 A 系列标点不同时期的变形剖面，浸水第 1d 至浸水第 55d，注水

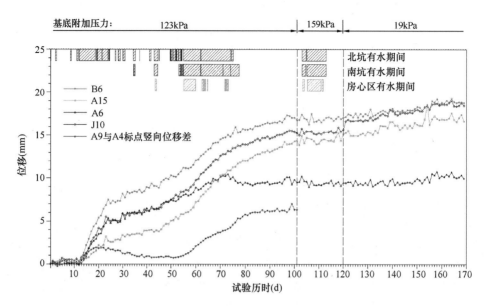

图 9.37　G+4 模型试验典型变形曲线

主要在北坑中进行，受浸润时间和浸润程度的影响，浸水坑以南标点的抬升变形明显较小，之后随着南坑及满坑浸水时间的延长，南部标点的抬升变形速度加快，并逐渐大于浸水坑以北地基土的变形。

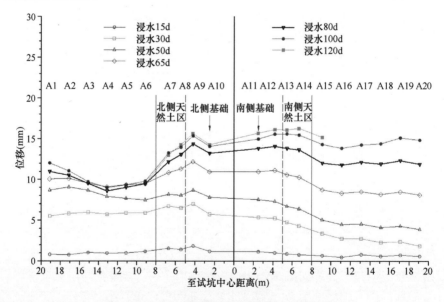

图 9.38　G+4 模型试验 A 系列标点变形剖面

④ 如图 9.29 中的 A2～A7 标点所示，在浸水第 75d 后的一段时间内有一个变形减小的过程；图 9.38 也显示在浸水第 52d 后 A1～A9 标点间逐渐出现一个变形槽，"变形槽"以 A4 标点为中心，发展至浸水后第 103d，槽深为 6.3mm（A9 与 A4 标点位移之差），最大倾斜出现在 A6 和 A7 标点之间，为 1.7‰。两种因素可能是造成该"变形槽"的原因，一种因素是由于地层差异引起，另一种因素则可能是由于 G+4 模型试验浸水坑北侧原有

树木存在，该区域含水率低（图 9.27 中 W30），地基土湿陷性相对较强，浸水后发生湿陷所致。上述两种原因中究竟是哪种原因导致"变形槽"的出现，根据测试资料均难以确认，但即使是由于湿陷造成，该量值仍然是比较小的；如果是湿陷造成的浸水坑北侧地基土沉降，根据土壤水分计监测结果，湿陷发生的深度应在"天然土区试坑底面"标高下 3.4～5.5m（原地面下 5.6～6.7m，浸润范围从图 9.24 中曲线"4"到曲线"5"）范围内。

⑤ 如图 9.38 所示，从 A 系列标点变形剖面上看，浸水试验过程中基础附近形成的"变形槽"不明显；图 9.39 和图 9.40 分别为根据标点测试数据绘制的浸水坑内浸水后第 36d（北坑持续浸水期末）和浸水后第 102d（基础第三次加载前）的竖向位移等值线图，图 9.41 为浸水坑内浸水后第 102d 竖向位移三维图，从图中可以看出，在基础区域附近有一个"变形凹陷"，但凹陷深度较小，表明试验条件下浸水，红砂未产生明显湿陷变形。从图中还可以看出，试验过程中基础上标点间的差异变形较小（1.4mm 左右）；基底附加压力从 123kPa 增加到 159kPa 后，基础竖向位移变化的幅度也较小；基底附加压力从 159kPa 减小至 19kPa（卸载）后，基础有少量回弹变形。G+4 模型试验在基底附加压力 123kPa 和 159kPa 作用下浸水，基础的平均抬升量分别为 15.82mm 和 15.03mm。

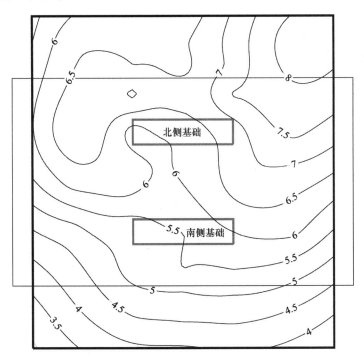

图 9.39　G+4 模型试验浸水坑内变形等值线

4. 浸水前后钻孔原位测试指标比较

浸水前在换填土垫层区内的 W5、S10 以及天然土区的 W17、W26、W30 钻孔中进行了标准贯入试验，浸水后在换填土垫层区的 ZC14、ZC17 和天然土区的 ZC12 钻孔中进行了标准贯入试验，同时在这些钻孔中取土进行了含水率测试。得到换填土垫层区浸水前后

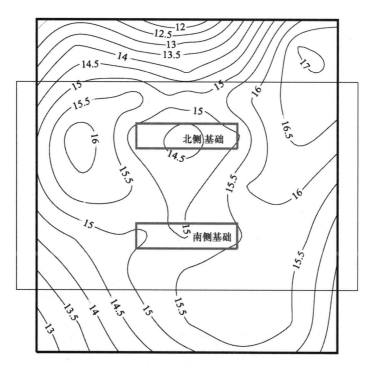

图 9.40　G+4 模型试验浸水坑内变形等值线

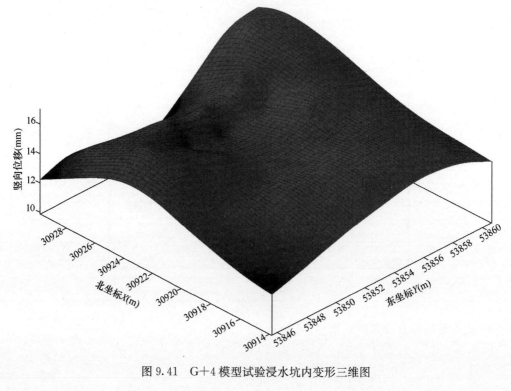

图 9.41　G+4 模型试验浸水坑内变形三维图

标准贯入试验对比如图 9.42 所示，天然土区浸水前后标准贯入试验对比如图 9.43 所示。

　　浸水前在 S5、W8 孔中进行了连续重型动力触探试验，浸水后在 ZC15 和 ZC18 孔中也进行了连续重型动力触探试验，这 4 个勘探孔均位于换填土垫层区，浸水前后的重型动力触探试验对比如图 9.44 所示。

　　分析图 9.42～图 9.44 可以得到如下认识：

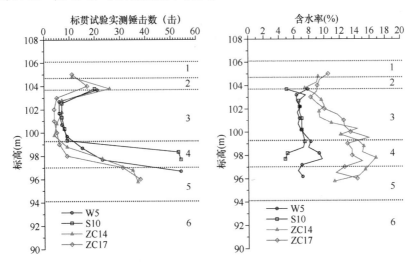

图 9.42　G+4 模型试验换填土垫层区浸水前后标贯试验对比

1—房层、肥槽回填土；2—换填土垫层；3—②层粉砂；

4—③₁层粉砂；5—③₂层粉砂；6—④层砂岩、泥岩

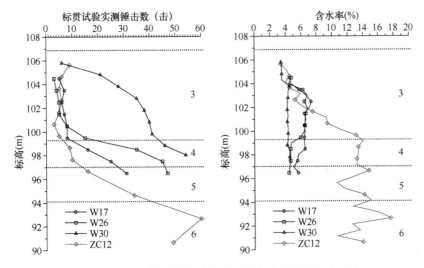

图 9.43　G+4 模型试验天然土区浸水前后标贯试验对比

3—②层粉砂；4—③₁层粉砂；5—③₂层粉砂；6—④层砂岩、泥岩

　　(1) 根据颜色和包含物对红砂的分层，其分层界限同时也是力学性质的分层界限，不同土层的力学性质具有明显差别，不论是在浸水前还是在浸水后，③₂层粉砂的力学性质明显优于②层粉砂，③₁层粉砂为两者之间的过渡层。

　　(2) 换填土垫层在施工之前，要求在开挖的基坑底洒水后碾压，根据浸水前后换填土

垫层区动力触探试验结果，动力触探锤击数在换填土垫层底以下 0.4～0.5m 范围内明显增大，其下动力触探锤击数和原状土无异，考虑一般动力触探经验，上为硬土层下为软土层时，动力触探的滞后效应深度约 0.2m，因此基底原土洒水碾压的影响深度仅为 0.2～0.3m。

（3）不管是回填土层，还是②层粉砂和③层粉砂，在浸水后力学指标都发生了降低，浸水前后的钻孔原位测试统计指标对比如表 9.5 所示。值得注意的是②层粉砂在含水率较低时，标准贯入试验指标较大（W30 孔数据），表明具有较好力学性质，但随含水率的增大，标准贯入试验指标迅速降低，随着含

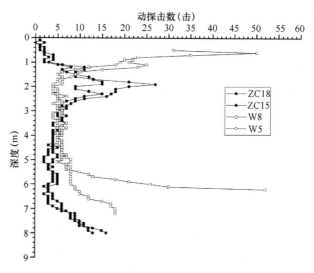

图 9.44　G＋4 模型试验浸水前后动力触探试验对比
1—房心、肥槽回填土；2—换填土垫层；
3—②层粉砂；4—③₁层粉砂；5—③₂层粉砂
注：S5 和 W8 在浸水前试验，ZC15 和 ZC18 在浸水后试验。

水率的进一步增大，力学指标变小的幅度变小，本场地粉砂②层含水率 5.3％（W30 孔等树木区含水率）、6.6％（浸水前一般孔含水率）和 13.5％（持续浸水后含水率）时的标准贯入试验锤击数分别约为 36 击、7 击和 4 击；换填土垫层和粉砂③₂层在浸水后其标准贯入指标和动力触探指标较浸水前有较大幅度降低，表明其在浸水作用下也发生了软化，但浸水后的指标仍然相对较大，表明其在浸水后仍具有相对较好的力学性质。

（4）肥槽及房心回填土（平均干密度 1.77g/cm³）动力触探锤击数比②层粉砂（平均干密度 1.62g/cm³）低，表明结构扰动对红砂的工程性质有削弱作用，浸水后的原状红砂仍具有一定结构强度。

G＋4 模型试验浸水前后钻孔原位测试指标统计　　　　　　　　　表 9.5

层号	值别	浸水前			浸水后		
		含水率（％）	标贯实测击数（击）	动探实测击数（击）	含水率（％）	标贯实测击数（击）	动探实测击数（击）
肥槽、房心回填土	范围值	—	—	—	8.5～10.5	—	1～9
	平均值	—	—	—	9.4	11	2.8
换填土垫层	范围值	5.5～5.6	—	20～50	7.4～9.4	17～26	6～21
	平均值	5.6	20	30.0	8.7	22	13.1
②层粉砂	范围值	3.4～7.8	3～35	4～12	2.7～15.9	3～7	2～8
	平均值	5.8	10	5.7	9.1	5	5.0
③₁层粉砂	范围值	5.2～9.3	15～54	7～30	13.0～16.1	6～10	3～13
	平均值	5.9	37	12.4	15.1	9	8.2
③₂层粉砂	范围值	5.4～7.1	31～54	—	10.6～15.4	16～35	—
	平均值	5.6	44	—	13.1	29	—

注：表中含水率仅根据标准贯入试验孔含水率试验结果统计。

9.4　G＋8 模型试验

9.4.1　试验设计

（1）变形观测标布置与埋设

本试验共布置变形观测标 58 个，为防止浸水时水从深标点孔进入地基土改变渗透规律，本次试验中没有布置观测深部变形的深标点，58 个变形观测标均为浅标点，包括 A、B、C、D、E、F、G、J 共 8 个系列（图 9.3）。

变形观测标的安装区域可分为三类：①换填压实土垫层区域；②天然土区；③基础上。其中换填压实土垫层区，标点安装在换填土垫层顶面，基础上标点的埋设通过在基础墙顶面预埋钢构件，焊接标杆形成浅标点，在基础上共布置了 6 个标点（J1、A10、J5、J6、A11 和 J10）。三类标点的埋设方法同 G＋4 模型试验，具体见 9.3.1 节。

所有变形观测标点均伸出原始地面 2m，在适当位置牢靠绑扎 50cm 长钢卷尺用于变形观测。试坑外最外侧浅标点距离试坑边沿 11.1m。

（2）土壤水分计布置与埋设

本次试验共布置安装土壤水分计 46 个，用于监测浸水试验过程中地基土的浸水范围变化及含水率变化规律，埋设位置见图 9.3，将所有传感器投影到南北向对称轴面的效果如图 9.45 所示。

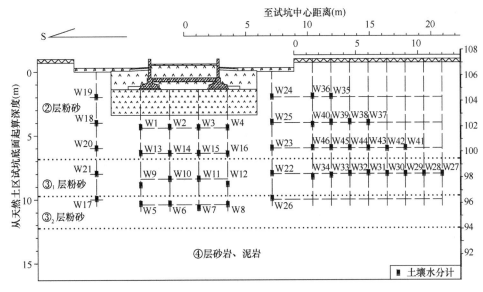

图 9.45　G＋8 模型试验土壤水分计埋设深度

注：图中地层界线根据试坑内外各钻孔揭示地层结构进行了平均。

土壤水分计埋设方法同试坑浸水试验，即采用在钻孔中埋设，土壤水分计在插入原状土中后采用棕红色砂回填钻孔并击实，每隔 1m 填水泥砂浆防水。土壤水分计分三批埋设，第一批在换填土垫层施工完成后立即埋设 W1～W16，基础施工和房心、肥槽回填施工时对传感器电缆采取了保护措施；第二批埋设浸水坑外的 W27～W46；浸水坑（天然土区）开挖后进行第三批 W17～W26 的埋设。在实际埋设中，部分传感器较设计深度有所偏差，均对实际埋设深度进行了量测，图 9.45 为各土壤水分计实际埋设的深度。

（3）土压力计的布置与埋设

本试验布置了 10 个土压力计，拟用于测试地基土在试验过程中应力的变化，土压力计共 2 组，布置在基础外侧边缘，埋设深度在基础底面以下 2.0m（S3 和 S8）、3.5m（S2 和 S7）、5.0m（S4 和 S9）、6.5m（S1 和 S6）和 8.0m（S5 和 S10）。土压力计在钻孔中安装，安装方法同 G＋4 模型试验。土压力计在换填土垫层施工完成后，基础施工前完成安装。

（4）加载平台及堆载

为在基础上堆载配重，专门设计了堆载平台，主要在基础墙上现浇 4 根 0.6m×0.5m×8.7m 的 C30 混凝土载荷梁，为缩短载荷梁的养护期，在混凝土中添加了早强剂。载荷梁上堆载钢板作为配重，单张钢板规格 3255mm×1800mm×16mm，每 15 张钢板为 1 捆，经称重，每捆钢板平均重 10.373t。

（5）其他

本试验垫层施工前基坑开挖深度较深（最深 5.2m），因此在基坑顶部约 1m 深度内采取了放坡处理，如图 9.10（b）所示；其下基坑开挖放坡坡比约 1：0.15，由于开挖坡度较陡，深度较深，基坑开挖完成后当天南侧坑壁发生了局部（水平方向最宽 1.2m）坍塌。

本试验中采用了间歇性分阶段方式进行浸水，如图 9.46 所示，在浸水试坑内南北两侧天然土区与换填土垫层区（或肥槽回填土）分界上设有隔水墙。此外，为防止浸水坑壁土在浸水过程中发生坍塌，在试坑边缘施工有砖墙。为防止注水引起试坑内地基土产生冲刷，在试坑底铺设有 10cm 厚碎石。试坑内土壤水分计电缆均引至试坑边缘，以方便浸水过程中进行观测。浸水前的试坑现场如图 9.46 所示。

图 9.46　G＋8 模型试验浸水前试坑现场（镜头向东）

9.4.2　试验过程

G+8 模型试验的过程和 G+4 模型试验在总体上一致，细节方面有所差别。

（1）试验流程

本次试验现场工作项目繁多，为合理安排各项试验准备工作，保证浸水试验顺利进行，试验之前设计了试验流程，在试验过程中又根据实际情况及时调整，使得试验各项目有序进行，达到了预期目的。

G+8 模型试验全过程的流程图与图 9.20 所示 G+4 模型试验流程图基本一致，只是减少了"水位观测孔的埋深与监测"及后期"基础上配重卸载"过程。

试验加载分三次进行，第一次和第二次在浸水之前加载，第一次加载 2d 后进行第二次加载，第二次堆载沉降变形稳定后进行浸水，浸水标点变形稳定，土壤水分计显示地基土含水率增长稳定后停止浸水，待标点变形再次稳定后进行第三次加载。第一、二、三次加载后在载荷梁上分别有 12 捆、20 捆和 28 捆钢板，相当于在基础上分别堆载了 150t、233t 和 316t 配重（含 4 根载荷梁重量），对应基底附加压力 100kPa、155kPa 和 210kPa。其中第二次加载后的基底附加压力 155kPa 与设计单位核算的 G+8 楼型基底实际平均附加压力 160kPa 接近，在该压力下对地基土进行浸水，并测试地基基础的反应是本次试验的重点，图 9.46 为第二次加载后浸水前的现场图；第三次加载的目的是测试比平均附加应力大 31% 压力下浸水后的地基基础反应。

试坑浸水在第二次加载后进行，浸水分为如下几个过程：北坑间歇性浸水→北坑持续浸水→满坑持续浸水→停水→（第三次加载后）满坑持续浸水→停水。其中北坑的范围如图 9.48 所示，原计划首先在北侧天然土区进行浸水，但实施过程中发现在天然土区和肥槽回填土区之间施工的隔水墙并不能起到隔水作用，水从隔水墙下部渗入肥槽回填土区，天然土区水头较高时还会出现管涌，将隔水墙下部棕红色砂土掏空。在北坑进行间歇性浸水的目的在于延长水的渗透和地基基础的变形过程，测试小浸水量下水的渗透范围与规律，以及地基基础的反应；在北坑进行持续浸水的目的在于测试基础外单侧长时间浸水的渗透范围与规律，以及地基基础的反应；试坑内满坑持续浸水的目的在于综合检验极端渗水（包括房屋内管道漏水）条件下的地基基础反应与渗透范围。

（2）停止浸水条件和沉降稳定标准

参考《湿陷性黄土地区建筑规范》GB 50025—2004 的有关规定，浸水及变形稳定标准如下：①停止注水标准：规范规定浸水过程中试坑内的水头高度保持在 30cm 左右，至土层变形稳定后可以停止注水，变形稳定标准为最后 5d 的平均变形量小于 1mm/d。实际试验时，采用拉水车拉水与市政消防水供水相结合的方式注水，由于市政消防水不稳定，经常停水，难以控制拉水车时间，因此试坑内水头没有保持恒定。在试验中地基基础发生的变形较小，变形稳定标准容易满足，停止注水的条件主要考虑浸水坑内土壤水分计的测试结果是否趋于稳定（针对第二次加载的浸水）。②试坑内停止注水后，应继续观测不少于 10d，当出现连续 5d 的平均下沉量不大于 1mm/d 时，试验可以终止。实际试验时，地基基础发生的变形较小，变形稳定标准也容易满足，停水后实际观测了 17d（第二次加载浸水）和 32d（第三次加载浸水），直至浸水试坑底以下 6m 范围内地基土含水率发生明显减小。

（3）变形观测基准网

G+8 模型试验变形观测采用的基准网和 G+4 模型试验一致，如图 7.18 所示，变形观测从 BM5（距 G+8 模型试验坑 52.9m）引测，引测基准点和测量标点之间布设了工作基点（GJ2，距浸水坑 20.0m），为试验需要，在浸水试坑东北角、西南角和北侧中部设置了三个观测站（分别为 4 号、6 号和 8 号观测站）。

根据基准网观测结果，在整个试验过程中 BM1～BM3 都是稳定的，而 BM4 和 BM5 受到浸水作用，试验过程中发生了显著抬升，其中 BM5 发生显著抬升是在本次试验浸水后 50d 后，至浸水后第 177d 最后一次观测，BM5 共发生 10.97mm 抬升，如图 9.21 所示。在分析 G+8 试验变形观测标的变形时，根据 BM5 基准点的变化曲线对各标点数据进行了校正。

（4）试验测试项目

本试验测试项目包括：①地基和基础变形观测；②地基土含水率测试；③浸水前后钻孔原位测试指标对比。

地基和基础的变形观测中，基础上第一次加载和第二次加载前后采用铟钢尺对地基土天然含水率下的基础变形（6 个标点）进行了观测，共观测 26 次；浸水前后每隔 1d 对地基基础上的标点进行观测，观测期从浸水前 2d 开始，至浸水后第 169d 后结束，累计监测 171d；其中浸水前 2d 至浸水后第 120d，每天观测 58 个标点，共观测 123 次；浸水后第 121d 至浸水后第 136d，每天观测 49 个标点，共观测 16 次；浸水后第 137d 至浸水后第 169d，每天观测 44 个标点，共观测 33 次。

地基土含水率测试包括对 46 个土壤水分计的监测，以及浸水前后钻孔采取土样进行含水率测试。其中土壤水分计的监测从各传感器埋设后即开始进行，浸水后每隔 2h 进行一次土壤水分计测试，截止浸水后第 162d，共获得土壤水分计测试结果 88844 个。浸水前在 W5、W17、W26、W44 和 S5、S10 钻孔（位置见图 9.3）中间隔 0.5m 取土进行了含水率测试，另在每个安装土壤水分计钻孔底部取土进行含水率测试；浸水后在试坑外完成了 12 个钻孔（ZC1～ZC12，见图 9.3），间隔 0.5m 取土进行含水率测试，以标定试坑外土壤水分计并分析最终浸润范围；浸水后也在试坑内完成 7 个洛阳铲孔（SL1～SL7，取土间隔 0.2m），6 个钻孔（ZC13、ZC14、ZC16、ZC17、ZC19、ZC20，取土间隔 0.5m）测试试坑内含水率情况以及标定试坑内土壤水分计。

浸水前后的钻孔原位测试指标对比，浸水前在 W5、W17、W26、W44 和 S10 五个钻孔中进行了标准贯入试验，在 W8 和 S5 两个钻孔中进行了连续重型动力触探试验；浸水后在 ZC12、ZC14、ZC16 和 ZC17 四个钻孔中进行了标准贯入试验，在 ZC15 和 ZC18 钻孔中进行了连续重型动力触探试验。

（5）试验异常情况及处置

试验浸水过程中，试坑外侧地基土在水的作用下丧失黏聚力，在土压力作用下试坑外侧地基土向坑内方向上发生位移，而试坑边缘防护墙采用景观砖砌成，强度不足，致使防护墙上多处出现开裂和倾斜。在开裂位置采取了在防护墙外侧开挖一定深度地基土，以减小土压力的处理措施。

9.4.3　试验结果与分析

1. 注水量

G+8 模型试验试坑累计注水 111d，共向浸水坑内注水 5754m³，停水第 2d，坑内水头即完全消散。试验由拉水车和市政消防水一起供水，受客观因素影响，供水量经常不足，即使在持续浸水期，试坑中也出现了无水情况，水头高度也无法进行控制。试验中 G+4 模型试验和 G+8 模型试验同时进行，由于供水不足，在 G+4 模型试验满坑持续浸水期间（浸水后第 40d 至浸水后第 73d），基本上停止了向 G+8 模型试验供水。试验中对"北坑""南坑"和"房心区"有水时间段进行了详细记录，如图 9.47 所示。在整个试验期间，北坑有水时间段合计 60.9d，南坑有水时间段合计 38.2d，房心区有水时间段合计 22.7d。

在"北坑间歇浸水期"（浸水后第 1d 至浸水后第 11d）共向浸水坑内注水 97m³；"北坑持续浸水期"（浸水后第 11d 至浸水后第 77d），共向浸水坑内注水 1202m³；第二次加载后的"满坑持续浸水期"（浸水后第 77d 至浸水后第 104d），共向浸水坑内注水 3318m³；第三次加载后的"满坑持续浸水期"（浸水后第 105d 至浸水后第 121d），共向浸水坑内注水 1137m³。

本试验累计注水量随时间的变化曲线如图 9.47 所示，浸水现场如图 9.48 所示。

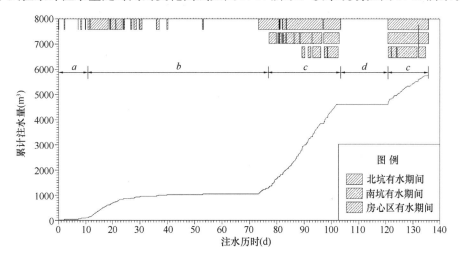

图 9.47　G+8 模型试验累计注水量随时间变化曲线

a—北坑间歇浸水期；*b*—北坑持续浸水期；*c*—满坑持续浸水期；*d*—中间停水期

2. 浸水影响范围与渗透规律

（1）浸水浸润范围

试验过程中每间隔 2h 对土壤水分计进行测试，其中 W14 在浸水期间数据始终未发生变化，分析认为其损坏失效，另 W7、W9、W10、W17 和 W29 传感器在试验过程中损坏（但均能按测试结果判断埋设位置地基土受水浸湿的时间）。

在第二次加载停水后，在试坑外进行 ZC1～ZC12 共计 12 个钻孔的钻探工作，以查明满坑持续浸水后地基土的浸润范围。钻孔位置如图 9.3 所示，有关技术参数如表 9.6 所示。

图 9.48　G＋8 模型试验浸水场景

(a) 北坑天然土区浸水场景；(b) 北坑浸水场景（水通过隔水墙）；
(c) 满坑浸水场景（第二次加载后）；(d) 满坑浸水场景（第三次加载后）

G＋8 模型试验钻孔技术参数一览表　　　　　　　　　　　　　　　　　表 9.6

孔号	孔口标高（m）	孔深（m）	类别	备注
Z15*	106.89	15.9	取不扰动土	查明天然状态地基土性质
Z16*	107.37	16.0	取不扰动土	查明天然状态地基土性质
W5*	105.92	9.0	标贯孔	标贯测至8m，含水率测试至9m
W8*	105.88	9.0	动探孔	连续动探至8.2m
W17*	106.42	10.1	标贯孔	标贯测至9m，含水率测试至10m
W26*	106.25	9.9	标贯孔	标贯测至9m，含水率测试至9.5m
W44*	107.39	7.1	标贯孔	标贯测至6m，含水率测试至7m
S5*	105.89	8.3	动探孔	动探至8.2m，含水率测试至8m
S10*	105.88	8.3	标贯孔	标贯测至7m，含水率测试至8m
SL1	106.80	0.8	洛阳铲孔	含水率测试至0.8m
SL2	106.79	1.4	洛阳铲孔	含水率测试至1.4m
SL3	106.80	0.8	洛阳铲孔	含水率测试至0.8m
SL4	106.79	1.6	洛阳铲孔	含水率测试至1.6m
SL5	106.80	1.6	洛阳铲孔	含水率测试至1.6m
SL6	106.76	5.0	洛阳铲孔	含水率测试至5.0m

孔号	孔口标高（m）	孔深（m）	类别	备注
SL7	106.76	5.0	洛阳铲孔	含水率测试至 5.0m
ZC1	107.76	10.0	取扰动样	
ZC2	107.78	10.0	取扰动样	
ZC3	107.76	10.0	取扰动样	
ZC4	107.75	10.0	取扰动样	含水率测试至 10m，
ZC5	107.73	10.0	取扰动样	查浸润范围及标定土壤水分计
ZC6	107.69	10.0	取扰动样	
ZC7	107.66	10.0	取扰动样	
ZC8	107.55	10.0	取扰动样	
ZC9	107.55	15.0	取扰动样	含水率测试至 15m，查浸润范围
ZC10	107.72	16.0	取扰动样	含水率测试至 16m，查浸润范围
ZC11	108.22	16.0	取扰动样	含水率测试至 16m
ZC12	107.65	16.0	标贯孔	标贯及含水率测试至 16m
ZC13	106.20	10.5	取扰动样	含水率测试至 10.5m，标定土壤水分计
ZC14	106.53	11.0	标贯孔	标贯及含水率测试至 11m，标定土壤水分计
ZC15	106.87	8.0	动探孔	连续动探至 8.0m
ZC16	106.75	11.5	取扰动样	含水率测试至 11.5m，标定土壤水分计
ZC17	106.79	11.5	标贯孔	标贯测试至 11m，含水率测试至 11.5m
ZC18	106.76	8.0	动探孔	连续动探至 8.0m
ZC19	106.61	11.0	取扰动样	含水率测试至 11m，标定土壤水分计
ZC20	106.29	10.5	取扰动样	含水率测试至 10.5m，标定土壤水分计

注：带"＊"钻孔在浸水前进行，其余钻孔在停水后进行；除 SL 系列孔为洛阳铲孔外，其余均采用钻机成孔。

根据土壤水分计的监测结果，可以确定每个水分传感器位置地基土被水浸湿的时间，进而可确定不同时间地基土中水的浸润范围；满坑持续浸水后，除试坑外 W35 传感器受水浸湿作用不明显，试坑内 W14 传感器损坏未能正确反映地基土中水分变化外，其他传感器测值均有显著增大，浸润范围超出传感器埋设范围而不能通过传感器确定浸润范围，采用钻孔确定了试坑外不同位置的浸润深度。

根据土壤水分计和钻孔含水率测试结果，绘制了不同时期地基土浸润线如图 9.49 所示。

根据图 9.49 及有关测试结果，进行相关分析，对不同时期的地基土的浸润范围具有如下认识：

① 在北坑间歇性浸水期间，共向试坑内浸水五次，其中前两次浸水后的浸水总量分别为 20.00m³ 和 49.19m³，分别相当于在短时间有 444mm 和 1093mm 的降雨量（此三次浸水的浸水面积 45m²）。在第一次浸水后，北坑底之下 6m 范围内传感器测值有明显增大，8m 传感器未有增长，表明在一般非低洼积水地段，444mm 降雨量下降雨的影响深度在 6～8m 之间；第二次浸水后，水的浸润深度超过了 10m，试坑外距试坑 1.5m 距离，深度

2~8m 地基土均遭受水的浸润作用，但基础下传感器仍未受到浸润作用，与 G+4 模型试验所表现的浸润过程一致。随着浸水次数及浸水量的增加，垫层区的 W8、W12 和 W7 传感器先后受到水的浸润作用，北坑间歇浸水期末的浸润范围如图 9.49 曲线"1"所示，逐渐显露出上部以竖向渗透为主，下部开始向侧向渗透的特点。

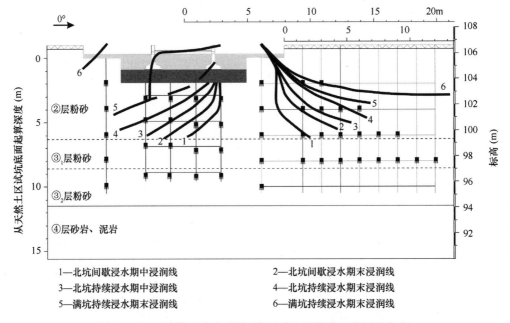

1—北坑间歇浸水期中浸润线   2—北坑间歇浸水期末浸润线
3—北坑持续浸水期中浸润线   4—北坑持续浸水期末浸润线
5—满坑持续浸水期末浸润线   6—满坑持续浸水期末浸润线

图 9.49   G+8 模型试验不同时期地基土浸润线（彩图见文末）

② 在南坑开始浸水之前，试坑天然土区以下 2.0m（W19）、5.0m（W18）和 6.0m（W20）传感器未受到水的浸润作用，南坑开始浸水后，对 W18~W20 传感器进行自动监测，采样间隔 4min 左右，因此能较准确测试水浸润到传感器的时间，监测结果如图 9.50

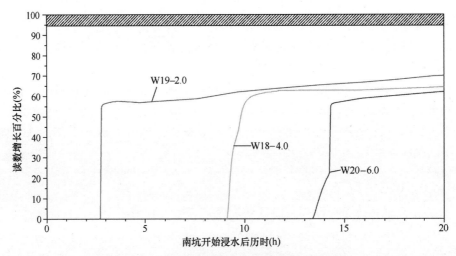

图 9.50   南坑间歇浸水后传感器受水时间比较

注：1. 图中斜线填充时间段内南坑有水；

2. 读数增长百分比为传感器该时刻读数减去初始读数与试验中最大读数减去初始读数的比值。

所示，从图中可以看出，水浸润 2m、4m 和 6m 传感器的时间分别在浸水后 2.88h、9.28h 和 13.40h，计算得棕红色②层粉砂中水向下渗透的速度分别为 0.69m/h、0.43m/h 和 0.44m/h，表明在上部地基土中水的下渗速度相对较快。

③ 北坑持续浸水后，浸润范围逐渐按图 9.49 曲线 "1" → "2" → "3" → "4" 发展，即浸润范围从浸水坑内向浸水坑外，从下部地层向上部地层逐渐发展，并稳定于曲线 "5" 的实线。若考虑浸润范围的对称性，按试坑外（北侧）浸润线，稳定浸润线应如曲线 "5" 虚线所示，出现曲线 "5" 实线浸润范围的原因可能是肥槽及房心回填土密度较小，而换填土垫层密度较大，使得垫层起到相对隔水的作用，水在肥槽及房心回填土中可以侧向渗透得较远，因此若基础以上边墙能起到较好的隔水作用，预计地基土的浸润范围应如曲线 "5" 虚线所示。但不管如何，图 9.49 表明在试验地层条件下，若建筑物周围有充足下渗水源时，建筑外侧基础的持力层范围内地基土是可以受到水的浸润作用的。此外，将 G+4 模型试验北坑持续浸水稳定浸润线（图 9.24 曲线 "4"）与图 9.49 曲线 "5" 比较，可发现在浸水坑外两者的浸润范围几乎相同，而在换填垫层区，G+8 模型试验侧向渗透得更远，分析原因应为 G+8 模型试验房心及肥槽回填土更厚所致。

④ 满坑持续浸水后，所有传感器中仅剩 W35 没有明显受到水的浸润作用，试坑内外钻孔揭示地基土浸润范围如图 9.49 曲线 "6" 所示，在试坑（天然土区）底面以下 4m 范围内浸润线坡度较陡，与水平面的夹角约 44°，但 4m 以下浸润线坡度较缓，由于受 G+4 模型试验的影响，在距离试坑较远处（15~20m），浸润线近于水平。"试坑浸水试验" 的 A6~A12 标点在 G+8 模型试验浸水后第 49d 后出现了不同于其他标点规律的抬升变形（见 7.3.4 节），分析 A6~A12 标点的变形受到了 G+8 模型试验浸水的影响，A6 标点距 G+8 模型试验坑 37.5m，表明 G+8 模型试验的水平影响范围约 37.5m。

（2）浸水后地基土含水率

如图 9.51 所示为本试验不同区域浸水前后钻孔测试得到的地基土含水率对比图，可以看出，浸水前②层粉砂和③₁层粉砂的含水率均较小，表明南侧 "试坑浸水试验" 的开展在 G+8 模型试验前没有影响基础下主要持力层地基土的含水率。浸水后试坑内钻孔深度各土层均受到水的浸润作用，含水率有明显增长。结合钻孔测试含水率，土壤水分计监测结果综合分析浸水后期未停水之前房心（肥槽）回填土、换填土垫层、②层粉砂、③₁层粉砂、③₂层粉砂和④层砂岩的平均含水率分别为 15.1%、11.5%、13.0%、13.1%、12.5%、17.6%，对应平均饱和度为 74%、83%、54%、56%、61% 和 74%。Quelo 砂在水的浸泡作用下大多未达到 80% 饱和度，但该含水率条件下已不再具有增湿或湿陷变形。

按 7.3.2 小节所述方法，根据土壤水分计安装时取土得到的质量含水率和传感器读数，以及停水后钻孔取土测试得到的地基土质量含水率与相应位置和时间的传感器读数，将各传感器实测读数转换成质量含水率。与 G+4 模型试验及试坑浸水试验表现出的规律一致，浅部地基土由于排水条件较好，含水率在停水后很快衰减，因此其随时间变化曲线与浸水坑中有无水源供给关系密切，而且含水率值与试坑中有水的时间长短有关，长时间浸水时，含水率变化有一个急剧增大→缓慢增加→稳定的过程。而深部地基土含水率在急剧增加后很快达到稳定，停水后由于排水不畅，其含水率减小需要经历的时间也较长。

由于本场地下部地基土的渗透系数较小，起到相对隔水层作用，在浸水作用下水的渗透范围在平面上较广，"试坑浸水试验" 场地在 G+8 模型试验南侧，先于 G+8 模型试验

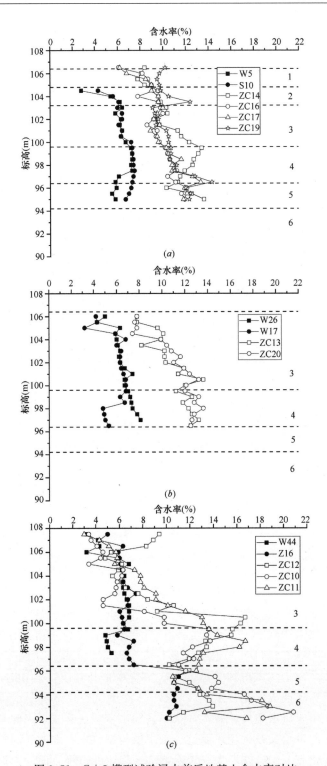

图 9.51 G＋8 模型试验浸水前后地基土含水率对比

（a）试坑内垫层区；（b）试坑内天然土区；（c）试坑外天然土

1—房心、肥槽回填土；2—换填土垫层；3—②层粉砂；4—③₁层粉砂；5—③₂层粉砂；6—④层砂岩、泥岩

注：受钻探时间影响，上部土体含水率较浸水过程中有所降低。

开展，而红砂是本次研究的重点，因此试坑浸水试验是否会影响基础持力层范围内红砂的含水率是 G＋8 模型试验需要特别关注的问题，从 W5～W8 及 W17 等传感器的转换含水率情况看，本试验浸水坑内③₂ 层粉砂以上土层未见受到前期试坑浸水试验的影响。

3. 地基基础变形

（1）基础浸水前加压过程中沉降

浸水前，在基础两次加载前后，采取精密水准仪配合铟钢尺对预埋在北侧基础墙上的 J1、A10、J5 和南侧基础墙上的 J6、A11、J10 标点进行了变形观测，两次加载后的沉降观测结果见表 9.7，表中测量结果以载荷梁施工完成后，配重加载前，基底附加压力为 17kPa 时测量数据为基准（变形 0.0mm），第一次和第二次加载后基础的总沉降平均值分别为 0.98mm 和 2.14mm。

G＋8 模型试验基础浸水前加载过程中沉降 表 9.7

标点	竖向位移（mm）	
	基底附加压力 100kPa（第一次加载）	基底附加压力 155kPa（第二次加载）
J1	−0.7	−2.2
A10	−1.0	−2.0
J5	−1.3	−2.2
J6	−0.6	−2.3
A11	−1.0	−2.0
J10	−1.2	−2.3

注：表中负值表示下沉；以载荷梁施工后，配重加载前（对应基底附加压力 17kPa）标点测量数据为沉降测量基准。

（2）浸水后地基基础变形

自浸水前 2d 开始监测，至浸水后 169d 结束，对试坑内外的标点（早期 58 个，后期由于加载和钻探需要拆除 9～14 个标点）进行了（竖向）变形监测，累计监测 171d。每间隔 1d 观测标点 1 次。

A～G 和 J 共 8 个系列标点从浸水开始日起的实测竖向位移（正值表示抬升，负值表示下降）随时间变化曲线如图 9.52～图 9.59 所示。由于 C4、D6、E4 处于施工坡道位置，

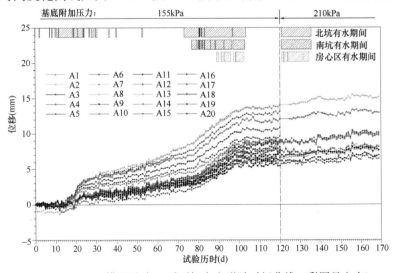

图 9.52　G＋8 模型试验 A 系列标点变形随时间曲线（彩图见文末）

虽然这三个标点的埋设深度超过 1.0m，但其下还存在一定厚度未经压实的回填土，因此这三个标点在浸水后的变形规律与其他标点明显不同；C2 标点的变形规律也较异常，分析可能埋设中存在问题。图中未绘制 C2、C4、D6 和 E4 四个标点的数据。

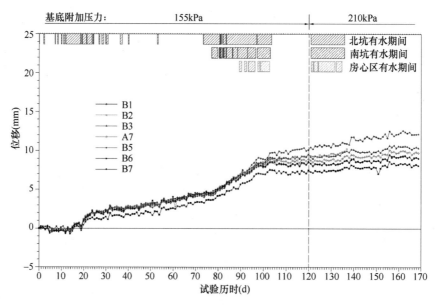

图 9.53　G＋8 模型试验 B 系列标点变形随时间曲线（彩图见文末）

各标点在不同时间的实测竖向位移结果如表 9.8 所示。

根据试验过程中各标点的实测竖向位移数据进行相关分析，可得如下认识：

① 除开 C2、C4、D6 和 E4 四个异常标点，其余标点的竖向位移均主要表现为浸水后抬升（部分标点在早期有少许沉降），表明试验条件下地基基础在浸水后发生了抬升现象，浸水后第 169d 最后一次观测时，标点抬升最大的是 F1 标点，累计抬升了 17.5mm。依据"试坑浸水试验"深标点测试结果，抬升主要是由于下部泥岩受水膨胀导致。

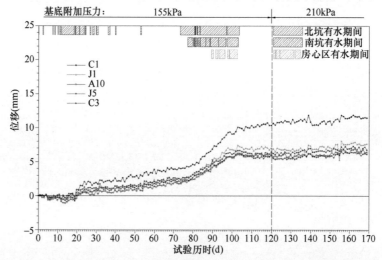

图 9.54　G＋8 模型试验 C 系列标点变形随时间曲线（彩图见文末）

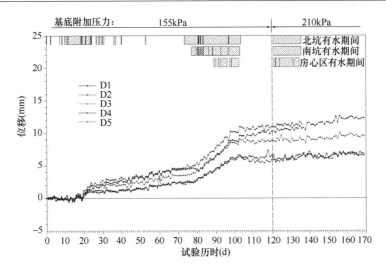

图 9.55　G+8 模型试验 D 系列标点变形随时间曲线（彩图见文末）

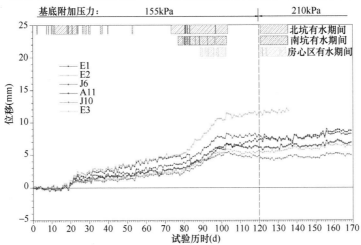

图 9.56　G+8 模型试验 E 系列标点变形随时间曲线（彩图见文末）

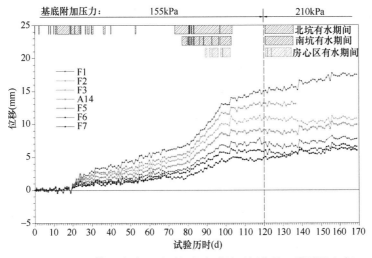

图 9.57　G+8 模型试验 F 系列标点变形随时间曲线（彩图见文末）

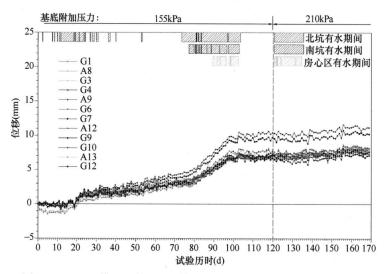

图 9.58　G＋8 模型试验 G 系列标点变形随时间曲线（彩图见文末）

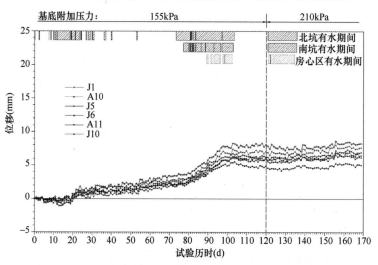

图 9.59　G＋8 模型试验 J 系列标点变形随时间曲线（彩图见文末）

G＋8 模型试验不同时间各标点实测竖向位移（单位：mm）　　　　表 9.8

标点	浸水后第12d	浸水后第77d	浸水后第104d	浸水后第120d	浸水后第136d	浸水后第169d
A1	−0.1	8.6	13.8	15.0	15.8	15.1
A2	−0.1	8.6	13.7	15.1	—	—
A3	−0.2	7.7	12.9	13.1	—	—
A4	−0.1	7.0	12.1	12.1	12.8	12.9
A5	−0.1	6.1	10.8	10.9	—	—
A6	−0.1	5.1	9.5	9.6	—	—
A7	−0.2	5.5	8.9	8.9	9.3	9.7

标点	浸水后第12d	浸水后第77d	浸水后第104d	浸水后第120d	浸水后第136d	浸水后第169d
A8	−1.0	2.7	6.9	6.9	7.1	7.5
A9	−0.3	3.2	7.3	7.3	7.4	7.7
A10	−0.3	2.0	6.1	6.2	6.1	6.5
A11	−0.3	3.0	6.6	6.2	6.6	6.9
A12	0.4	3.6	8.0	7.7	7.3	8.2
A13	0.5	3.7	7.8	8.0	7.2	8.2
A14	0.4	3.9	9.0	9.1	8.8	9.9
A15	0.4	3.8	8.7	8.9	9.0	10.1
A16	0.4	3.7	8.4	8.7	—	—
A17	0.6	3.2	7.8	8.2	—	—
A18	0.6	2.3	7.4	7.5	—	—
A19	0.6	2.9	6.4	6.6	—	—
A20	0.6	2.8	5.8	5.5	—	—
B1	0.3	5.6	9.8	10.1	10.9	12.2
B2	−0.3	5.4	9.0	9.5	9.9	—
B3	−0.2	5.6	9.1	9.5	9.9	10.3
(A7)	−0.2	5.5	8.9	8.9	9.3	9.7
B5	−0.3	5.2	8.5	8.5	8.7	9.0
B6	−0.3	5.4	8.6	8.6	8.7	9.0
B7	−0.3	3.6	7.5	7.5	7.9	8.1
C1	0.2	5.3	10.0	10.4	11.0	11.5
C2	−8.4	−31.7	−39.1	−41.3	−42.7	—
C3	−0.3	2.8	6.7	6.5	6.7	6.8
C4	−0.2	0.8	0.9	0.5	0.8	1.2
D1	0.4	5.6	9.5	10.2	10.7	12.3
D2	0.4	5.8	10.9	11.0	11.4	—
D3	0.3	3.7	9.0	8.8	8.9	9.5
D4	−0.2	2.4	6.3	6.6	6.5	6.8
D5	−0.1	2.4	6.1	5.9	6.5	6.5
D6	−0.1	2.0	0.0	−0.3	0.1	0.4
E1	0.3	5.9	6.7	7.3	7.3	8.7

续表

标点	浸水后第 12d	浸水后第 77d	浸水后第 104d	浸水后第 120d	浸水后第 136d	浸水后第 169d
E2	0.4	5.0	11.3	11.5	11.8	—
E3	−0.1	2.4	5.9	5.7	6.0	6.4
E4	−0.1	1.3	−6.6	−7.3	−6.7	−6.8
F1	0.5	6.5	15.0	15.0	15.6	17.5
F2	0.4	5.3	12.5	13.1	13.0	—
F3	0.3	5.6	10.7	10.9	10.7	10.9
(A14)	0.4	3.9	9.0	9.1	8.8	9.9
F5	0.3	3.0	7.2	7.1	6.6	7.8
F6	0.4	2.6	6.1	5.9	5.6	6.6
F7	−0.1	2.0	5.0	5.9	5.6	6.0
G1	−1.3	2.6	7.0	7.0	7.5	7.9
(A8)	−1.0	2.7	6.9	6.9	7.1	7.5
G3	−0.3	3.4	7.3	7.0	7.2	7.6
G4	−0.3	2.9	7.3	7.5	7.9	8.2
(A9)	−0.3	3.2	7.3	7.3	7.4	7.7
G6	−0.2	3.2	7.1	6.8	7.0	7.3
G7	0.4	5.1	9.7	9.7	9.3	10.3
(A12)	0.4	3.6	8.0	7.7	7.3	8.2
G9	0.3	3.1	7.2	7.1	6.7	7.6
G10	0.5	5.6	10.3	10.4	10.2	11.2
(A13)	0.5	3.7	7.8	8.0	7.2	8.2
G12	0.4	3.0	6.7	6.7	6.2	7.1
J1	0.1	2.7	7.2	7.0	6.7	7.6
J6	0.3	3.6	8.2	8.1	7.5	8.3
(A10)	−0.3	2.0	6.1	6.2	6.1	6.5
(A11)	−0.3	3.0	6.6	6.2	6.6	6.9
J5	−0.3	2.3	6.3	5.9	5.8	6.2
J10	−0.1	2.3	5.5	5.9	5.9	5.0

② 标点变形与浸水量密切相关，在浸水前期（浸水后第 1d 至浸水后第 16d）水未渗入泥岩层之前，标点变形较小；持续浸水渗入下部泥岩后（浸水后第 17d 至浸水后第 31d）标点开始有明显抬升变形；其后由于浸水坑中供水量较少（浸水后第 32d 至浸水后第 53d），

标点抬升的速率减缓，但因有水持续下渗入泥岩，标点仍有抬升的趋势；浸水后第 74d 至浸水后第 98d，浸水坑中水量充足，各标点变形速度加快；浸水后第 98d 至浸水后第 104d，虽然浸水坑中继续浸水，但各标点变形发挥基本完成，即使在浸水后第 121d 至浸水后第 146d 第三次加载后满坑持续浸水，各标点抬升的变形量也较小。

③ 如图 9.60 所示为 A 系列标点不同时期的变形剖面，从图中可以清楚地看出在第三次加载（浸水后第 120d）前，浸水过程中浸水坑以北的标点变形始终要大于浸水坑以南的标点，另外，在基础附近存在一个明显的"变形槽"，显示基础持力层在 155kPa 和 210kPa 附加压力下浸水发生了附加下沉。

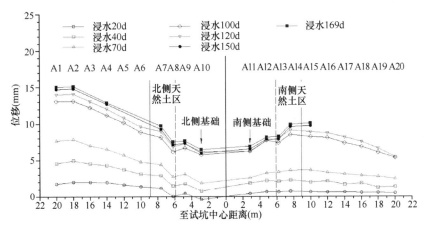

图 9.60　G＋8 模型试验 A 系列标点变形剖面

④ 图 9.60 中基础附近的"变形槽"是泥岩膨胀和 Quelo 砂湿陷两者的综合反映，若将"变形槽"的深度看为湿陷量（考虑地基土不具自重湿陷性），"槽底"为基础上的标点 A10 或 A11，由于受地层结构（如泥岩埋深）的影响，不同位置的标点即使是在相同应力条件下其变形也会存在差异，因此"槽顶"的选择具有不确定性，具体来说，A1～A9 标点的竖向位移量都可以作为"槽顶"。为分析合适的"槽顶"位置，绘制了第二次加载后北坑持续浸水期末和第二次加载后满坑持续浸水期末浸水坑范围内变形等值线图见图 9.61 和图 9.62，与图 9.62 相对应的变形三维图见图 9.63。根据 Mindlin 应力公式（半无限均质弹性空间内部集中力引起的附加应力公式）计算得到的基底附加应力为 155kPa 和 210kPa，浸水坑范围内南北向对称轴（A 测线位置）处的附加应力分布图见图 9.64 和图 9.65。从图 9.61～图 9.65 中可以看出，平面上，基础附近的"变形凹槽"不具对称性，其中浸水坑西侧的抬升变形量要大于东侧抬升变形量，与钻孔揭示的西侧（Z15 钻孔）比东侧（Z16 钻孔）泥岩埋藏深度更浅相对应；图 9.64 和图 9.65 也揭示基底附加应力在 155kPa 和 210kPa 时，附加应力的影响范围主要集中在浸水坑范围内；再结合图 9.52～图 9.59 各标点变形在第二次加载后满坑浸水期末变形已趋于稳定，图 9.60 中浸水后第 120d 的变形剖面接近于变形稳定后的变形剖面性状，综合分析，浸水坑以北区域的抬升变形比浸水坑以南区域大主要是地层差异所致（标点 A2～A7 间的倾斜为 0.52‰）。此外，如图 9.21 所示，在 G＋4 和 G＋8 模型试验开始浸水前，BM4 基准点已发生了明显的抬升变形，表明试坑浸水试验的浸润范围超过浸水坑外 39m，按此估计 G＋8 模型试验的南部标点位置下部地基土可能受到试坑浸水的影响，在 G＋8 模型试验开始进行变形观测前完成

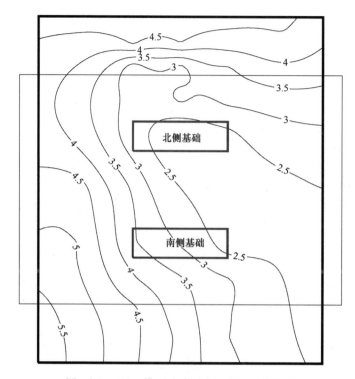

图 9.61　G+8 模型试验浸水坑内变形等值线

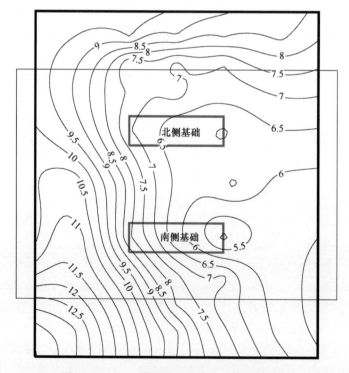

图 9.62　G+8 模型试验浸水坑内变形等值线

了部分抬升变形（从水分传感器监测结果看，G＋8 模型试验浸水坑内③$_2$ 层粉砂以上土层地基土试验前未受到水的浸润作用），在分析基础在荷载作用下浸水产生的"湿陷量"大小时可选择 A7 标点变形作为"槽顶"变形。

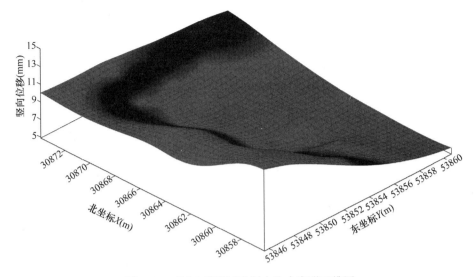

图 9.63　G＋8 模型试验浸水坑内变形三维图

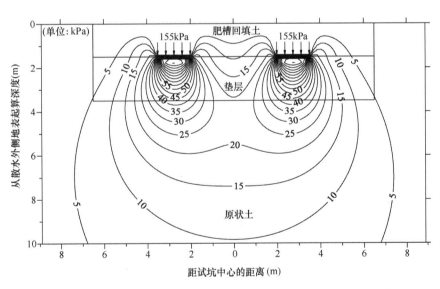

图 9.64　G＋8 模型试验浸水坑内附加应力等值线分布图一（A 测线）

⑤ 根据图 9.59 和表 9.8，G＋8 模型试验基底附加压力在 155kPa 和 210kPa 下浸水，基础分别平均抬升了 6.65mm 和 6.38mm。若将 A7 与 A10 标点的竖向位移之差认为是"湿陷"沉降，则"湿陷"沉降随时间的关系曲线如图 9.59 所示，基底附加压力在 155kPa 和 210kPa（基底压力分别为 189kPa 和 244kPa）作用下产生的"湿陷"沉降分别为 2.71mm 和 3.20mm。

⑥ 如图 9.59 和图 9.66 所示，基底附加压力从 155kPa 增加到 210kPa，虽然附加压力增加了 35％，但是基础的变形及浸水"湿陷"沉降并未发生大的变化。从应力角度分析，

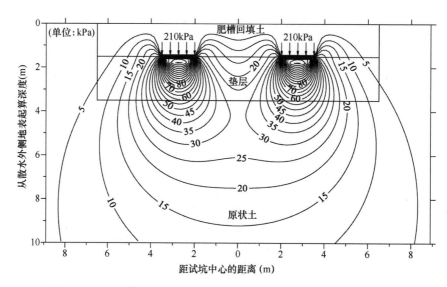

图 9.65　G＋8 模型试验浸水坑内附加应力等值线分布图二（A 测线）

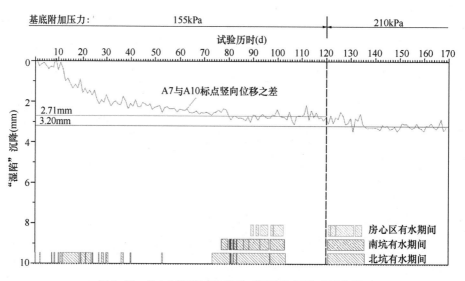

图 9.66　G＋8 模型试验基础"湿陷"沉降时间曲线

在 155kPa 和 210kPa 基底附加压力作用下，采用 Mindlin 应力公式计算得到的换填土垫层底面（原状土顶面）深度附加应力等值线如图 9.67 和图 9.68 所示，试验基底附加压力从 155kPa 增加到 210kPa 后，附加应力的影响范围有所扩大，但在垫层之下的原状土顶面处附加应力最大值仅从 43kPa 增加到 59kPa，对应总竖向应力最大值从 121kPa 增加到 137kPa，仅增长 13%，且总竖向应力不超过经深度修正后的②层粉砂承载力特征值（取持续浸水状态承载力特征值进行深度修正），据此可解释两种压力下基础变形未能发生明显变化的原因。

　　⑦ 若按国家标准《建筑地基基础设计规范》GB 50007—2011 有关软弱下卧层承载力验算方法，换填土垫层应力扩散角 θ（地基压力扩散线与垂直线的夹角）取 23°，可计算得 G＋8 模型试验基底附加应力为 210kPa 时垫层底（②层粉砂顶面）的总竖向应力约为

147kPa；而②层粉砂地基土承载力特征值 f_{ak} 取 100kPa（持续浸水条件下），深度修正系数 η_d 取 1.0，计算得到深度修正后②层粉砂承载力特征值约 163kPa，软弱下卧层验算满足承载力要求。但若从湿陷角度分析，垫层底面下地基土在总竖向应力下仍具有较高的湿陷系数（如 Z15 钻孔垫层底标高附近的土样室内试验，在 150kPa 压力下湿陷系数为0.043），即从湿陷角度计算 G+8 模型试验应产生较明显的湿陷变形，而现场实测结果表明并没有出现明显的湿陷变形。

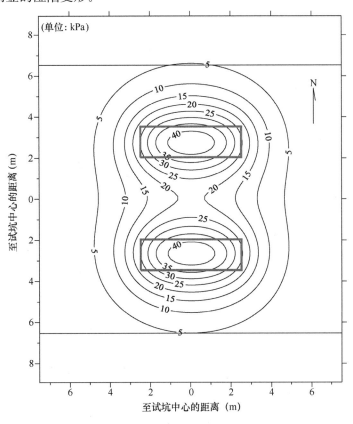

图 9.67　G+8 模型试验垫层底面深度附加
应力等值线（基底附加压力 155kPa）

⑧ 如表 9.8 所示，位于基坑开挖坡道的 C4、D6 和 E4 标点，其抬升变形量要明显小于相邻其他标点，甚至产生下沉，表明回填土如果不经压密，在浸水后水的作用下可能会发生较大的下沉（压缩变形）。

4. 浸水前后钻孔原位测试指标比较

浸水前在换填土垫层区内的 W5、S10 以及天然土区的 W17、W26、W44 钻孔中进行了标准贯入试验，浸水后在换填土垫层区的 ZC14、ZC16、ZC17 和天然土区的 ZC12 钻孔中进行了标准贯入试验，同时，在这些钻孔中取土进行了测试。得到换填土垫层区浸水前后标准贯入试验对比如图 9.69 所示，天然土区浸水前后标准贯入试验对比如图 9.70 所示。

此外，浸水前在 S5、W8 孔中进行了连续重型动力触探试验，浸水后在 ZC15 和 ZC18孔中也进行了连续重型动力触探试验，这四个勘探孔均位于换填土垫层区，浸水前后的重型动力触探试验对比如图 9.71 所示。

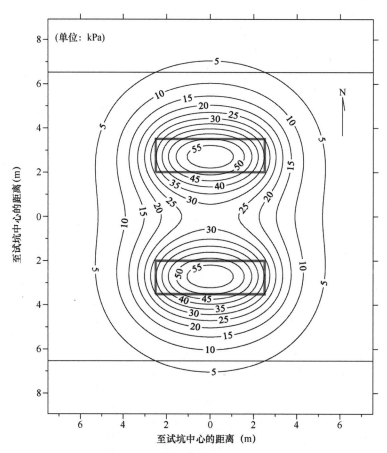

图 9.68 G＋8 模型试验垫层底面深度附加应力等值线（基底附加压力 210kPa）

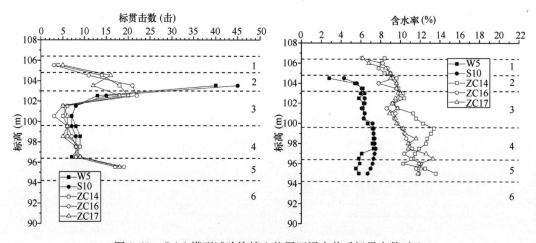

图 9.69 G＋8 模型试验换填土垫层区浸水前后标贯击数对比

1—房心、肥槽回填土；2—换填土垫层；3—②层粉砂；4—③₁ 层粉砂；

5—③₂ 层粉砂；6—④层砂岩、泥岩

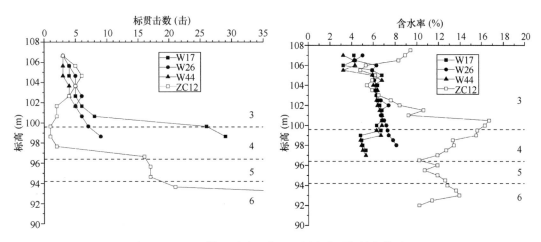

图 9.70　G＋8 模型试验天然土区浸水前后标贯击数对比

3—②层粉砂；4—③₁层粉砂；5—③₂层粉砂；6—④层砂岩、泥岩

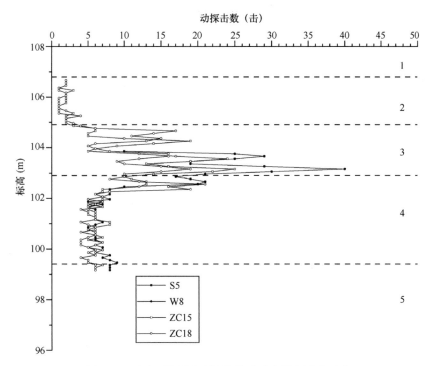

图 9.71　G＋8 模型试验浸水前后动力触探试验对比

1—房心、肥槽回填土；2—换填土垫层；3—②层粉砂；

4—③₁层粉砂；5—③₂层粉砂

注：S5 和 W8 在浸水前试验，ZC15 和 ZC18 在浸水后试验。

根据上述钻孔统计的浸水前后含水率、标准贯入试验、动力触探试验对比结果如表9.9所示。

G＋8 模型试验浸水前后钻孔原位测试统计指标统计　　　　　　　　　　表9.9

层号	值别	浸水前			浸水后		
		含水率（%）	标贯实测击数（击）	动探实测击数（击）	含水率（%）	标贯实测击数（击）	动探实测击数（击）
肥槽、房心回填土	范围值	—	—	—	6.1～9.3	3～5	1～3
	平均值	—	—	—	8.2	4	1.7
换填土垫层	范围值	3.4～6.6	13～45	10～50	7.6～12.0	11～21	3～22
	平均值	5.2	32	30.0	9.3	15	11.3
②层粉砂	范围值	5.2～8.4	3～8	4～17	5.8～13.5	1～18	4～13
	平均值	6.4	5	6.8	9.4	5	6.4
③₁层粉砂	范围值	5.0～9.0	6～26	7～16	11.5～15.0	1～9	5～7
	平均值	7.3	10	10.4	13.1	6	6.0
③₂层粉砂	范围值	—	—	—	10.2～15.1	8～19	—
	平均值	—	—	—	12.3	16	—

注：表中含水率仅根据标准贯入试验孔含水率试验结果统计。

根据图9.69～图9.71及表9.9，并进行相关分析，可以得到如下认识：

① 与G＋4模型试验得到的结果一致，浸水前后的动力触探试验结果显示换填土垫层回填施工前的原土浇水碾压，致使垫层下0.4～0.5m范围内地基土的动力触探击数增加，扣除动力触探滞后效应的0.2m深度，基底原土洒水碾压的影响深度仅为0.2～0.3m。

② 与试坑浸水试验和G＋4模型试验浸水前后钻孔原位测试指标对比得到的结果一致，地基土被水浸湿后原位测试指标都有一定程度的降低，其中②层粉砂的标准贯入试验最小锤击数仅为1击，而换填土垫层及③₂层粉砂及其下土层在浸水后仍具较大的标贯和动探锤击数，显示其浸水后仍具有相对较好的力学性质。

③ 虽然肥槽及房心回填土（平均干密度1.77g/cm³）具有比②层粉砂（平均干密度1.62g/cm³）更高的干密度，但其浸水后的动力触探试验实测锤击数普遍小于②层粉砂，与室内试验结果表现出的重塑土力学性质更差相一致，表明结构扰动对Quelo砂的工程性质有削弱作用，浸水后的原状Quelo砂仍具有一定结构强度。

9.5　非洲红砂垫层法地基处理技术评价

本章对"G＋4楼型"和"G＋8楼型"换填垫层开展不同含水率下的平板载荷试验和现场原型浸水试验，揭示了不同厚度换填垫层处理后红砂地基的渗透特性、承载特性和变形特性，对比天然红砂地基的渗透特性、承载特性和变形特性，可以得出以下主要结论：

（1）现场注水试验结果表明棕红色粉砂（②层粉砂）渗透系数与孔隙比大致呈对数关系，按实测结果推算得其平均渗透系数4.2×10^{-3}cm/s，约是室内试验结果的4倍；干密度 1.94g/cm³ 的棕红色粉砂压实土渗透系数约为 1.5×10^{-4} cm/s；棕红色粉砂经压实后渗透系数有大幅度减小，但不足以起到较好的隔水作用。

（2）天然土平板载荷试验结果表明棕红色粉砂在持续浸水状态下的承载力较天然含水率状态有很大幅度的降低，承载力特征值仅为旱季天然含水率条件下的 40%～65%，本次两组现场平板载荷试验得到持续浸水状态下的棕红色粉砂承载力分别为 100kPa（试验深度 1m）和 125kPa（试验深度 2.5m）。换填压实土平板载荷试验结果表明干密度不小于 1.92g/cm³ 的换填压实土，在持续浸水条件下（总浸水时间为 115h 和 130h），其平均含水率在 10% 左右（对应饱和度在 71% 左右），承载力特征值不小于 400kPa，即换填压实土在浸水后仍具有较高承载力。此外，对比天然密度下天然含水率红砂地基变形模量与浸水饱和红砂地基变形模量、换填压实下天然含水率红砂地基变形模量与浸水饱和红砂地基变形模量，发现相同密实度红砂地基的浸水饱和变形模量均小于天然含水率下红砂地基的变形模量，因此换填压实地基可以有效提高红砂地基的承载特性与变形特性，但在工程设计时仍然需要考虑其软化特性。

（3）"G＋4 模型试验"场地 Quelo 砂厚度在 12.5m 左右，室内试验显示均为湿陷性土层。试验模拟实际工程 G＋4 楼型（5 层建筑）的地基处理方式、基础形式、基底埋深、荷载大小等进行浸水试验。浸水坑呈矩形，平面尺寸 16m×15m，施工有平面尺寸 17m×10m 的换填土垫层区，垫层厚度 1.0m，按室内试验结果计算剩余湿陷量为 132～231mm（Z12 和 Z14 钻孔）；垫层上布置两道 5m×1.2m 的基础，两道基础间轴向距离 4.8m，垫层相对于基础外边缘外放距离 2.0m。测试了 123kPa 和 159kPa 两种基底附加压力下浸水后地基基础的变形情况，其中基底附加压力 123kPa 与 G＋4 楼型实际平均基底压力 120kPa 接近。试验布置浅标点 58 个（其中基础上标点 6 个），土壤水分计 46 个，水位观测孔 1 个。浸水前对基础加载过程中的变形进行了观测，浸水后通过观测标点对地基基础的变形进行了 171d 的观测。试验采用分阶段间歇性的方式浸水，累计向浸水坑内注水 5530m³。根据变形观测结果，浸水前基础在附加压力 123kPa 作用下，基础产生了约 2.2mm 的沉降，浸水后地基基础发生了持续抬升，观测到的最大抬升变形 19.3mm，基底附加应力 123kPa 和 159kPa 条件下浸水，基础分别累计发生平均 14.82mm 和 15.03mm 的抬升，基础附近未见明显"变形槽"，表明基础下 Quelo 砂浸水后未发生大的压缩变形。

（4）"G＋8 模型试验"场地 Quelo 砂厚度在 13.3m 左右，室内试验显示均为湿陷性土层。试验模拟实际工程 G＋8 楼型（9 层建筑）的地基处理方式、基础形式、基底埋深、荷载大小等进行浸水试验。浸水坑呈矩形，平面尺寸 17.8m×15m，施工有平面尺寸 17m×11.8m 的换填土垫层区，垫层厚度 2.0m，按室内试验结果计算剩余湿陷量为 39～383mm（Z15 和 Z16 钻孔）；垫层上布置两道 5m×1.5m 的基础，两道基础间轴向距离 5.5m，垫层相对于基础外边缘外放距离 2.4m。测试了 155kPa 和 210kPa 两种基底附加压力下浸水后地基基础的变形情况，其中基底附加压力 155kPa 与 G＋8 楼型实际平均基底压力 160kPa 接近。试验布置浅标点 58 个（其中基础上标点 6 个），土壤水分计 46 个。浸水前对基础加载过程中的变形进行了观测，浸水后通过观测标点对地基基础的变形进行了 171d 的观测。试验采用分阶段间歇性的方式浸水，累计向浸水坑内注水 5754m³。根据变形观测结果，浸水前基础施加 155kPa 作用下，基础产生了约 2.4mm 的沉降，浸水后除基础及其附近标点早期发生了微弱沉降外，地基基础均发生了持续抬升，观测到的最大抬升变形

17.5mm，基底附加应力 155kPa 和 210kPa 条件下浸水，基础分别累计发生平均 6.65mm 和 6.38mm 的抬升，两压力下基础附近均出现"变形槽"，表明基础下红砂浸水后发生了一定压缩变形，分析认为 155kPa 和 210kPa 附加压力下红砂的压缩变形分别为 2.71mm 和 3.20mm。

（5）根据"试坑浸水试验""G+4 模型试验"和"G+8 模型试验"土壤水分计监测结果分析得到的不同时间地基土渗透范围，均反映了较为一致的渗透规律：浸水前期水在红砂地基土中以竖向渗透为主，浸润线与水平线的夹角较大，湿润锋向下运动速度 0.32～0.69m/h，在上部土层速度较快，下部土层中较慢；当湿润锋到达③₂ 层粉砂中后，由于③₂ 层粉砂渗透系数较小，水的优势渗透方向以侧向渗透为主，浸润范围由试坑内向试坑外，由下部地层向上部地层逐渐扩大，浸润线与水平线的夹角较小，甚至可以达到 10°以下，因而浸水在平面上可以影响较大的范围，其中"试坑浸水试验"的影响范围超过39m，并在浸水坑及其周边范围③₂ 层粉砂以上形成上层滞水，较长时间不能消散。

（6）"G+4 模型试验"和"G+8 模型试验"单侧浸水结果表明，非低洼一般地段在年降雨量不大于 450mm 的年份，降雨在水平方向上的影响距离小于 1.5m，深度方向上影响深度 6～8m；若基础外侧有持续水源补给，则可能使基础及垫层下持力层范围内的天然 Quelo 砂受到水的浸湿作用。室内管道漏水，水也可以透过换填压实土垫层下渗。

（7）"试坑浸水试验""G+4 模型试验"和"G+8 模型试验"浸水前后的钻孔原位测试比较表明，位于树木分布区的棕红色粉砂层，由于含水率较低（4.3％左右），具有较高的标准贯入试验锤击数（平均 36 击），但浸水后锤击数大多仅有 3～5 击，表明其浸水后力学性质具有较大幅度降低；而"换填压实土垫层"和③₂ 层粉砂在浸水后仍具有较高的标贯和动探击数，其中"换填压实土垫层"浸水后的标准贯入击数 15～22 击，重型动力触探击数 11～13 击，③₂ 层粉砂浸水后的标准贯入击数 16～29 击，重型动力触探击数可达 21 击，表明"换填压实土垫层"和③₂ 层粉砂在浸水后仍具有较好的工程性质。"换填压实土垫层"施工时在基坑底原土上洒水碾压的影响深度为 0.2～0.3m。

（8）"G+4 模型试验"和"G+8 模型试验"中，虽然肥槽和房心回填土（平均干密度 1.77g/cm³）具有比②层粉砂（平均干密度 1.62g/cm³）更高的干密度，但其浸水后的动力触探试验实测锤击数（2 击左右）普遍小于②层粉砂（4 击左右），与室内试验结果表现出的重塑土力学性质更差（湿陷系数更大，高含水率下抗剪强度指标更小）相一致，表明结构扰动对红砂的工程性质有削弱作用，浸水后的原状红砂仍具有一定结构强度。

（9）红砂地区进行工程勘察与建筑设计时需要考虑以下主要问题：红砂建设场地上部砂层具有浸水后湿陷和软化的特性，且渗透性较好，绿化用水、生活用水和雨水容易渗入地下；下部泥岩在浸水后也会产生一定膨胀抬升量。总体而言，采用地基处理措施、防水措施和结构措施相结合的方式应对是较为经济合理的。分述如下：1）地基处理措施：若从室内湿陷试验结果进行分析计算，不管是"试坑浸水试验""G+4 模型试验"还是"G+8模型试验"，都应产生比较明显的湿陷沉降，而实测结果表明地基土在浸水后并未产生过大的湿陷沉降，因此按"湿陷"思路（按湿陷起始压力或剩余湿陷量确定湿陷处理厚度）应对红砂湿陷的地基处理设计对多层建筑可能是偏于保守的；实际工程中采用的棕红色砂换填压实土垫层为主的地基处理方式应对红砂浸水后发生软化是可靠的（考虑试验代表性，至少对 K.K. 项目一期工程的大部分地段如此）；而考虑到浸水后的变形构成较为复杂，既有下部泥岩受水浸湿发生的抬升变形，也有红砂受水浸湿软化产生的沉降变形，不同地段地基土构成不一致也会产生一定的差异变形。综上，在建筑基础下设置一定厚度的整片棕红色粉砂换填土垫层是必要的，经压实后的棕红色粉砂垫层具有较好的力学性质，可以起到包括：①调节不均匀变形；②扩散地基基础应力；③增加垫层下红砂承载力；④减缓渗透速度；⑤换除上部性质较差地基土等方面的作用。考虑场地地层结构下地基土具有较大的浸湿可能性，地基处理设计在进行承载力验算时，下卧软弱层应取持续浸水状态下的承载力特征值进行验算。2）防水措施：②层粉砂具有较高的渗透系数，"可维持界限含水率"低（持水性差），因而若有水渗入地基土中，水容易向下渗透，浸湿红砂层发生软化，浸湿泥岩产生膨胀变形，甚至在③₂层粉砂形成上层滞水。若浸入地基土中的水不加以控制，上层滞水水位会逐渐上升，浸泡地基压缩层深度范围内地基土。不管是泥岩的膨胀抬升变形，还是地基压缩层深度范围内的红砂发生软化，对建筑安全都是不利的，因此应采取防水措施，防止绿化用水、生活用水和雨水等渗入地基土；此外，红砂在流水作用下易发生流失，应杜绝地基土通过排水设施发生流失。3）结构措施：地基土在受水浸湿后，红砂发生软化，泥岩发生膨胀，难免会产生不均匀的变形，应通过采取结构措施，减小或调整建筑物的不均匀变形，或使结构适应地基的变形；总图设计时，应避免将同一栋建筑放置在地层结构差异大的地段。

（10）本次研究表明，红砂地基土在扰动后，在相同含水率和干密度条件下，相比原状土具有更大的湿陷系数，浸水后力学性质更差，因此施工时应避免对受力天然地基土的结构扰动，采用棕红色砂换填压实土垫层作为地基处理方法时，应保证施工质量。

（11）本课题研究对建筑后期使用维护的启示：K.K. 项目一期工程具有较大的用地面积，约 8.8km²，本次研究很难代表场地所有的情况，从研究结果分析，下列几个地段具有不确定性：1）③层粉（细）砂埋深较浅的地段。由于③层粉（细）砂中下部的渗透系数较小，有水源补给（包括降雨）时容易在该层以上形成上层滞水，在其埋深浅的地段，上层滞水更容易对地基压缩层内的红砂和换填土垫层形成浸泡，从而带来不利影响；同时，若③层粉（细）砂下部存在泥岩时，泥岩的埋深相应也较浅，从而泥岩的上覆土重更小，从理论上分析可能具有更大的膨胀（增湿）和收缩（减湿）变形，也是对建筑安全不利的。2）③层粉（细）砂埋深较深的地段，其红砂厚度较大，而工程建设前自然降雨对地基土的影响范围通常只有 6~8m，降雨影响深度之下的土层可能长期处于低含水率，因而可能具有较强的湿陷性，湿陷土层深度也更深，该类场地是否在浸水作用下产生明显自重湿陷变形，根据本次研究结果还不能准确预测。3）持续浸水作用下载荷试验揭示存在承载力较低的地段，如部分场地在持续浸水作用下载荷试验得到的试验数据表明其承载力特征值仅有 50kPa，本次研究试验场地地基土在持续浸水作用下的承载力特征值不小于 100kPa，不能代表该类场地的情况。此外，建筑物建成后若管理不善（如给水排水管道漏水不加以维修，绿化用水漫灌等），极有可能造成区域地下水环境（条件）变化，尤其是上层滞水的形成和地下水位抬升，给建筑安全带来不利影响。因此，建筑物在使用过程中应科学管理维护，建议参考《湿陷性黄土地区建筑标准》GB 50025—2018 "使用与维护"的相关内容结合实际进行维护，其中"防水"和"监测"是重中之重，"防水"除规范规定外，还应注意绿化用水的科学管理和积水的及时抽排；"监测"工作包括地下水位监测和建筑变形监测，可在上述三个具有不确定性的地段中，均选择一定数量代表性的建筑进行监测。

第10章 非洲红砂强夯法地基处理的试验研究与评价

强夯法因其加固效果显著、适用土类广、施工方便、施工工期短和经济易行等优点，在国内外已得到广泛应用并取得了大量的成功经验。但强夯法在处理安哥拉红砂地基方面却鲜有报道，缺少相关成套的施工标准体系，已有经验对于安哥拉红砂这类湿陷性特殊土是否同样适用，相关研究较少。因此，在安哥拉罗安达红砂典型发育区选取试验场地进行强夯试验，对其强夯加固参数及强夯效果开展相关试验研究，强夯试验现场如图10.1所示。本试验的目的主要有：(1)通过强夯试验，检验强夯法处理湿陷性Quelo砂地基的可行性；(2)总结并提出适用于安哥拉红砂地基的强夯法施工工艺及相关参数。通过上述试验，以期能够对安哥拉同类工程的设计及施工提供参考。

图 10.1 试验区强夯施工

10.1 场地概况与试验设计

10.1.1 场地概况

试验场地位于安哥拉罗安达省南部 Kilamba Kiaxi 区新城地块一期北侧施工单位营地内，位于试坑浸水试验场地北侧。原为施工单位菜地，目前为荒地。场地平面大致为长方形，野草覆盖，地势较平坦，西北部略高，零星分布有杂草、灌木，基本未受到人类活动破坏。试验场地大小约为150m×50m，位置详见图10.2。

(1)地层分布

根据在场地内的钻孔及探井揭示，场地 16.5m 深度内未发现有地下水，勘察深度范

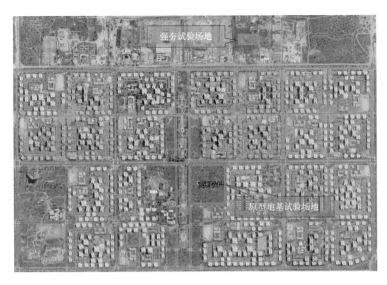

图 10.2　强夯试验场地位置图

围内地层划分除去③₂ 层粉砂与④层砂泥岩之间普遍夹有厚度约 0.4m 粗—砾砂外，其他地层与现场试坑浸水试验场地地层相近，地层柱状图见图 10.3。

地层编号	地层名称	高程(m)	厚度(m)	深度(m)	柱状图图例 1:100	地 层 描 述	取样编号	标贯 N(击)	孔隙比	压缩系数
①	表土	100.80	0.20	0.20		以灰黄色粉细砂为主，松散，表层主要为耕植土，含植物根系，多虫孔	1 / 1.00	1.20	0.662	0.18
②	粉砂	92.20	8.60	8.80		棕红，稍湿，松散，矿物成分主要为石英，含氧化铁和黏粒，直立性较好，手捏易碎，沾少量水可捏成团	2 / 3.00	3.40	0.629	0.12
							3 / 4.00	4.40	0.677	0.17
							4 / 5.00	5.40	0.622	0.10
							5 / 6.00	6.20	0.638	0.18
							6 / 7.00	7.40	0.584	0.13
							7 / 8.00	8.40	0.483	0.16
③₁	粉砂	90.00	2.20	11.0		以棕红色为主，含黄色和白色斑点，稍湿，中密，局部含少量灰白色高岭土，砂粒主要成分为石英，含较多黏粒与粉粒	8 / 9.00	9.40	0.487	0.18
							9 / 10.00	10.40	0.639	0.20
							10		0.607	0.18
③₂	粉砂	86.60	3.40	14.40		以灰白色粉砂为主，夹棕黄色和棕红色斑点，稍湿，中密，局部含大量铁锰质斑点及灰白色高岭土，底部为厚度约0.4m的粗—砾砂	11 / 12.00	11.00-11.40	0.462	0.15
							12 / 13.00	12.20	0.407	0.09
							13 / 14.00	13.40	0.399	0.09
							14	14.20	0.412	0.12
④	泥质砂岩	84.50	2.10	16.50		砂岩以灰白色为主，一般含黄色和红色调斑点，局部颜色较纯，泥岩呈灰绿色，浸水易软化、崩解	15 / 15.00	14.40 / 15.40	0.432	
							16 / 16.00	16.20		

图 10.3　强夯试验区 ZK1 钻孔柱状图

（2）地层物理力学性质

相关文献中红砂多指②层与③层粉砂，因②层粉砂常被作为建筑物基础的持力层，以及其特殊性质表现得更为充分，因此②层粉砂为本次试验研究的重点。在试验场地内通过钻孔和探井取样进行室内土工试验，其中重型击实试验测得场地红砂最优含水率 $w_{op}=$ 6.8%，对应最大干密度 $\rho_{dmax}=2.06g/cm^3$，试验场地内探井 T2-1 及钻孔 ZK1~ZK4 取样获得的主要常规物理力学性质指标统计见表 10.1 和图 10.4。场地 6.0m 以上地层含水率均小于 6.0%，平均值为 4.4%；干密度平均值为 1.66g/cm³；孔隙比平均值为 0.601；200kPa 下的湿陷系数均大于 0.015，最大值达 0.079，平均值为 0.043。

强夯试验场地地层常规物理力学性质指标统计表　　　　　　　　表 10.1

地层	深度 h (m)	含水率 w (%)	干密度 ρ_d (g/cm³)	土粒相对密度 G_s	孔隙比 e	饱和度 S_r (%)	湿陷系数 δ_s (p=200kPa)	湿陷系数 δ_s (p=300kPa)	湿陷起始压力 p_{sh} (kPa)	自重湿陷系数 δ_{zs}	压缩系数 a_{1-2} (MPa⁻¹)	压缩模量 $E_{s0.1-0.2}$ (MPa)
②层粉砂	1.0	3.5	1.60	2.66	0.667	15	0.079	—	18	0.016	0.14	12.44
	2.0	3.5	1.61	2.66	0.656	13	0.054	—	20	0.023	0.11	14.51
	3.0	4.3	1.63	2.66	0.634	18	0.045	—	32	0.023	0.12	13.81
	4.0	5.0	1.70	2.66	0.568	24	0.031	—	67	0.019	0.14	16.94
	5.0	4.9	1.71	2.66	0.555	24	0.031	—	83	0.019	0.14	11.96
	6.0	5.4	1.75	2.66	0.525	28	0.021	—	98	0.016	0.14	12.33
	7.0	5.8	1.76	2.66	0.519	35	0.020	—	80	0.016	0.14	11.39
	8.0	6.7	1.86	2.66	0.438	41	0.013	—	139	0.016	0.14	11.93
	9.0	6.9	1.70	2.66	0.572	35	0.012	—	200	0.014	0.20	7.94
③₁层粉砂	10.0	7.6	7.71	2.66	0.562	37	0.007	—	>200	0.003	0.16	10.41
	11.0	8.3	1.82	2.66	0.462	48	—	0.010	—		0.15	9.85
③₂层粉砂	12.0	9.5	1.89	2.66	0.407	62	—	0.005	—		0.09	15.38
	13.0	9.9	1.9	2.66	0.399	66	—	0.006	—		0.09	15.50
	14.0	9.9	1.88	2.66	0.412	64	—	0.004	—		0.12	11.76
④层砂、泥岩	15.0	9.8	1.86	2.66	0.432	60	—	—	—			

注：因 10.0m 以下地层不是主要研究目标，仅做 300kPa 下的单线法试验，砂泥岩仅做常规试验。

10.1.2　试验设计

试验区位置及试验区域分布详见图 10.5，参考《强夯地基处理技术规程》CECS 279：2010 及现场设备参数，确定试验场地分区及地基处理方法如表 10.2 所示。夯点布设如图 10.6 所示，试验区为边长 23m 的正方形，夯点间距 4.0m，呈等边三角形布设，每个试验区可布设 39 个强夯点，点夯夯击一遍，满夯夯击两遍。施工夯机型号：宇通重工 YTQH259 强夯机，配备圆台形夯锤，锤重 15t，锤底直径 $d=2.4m$。

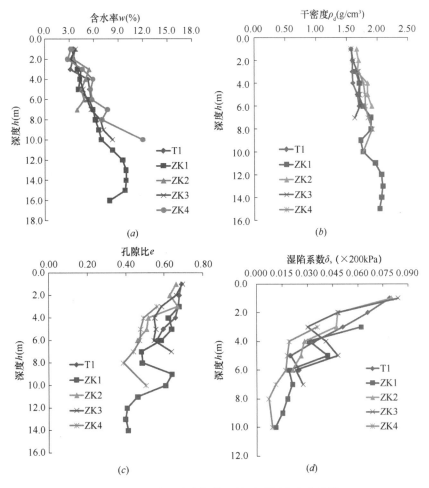

图 10.4 天然红砂常规物理性质随深度变化曲线

（a）不同位置红砂含水率随深度变化曲线；（b）不同位置红砂干密度随深度变化曲线；

（c）不同位置红砂孔隙比随深度变化曲线；（d）不同位置红砂湿陷系数随深度变化曲线

图 10.5 试验区平面位置示意图

试验区分区及地基处理方法　　　　　　　　　　表 10.2

试验区编号	夯型	单击夯能 (kN·m)	夯锤落距 (m)	夯点间距	工况	夯点布置	单点击数
S1	点夯	1000	6.7	4.0m	最优含水率	正三角形	10~15
	满夯	800	5.3	$d/4$ 搭接	—	搭接型	2~3
S2	点夯	2000	13.3	4.0m	最优含水率	正三角形	10~15
	满夯	800	5.3	$d/4$ 搭接	—	搭接型	2~3
S3	点夯	1000	6.7	4.0m	天然	正三角形	10~15
	满夯	800	5.3	$d/4$ 搭接	—	搭接型	2~3
S4	点夯	2000	13.3	4.0m	天然	正三角形	10~15
	满夯	800	5.3	$d/4$ 搭接	—	搭接型	2~3

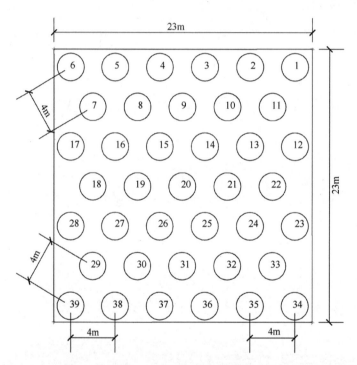

图 10.6　夯点布设示意图

10.2　增湿试验

　　根据国内湿陷性黄土地基强夯处理经验，地基土增湿至最优含水率时强夯的效果较佳，而场地内红砂最优含水率 w_{op} 为 6.8%，6.0m 深度内平均含水率仅为 4.4%，为此夯前专门进行了如下增湿试验：开挖两个长宽为 4m×4m，深度 30cm 的试验坑 Z1、Z2，试坑底部整平，Z1 注水方式为直接漫灌，Z2 注水方式为漫灌加钻孔注水，共布设钻孔 9 个，钻孔直径 10cm，深度 4.0m，如图 10.7 所示。根据《建筑地基处理技术规范》JGJ 79—

2002，注水量按照式（10.1）计算，设计增湿深度 6.0m，计算注水量为 4.1t，考虑注水过程注水管接口处渗漏，故每个试验坑注水 4.3t，注水 24h 后即在试坑内采用人工洛阳铲取样，进行室内含水率测试，取样深度 7.0m，取样间隔 0.5m。然后每天固定时间重复取样、测试工作，取样点均匀选取，直至 6.0m 深度内 Quelo 砂平均含水率接近其最优含水率。Z1、Z2 试坑增湿后含水率变化如图 10.8 所示。

$$L = v \bar{\rho}_{\mathrm{d}} (w_{\mathrm{op}} - \overline{w}) k \tag{10.1}$$

式中，L 为计算浸水量（t）；v 为拟加固土的总体积（m³）；$\bar{\rho}_{\mathrm{d}}$ 为地基处理前土的平均干密度（t/m³）；w_{op} 为土的最优含水率（%），通过室内击实试验求得；$\overline{w}$ 为地基土处理前的平均含水率（%）；k 为损耗系数，可取 1.05~1.10，试验 k 取值 1.07。

图 10.7　地基土增湿
(a) Z1（漫灌）；(b) Z2（漫灌＋钻孔）

图 10.8 和图 10.9 为监测时间间隔 15d 所测数据绘制，监测时间历时 60d，分析两图可得到以下认识：

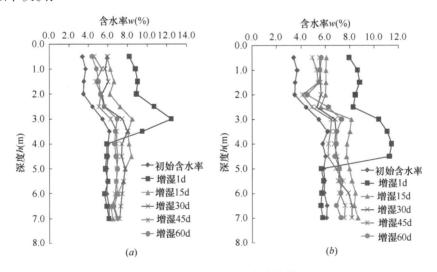

图 10.8　试坑增湿后含水率变化一
(a) Z1（漫灌）；(b) Z2（漫灌＋钻孔）

（1）试验计算注水量损耗系数 k 值根据国内黄土经验取值 1.07，设计增湿深度 6.0m，实际注水量为 4.3t，由图 10.8 和图 10.9 可知，实际增湿深度可达 7.0m，根据实际注水

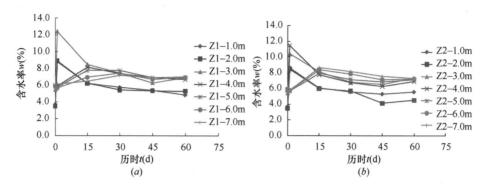

图 10.9 试坑增湿后含水率变化二

(a) Z1（漫灌）；(b) Z2（漫灌＋钻孔）

量及实际增湿深度可反算场地内红砂损耗系数 k 值为 0.96。

（2）浅层地基土的持水性较差，渗透性强，地基土被水浸湿后的较短时间内，水分基本被浅部砂层吸收，随着时间的推移，湿润锋逐渐向下移动，下部砂层的含水率随着时间的推移缓慢增加，上部砂层含水率逐渐减小。通过洛阳铲取样测地基土含水率（见图 10.9），约 15d 左右增湿效果即达到设计要求，试坑 6.0m 深度内平均含水率达到最优含水率 6.8% 左右。

（3）如图 10.9 所示，除去增湿第一天的明显差别，Z1 试坑增湿 1d 后，增湿峰值在试坑底部 3.0m 处，而 Z2 试坑因均匀布设有钻孔（深度 4.0m），增湿 1d 后，增湿峰值可达试坑底部 4.0m 处，剩余监测时间内两试坑增湿入渗规律近似，均是浅部地基土（0～2.0m）增湿后因日照蒸发持水性低，含水率先升后降，最后保持在相对较低的程度，中部地基土（2.0～4.0m）含水率先达到峰值再缓慢减小，深部地基土（4.0～6.0m）含水率增加缓慢。两种增湿方法总体增湿效果和所耗时间相近，而漫灌＋钻孔法还需进行钻孔作业，因此强夯可直接采取漫灌法进行土层增湿。

10.3 强夯试验

本次强夯试验主要选取试验场地、钻探取样测试基本物理性质、增湿试验、强夯试验、边缘试验、动探试验、现场平板载荷试验和双环注水试验等，累计用时 9 个月。各试验区在强夯前、后进行的试验工作量如表 10.3 所示。

试验区试验检测工作量   表 10.3

试验区	钻探取土（孔/件）	探井取土（井/件）	标贯试验（孔）	重型动力触探试验（孔）	浅层平板载荷试验（点）浸水	浅层平板载荷试验（点）未浸水	双环注水试验（组）	室内试验（组）
天然	9/175	3/16	7	8	2	3	2	12
S1	11/176	—	11	11	2	2	1	11
S2	11/172	—	11	10	1	2	1	11
S3	8/124	—	8	8	2	1	1	8
S4	7/111	—	7	7	1	1	1	7
合计	46/758	3/16	44	44	8	10	6	46

注：钻孔取样间隔 1m，取双样。

10.3.1　场地清理整平

如图 10.10 所示，试验区原地面以下 20～30cm 内的草皮土、杂草树根等予以清除，并运到指定的地点备用或废弃，S1～S4 场地先由机械进行大范围整平，因 S1、S2 试验区增湿方法为漫灌法，因此在机械大范围整平后，S1、S2 试验区进行二次整平，全程采用水准仪（莱卡 NA2）监测平整度，以便漫灌法增湿时可以均匀渗透。

图 10.10　地表清理整平

10.3.2　试验区 S1、S2 增湿

强夯试验前，对 S1、S2 试验区进行漫灌增湿处理，增湿深度 6.0m，根据式（10.1）及反算得出的红砂损耗系数 k 值计算注水量为 122t，实际分别注水 125t，如图 10.11 所示，增湿后，每天在固定时间内采用人工洛阳铲取样，进行室内含水率试验，取样点均匀分布在各试验区，直至含水率满足增湿要求。S1、S2 场地通过浸水增湿后，如图 10.12 所示，浸润 15d 后地表以下 6.0m 内 Quelo 砂含水率平均值均接近最优含水率 6.8%，S1 场地平均含水率从 5.2%增至 7.0%，S2 场地平均含水率从 4.4%增至 7.0%。

(a)　　　　　　　　　　　　　(b)

图 10.11　试验区增湿

（a）S1；（b）S2

10.3.3　强夯

合理安排施工顺序，强夯试验先于 S3、S4 试验区进行，S1、S2 试验区待增湿完成后紧接着进行。四个试验区强夯过程中未出现弹簧土和明显隆起（图 10.13），最后两击夯沉

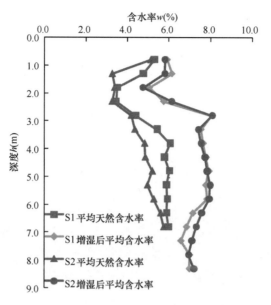

图 10.12 S1、S2 试验区增湿 15d 后含水率变化曲线

量均达到收敛，其中 S2 试验区强夯过程中个别夯点出现"吸锤"现象，分析原因为增湿后含水率高且土体强度大幅度降低所致。

图 10.13 试验区单点强夯后状况

(a) S1；(b) S2；(c) S3；(d) S4

10.4 最佳夯击数及停夯标准

各个试验区强夯完成后，进行地表高程测量，与夯前测得各试验区地表高程对比，可得出各个试验区地表平均夯沉量。统计各试验区每个夯点单击夯沉量及累计夯沉量，求取平均值，研究强夯的夯实效果，确定最佳的夯击次数以及停夯标准。各强夯试验区夯坑沉降量及满夯后地面夯沉量的平均统计结果如表 10.4 所示，不同试验场地夯击次数与平均单击夯沉量、平均累计夯沉量的对应曲线如图 10.14 所示。

各试验区夯沉量统计结果 表 10.4

强夯场地	能级（kN·m）	工况	夯点累计平均夯沉量（cm）	地表平均夯沉量（cm）
S1	1000	最优含水率	107	61
S2	2000	最优含水率	154	92
S3	1000	天然	64	55
S4	2000	天然	107	69

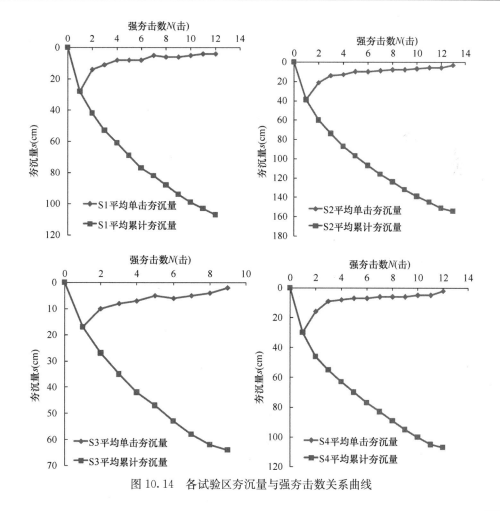

图 10.14 各试验区夯沉量与强夯击数关系曲线

图 10.14 为各试验区夯点平均单击夯沉量及累计夯沉量与强夯击数关系曲线。如图所示，S1 试验区单点总夯击数为 12 击，单点夯坑最终累计夯沉量为 107cm。10～12 击时沉降基本稳定（单击沉降量分别为 5cm、4cm、4cm）；S2 试验区单点总夯击次数为 13 击，夯坑的单点最后累计夯沉量为 154cm，场地内因增湿含水率较高，且夯击能较大，个别夯点出现"吸锤"现象，"吸锤"夯坑深度可达 185cm。8～10 击后开始收敛，11～13 击时沉降基本稳定（单击沉降量分别为 6cm、6cm、3cm）；S3 试验区单点总夯击次数为 9 击，夯坑单点的最后累计夯沉量为 64cm，夯坑外围无明显隆起。7～9 击时沉降基本稳定（单击沉降量分别为 5cm、4cm、2cm）；S4 试验区单点总夯击次数为 12 击，夯坑单点的最后累计夯沉量为 107cm，夯坑外围同样无明显隆起。10～12 击时沉降基本稳定（单击沉降量分别为 5cm、5cm、3cm）。各试验区典型夯沉量与强夯击数关系曲线均表现出了良好的收敛性与稳定性。

分析表 10.4 及图 10.14 可得如下认识：

（1）各强夯场试验区在同样工况或同样夯击能下的夯坑平均夯沉量之差均在 45cm 左右，但满夯结束后地面平均夯沉量之间差距明显缩小。就最终的地面平均夯沉量而言，S2 试验区效果最好，S1、S3 以及 S4 试验区效果相近且稍次。

（2）夯击能越大，夯沉量越大，各夯点随夯击次数增加，土体逐渐密实，单击夯坑夯沉量增长幅度逐渐减少，开夯前 1～3 击夯沉量较大，曲线呈陡降趋势，随着夯击次数增加，每击夯沉量逐渐变小，6～8 击以后每击夯沉量增量较小，曲线渐趋平缓，最后 3 击的每击夯沉量很小，且变化趋于稳定，夯沉量与夯击次数的关系曲线大致在 8～10 击后开始收敛，且试验观测地面基本无隆起（图 10.13），夯实效果较好。

（3）根据试验结果可以判断四个试验区单点最佳夯击数以及停夯标准 Δs，结果统计见表 10.5，其中 Δs 为各试验区夯点夯击数达到最佳夯击时最后两击夯沉量之和的平均值。

最佳击数与停夯标准统计结果 表 10.5

试验区	能级（kN·m）	工况	最佳夯击数 N（击）	Δs（cm）
S1	1000	最优含水率	10～12	≤4.0
S2	2000	最优含水率	11～13	≤5.0
S3	1000	天然	7～9	≤3.0
S4	2000	天然	10～12	≤4.0

10.5 强夯效果评价

10.5.1 地基土的物理性质指标变化

强夯前在试验场地天然地层进行了 T1 探井、ZK1～ZK4 取样测试工作，强夯试验结束后在各强夯试验区继续进行多组夯后钻孔取样测试工作，得到试验场地强夯前后地基土的物理性质指标，统计干密度及孔隙比平均值。图 10.15 为各试验区强夯前后干密度变化曲线，根据钻孔统计的强夯前后试验区平均干密度对比结果见表 10.6。图 10.16 为各试验区强夯前后孔隙比变化曲线，强夯前后试验区平均孔隙比对比统计结果如表 10.7 所示，上述图、表中各试验区测试深度均已考虑夯后地表平均夯沉量。

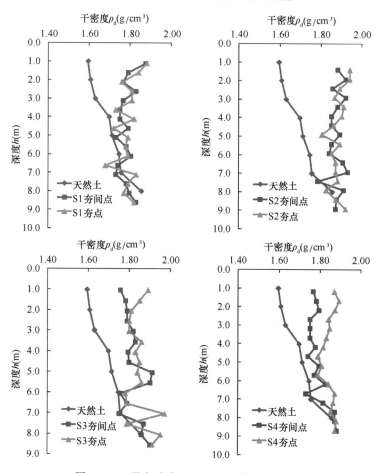

图 10.15　强夯试验区地基土干密度变化曲线

各强夯场地强夯前后地基土干密度平均值统计　　　　　　　　表 10.6

测试深度 h（m）	天然土平均干密度 ρ_d（g/cm³）	S1、S2 试验区强夯后平均干密度 ρ_d（g/cm³）							
		S1				S2			
		夯间点	增幅（%）	夯点	增幅（%）	夯间点	增幅（%）	夯点	增幅（%）
1.0	1.60	1.88	17.6	1.88	17.9	—	—	—	—
2.0	1.61	1.77	9.9	1.76	9.5	1.92	19.6	1.94	20.9
3.0	1.63	1.77	8.3	1.81	11.0	1.92	18.0	1.87	14.6
4.0	1.70	1.75	3.1	1.82	7.2	1.85	9.3	1.90	12.4
5.0	1.71	1.73	1.1	1.79	4.6	1.89	10.5	1.81	5.5
6.0	1.75	1.81	3.4	1.79	2.5	1.84	5.5	1.85	6.1
7.0	1.76	1.73	0.0	1.83	4.2	1.93	9.9	1.87	6.5
8.0	1.86	1.80	0.0	1.77	0.0	1.91	3.1	1.83	0.0

测试深度 h（m）	天然土平均干密度 ρ_d（g/cm³）	S3、S4 试验区强夯后平均干密度 ρ_d（g/cm³）							
		S3				S4			
		夯间点	增幅（%）	夯点	增幅（%）	夯间点	增幅（%）	夯点	增幅（%）
1.0	1.60	1.76	10.0	1.89	18.5	1.77	10.7	1.87	17.2
2.0	1.61	1.79	11.4	1.81	12.7	1.80	11.7	1.87	16.4
3.0	1.63	1.82	11.7	1.80	10.4	1.75	7.4	1.84	12.9
4.0	1.70	1.80	5.7	1.83	7.8	1.78	4.5	1.81	6.6
5.0	1.71	1.91	11.6	1.84	7.5	1.80	4.8	1.81	5.7
6.0	1.75	1.76	0.5	1.78	1.9	1.83	4.5	1.84	5.4
7.0	1.76	1.75	0.0	1.97	3.6	1.82	3.3	1.86	5.9
8.0	1.86	1.86	0.0	1.95	5.1	1.87	0.8	1.88	1.3

注：S2 试验区地表平均夯沉量 0.92m，对应天然土 1.0m 取样深度处无数值。

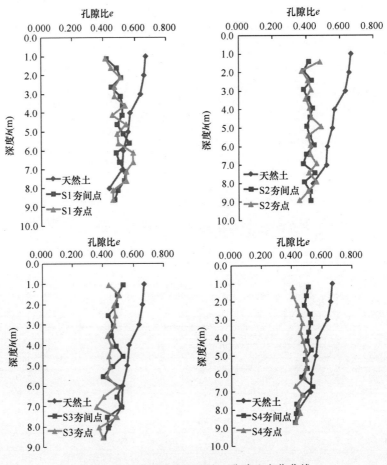

图 10.16　强夯试验区地基土孔隙比变化曲线

各强夯场地强夯前后地基土孔隙比平均值统计　　　　　　　　表 10.7

测试深度 h（m）	天然土平均孔隙比 e	S1、S2 试验区强夯后平均孔隙比 e							
		S1				S2			
		夯间点	增幅（%）	夯点	增幅（%）	夯间点	增幅（%）	夯点	增幅（%）
1	0.667	0.422	−36.8	0.413	−38.1	—	—	—	—
2	0.656	0.512	−22.0	0.508	−22.6	0.386	−40.5	0.374	−42.3
3	0.634	0.507	−20.0	0.471	−25.7	0.387	−37.6	0.428	−31.3
4	0.568	0.518	−8.8	0.458	−19.4	0.437	−20.7	0.418	−23.8
5	0.555	0.524	−5.6	0.487	−12.3	0.404	−26.6	0.487	−12.0
6	0.525	0.481	−8.5	0.586	0.0	0.444	−14.6	0.425	−18.0
7	0.519	0.540	0.0	0.543	0.0	0.382	−26.2	0.460	−11.4
8	0.438	0.491	0.0	0.461	0.0	0.389	−9.3	0.459	0.0

测试深度 h（m）	天然土平均孔隙比 e	S3、S4 试验区强夯后平均孔隙比 e							
		S3				S4			
		夯间点	增幅（%）	夯点	增幅（%）	夯间点	增幅（%）	夯点	增幅（%）
1	0.667	0.532	−20.3	0.438	−34.4	0.509	−23.7	0.405	−39.3
2	0.656	0.490	−25.4	0.471	−28.2	0.482	−26.5	0.436	−33.5
3	0.634	0.469	−26.1	0.474	−25.2	0.521	−17.8	0.469	−26.0
4	0.568	0.486	−14.5	0.457	−19.5	0.497	−12.5	0.472	−16.9
5	0.555	0.461	−16.9	0.446	−19.6	0.483	−13.1	0.493	−11.2
6	0.525	0.516	−1.8	0.493	−6.1	0.459	−12.7	0.478	−9.0
7	0.519	0.517	−0.4	0.351	−32.4	0.466	−10.4	0.468	−9.9
8	0.438	0.430	−1.7	0.367	−16.1	0.422	−3.7	0.450	0.0

注：S2 试验区地表平均夯沉量 0.92m，对应天然土 1.0m 取样深度处无数值。

此外，在试验场地进行双环法现场试坑注水试验共计 6 个，天然土区域 2 个，4 个强夯试验区夯后夯间土各 1 个，试验要求及流程依照 4.2 节所述进行，渗透系数计算参照式（4.4）进行计算。试验现场见图 10.17，试验参数及结果见表 10.8。表 10.8 中渗入深度 s

图 10.17　试坑注水试验现场

由注水试验前试验点附近及试验结束后试验点中心人工洛阳铲取样进行室内含水率试验所得，取样间距0.2m。

双环注水试验参数及结果　　　　　　　　　　　　　表 10.8

试验区	稳定流量 Q （cm³/s）	渗入深度 s （cm）	内环面积 F_0 （cm²）	水头高度 Z （cm）	毛细压力 H_a （cm）	渗透系数 K （cm/s）	备注
天然区 1	1.52	200	490.87	10	30	2.58×10^{-3}	清表 1.5m
天然区 2	5.96	220	490.87	10	30	1.03×10^{-2}	清表 0.6m
S1	0.31	80	490.87	10	30	4.23×10^{-4}	夯后清表 0.6m
S2	0.12	60	490.87	10	30	1.43×10^{-4}	夯后清表 0.6m
S3	0.87	80	490.87	10	30	1.18×10^{-3}	夯后清表 0.6m
S4	0.86	80	490.87	10	30	1.17×10^{-3}	夯后清表 0.7m

根据图 10.15、图 10.16 及表 10.6~表 10.8 进行相关分析，可以得到如下认识：

（1）强夯前后的试验场地地基土干密度、孔隙比变化明显，从其增幅程度及强夯影响深度上看，强夯能级越大，含水率越接近最优含水率，地基土的密实度越好，干密度与孔隙比的变幅越明显，强夯影响深度越大，S2 试验区效果最佳，然后为 S1、S4，且两试验区效果相近，S3 效果较弱。四个强夯试验区强夯影响深度均在 5.0~7.0m，在影响深度以下，干密度及孔隙比数值接近天然土数值。

（2）各强夯试验区夯点与夯点间试验检测效果相近，推测红砂场地强夯具有较强的侧向挤压效果。

（3）从强夯前后地基土干密度与孔隙比的变化可以判断，S1、S2、S3 和 S4 四个试验区强夯有效加固深度（从起夯面标高算起）分别为：5.0m、7.0m、5.0m、6.0m。

（4）从表 10.8 可知，天然区 1 因清表深度较大，土质稍密，故渗透系数对比天然区 2 较小，天然区 2 夯后红砂渗透系数较夯前明显减小，其中 S1、S2 试验区减小两个数量级，S3、S4 试验区减小一个数量级，表明经强夯后的红砂地基土渗透系数有大幅度减小。

10.5.2　钻孔原位测试指标比较

强夯前在试验场地天然地层进行了 3 组天然条件下标准贯入试验及重型动力触探试验，强夯试验结束后在各强夯试验区继续进行多组夯后标准贯入试验及重型动力触探试验，得到试验场地强夯前后地基土的标准贯入试验及重型动力触探试验对比图，如图 10.18 和图 10.19 所示。

随后在同一浸水条件下（持续浸水 2d）分别在天然地层及各强夯试验区夯间点上进行多组浸水后标准贯入试验及重型动力触探试验，得到标准贯入试验及重型动力触探试验对比，如图 10.20 和图 10.21 所示，以上图中数据为各深度下标贯击数及动探击数平均值，含水率为各试验点地表以下 6.0m 以内含水率平均值，且各试验区测试深度均已考虑夯后地表平均夯沉量。

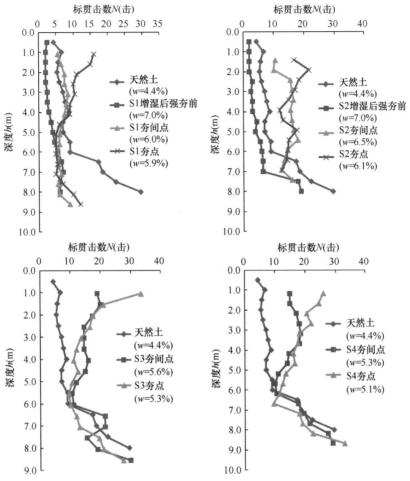

图 10.18　试验区强夯前后地基土标贯击数曲线

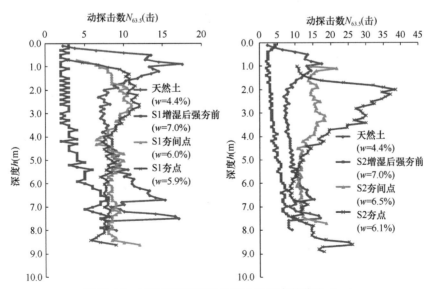

图 10.19　试验区强夯前后地基土动探击数曲线（一）

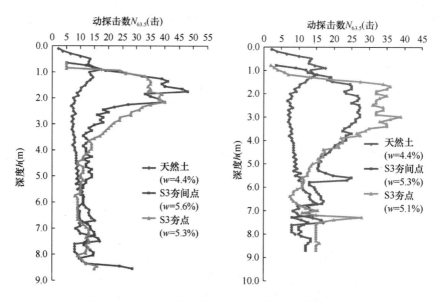

图 10.19　试验区强夯前后地基土动探击数曲线（二）

根据图 10.18～图 10.21，并进行相关分析，可以得到如下认识：

（1）强夯前后的试验区地基土标贯及动探锤击数变化明显，从检测处理深度上看，强夯能级越大，含水率越接近最优含水率，标贯击数及动探击数提升幅度越大，S2 试验区效果最佳，S1、S4 两试验区稍次且效果相近，S3 效果较弱。4 个强夯试验区强夯影响深度均在 5.0～6.0m，在影响深度以下，标贯和动探锤击数接近天然土数值。

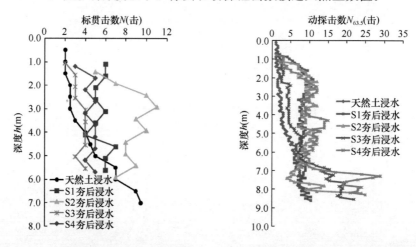

图 10.20　夯后地基土浸水后标贯击数　　图 10.21　夯后地基土浸水后动探击数

（2）各强夯试验区标准贯入试验与重型动力触探试验夯点与夯点间检测效果大致相近（除 S2 试验区 2.0～4.0m 重型动力触探击数夯点高于夯点间，分析原因可能因夯点与夯点间含水率差较大，夯点含水率低于夯点间所致），推测红砂地基土强夯有较强的侧向挤压效果。

（3）浸水后，标准贯入试验与重型动力触探击数明显减小，但相较于天然土，夯后的红砂地基土仍有不同程度的提高。

（4）从强夯前后地基土标准贯入试验与重型动力触探锤击数的变化可以判断，S1、S2、S3 和 S4 四个试验区强夯有效加固深度（从起夯面标高算起）分别为：5.0m、6.0m、4.0m、5.0m。

10.5.3 强夯前后地基土的湿陷性

图 10.22 为试验区强夯前后各种工况下地基土的湿陷系数曲线，仅从图中 S3、S4 试验区湿陷系数可知，强夯后红砂地基土湿陷性有所消除，湿陷系数较夯前有不同程度的减小，强夯影响深度在 4.0～5.0m，图中显示夯点间湿陷系数小于夯点，分析原因为检测时夯点间含水率高于夯点含水率所致。同时前文阐述过，红砂地基土本身具有湿陷性，而且浸水增湿后湿陷系数会减小，如图中 S1、S2 试验区数据所示，再经过强夯处理后，很难有效地分辨 S1、S2 试验区地基土的湿陷系数减小是由于增湿作用还是强夯作用。黄土的湿陷性标准以湿陷系数 0.015 为判别界线，由于针对红砂的湿陷性的评判到现在为止，行业中没有一个共同认可的标准，试验结果表明强夯是能够消除红砂湿陷性的，而具体的湿陷性判别标准还需进一步开展研究。

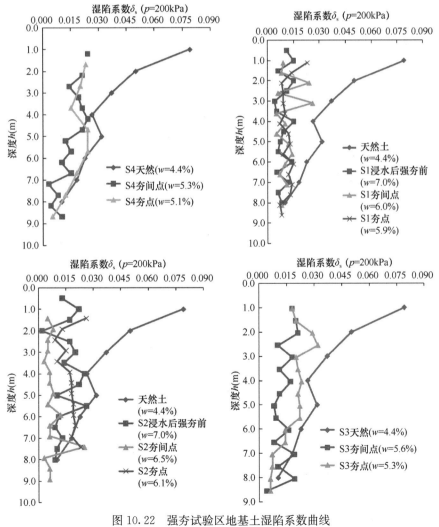

图 10.22　强夯试验区地基土湿陷系数曲线

10.5.4 强夯有效加固深度及修正系数 α 的确定

强夯地基的有效加固深度是评价地基处理效果的重要指标之一，相关文献也称为"有效影响深度"，强夯有效加固深度的评判标准需考虑多种因素综合判定，如土体密实度是否提高、湿陷性是否消除以及标贯锤击数等力学指标是否达到某一规定值等。

结合以上试验结果，根据强夯加固后地基土各指标分别判定的强夯有效加固深度（从起夯面算起）列于表 10.9。

根据不同指标判定的强夯有效加固深度   表 10.9

能级（kN·m）	判定依据	有效加固深度（m）
1000（S1 最优含水率）	干密度、孔隙比	5.0
	湿陷系数	—
	标贯击数、动探击数	5.0
2000（S2 最优含水率）	干密度、孔隙比	7.0
	湿陷系数	—
	标贯击数、动探击数	6.0
1000（S3 天然）	干密度、孔隙比	5.0
	湿陷系数	4.0
	标贯击数、动探击数	4.0
2000（S4 天然）	干密度、孔隙比	6.0
	湿陷系数	4.0
	标贯击数、动探击数	5.0

注：湿陷系数判定标准以强夯后湿陷系数大幅降低为依据。

根据表 10.9，并结合试验结果，S1、S2、S3 和 S4 四个试验区强夯有效加固深度（从起夯面标高算起）可分别取为：5.0m、6.0m、4.0m、5.0m。同时，从试验结果看，加固深度的变化与含水率存在着一定关系，相同夯击能时，增湿后夯实效果优于天然条件下直接强夯，增湿后试验区（S1、S2）的强夯有效加固深度明显大于同等夯击能的天然试验区（S3、S4）。

强夯地基有效加固深度的计算一直是强夯技术理论中比较重要而未得到根本解决的问题，主要受地基土的性质和强夯施工工艺的影响，众多学者就加固深度的计算公式展开了大量的研究。主要有梅纳（Menard）经验公式：

$$H = \sqrt{Wh} \tag{10.2}$$

和该公式的修正公式：

$$H = \alpha\sqrt{Wh} \tag{10.3}$$

式中，H 为加固深度（m）；W 为夯锤重（t）；h 为夯锤提起高度（m）；α 是针对不同土质的修正系数。自法国梅纳技术公司提出强夯加固深度公式以来，国内外许多单位及专家学者根据工程实践活动，发现计算结果与实际有较大的差异，于是纷纷总结出了各自的修正系数 α 值，供各类工程参考。由于此类公式是将有效加固深度的复杂性，通过一个取定常数而简单化和经验化，其显著特点就是简单，使用方便，因此被广大工程技术人员所接受。对此次强夯试验得出的各试验区加固深度结果按梅纳公式的修正式进行计算，得到红砂有效加固深度为 4.0～6.0m 时的修正系数，见表 10.10，可供类似相关工程参考借鉴。

试验区有效加固深度修正系数				表 10.10
试验区	能级（kN·m）	工况	有效加固深度 H（m）	修正系数 α
S1	1000	最优含水率	5	0.50
S2	2000	最优含水率	6	0.42
S3	1000	天然	4	0.40
S4	2000	天然	5	0.35

10.5.5　强夯前后地基土平板载荷试验

强夯前，在场地内进行 5 组（天然 3 组，浸水饱和 2 组）浅层平板载荷试验，强夯完毕 15d 后，在强夯场地夯点间共进行 10 组（夯后 5 组，夯后浸水 5 组）浅层平板载荷试验，试验按《建筑地基基础设计规范》GB 50007—2011 要求进行，均采用面积为 0.25m² 的圆形承压板，对应的直径 $d=564$mm，最大压力为 1500kPa。载荷试验成果列于表 10.11 中，各场地强夯前后平板载荷试验 p-s 曲线见图 10.23 和图 10.24。图中可看出 S2、S4 场地夯后天然条件下载荷试验 p-s 曲线基本无明显拐点，也无明显比例界限，因此可取 $s/d=0.01$ 所对应的压力作为其承载力特征值。

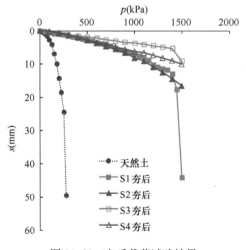

图 10.23　夯后载荷试验结果

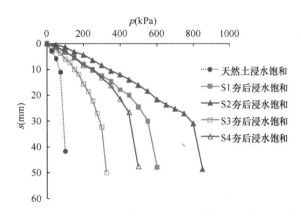

图 10.24　夯后浸水饱和条件下载荷试验结果

夯后载荷试验成果统计表					表 10.11
试验位置	工况	f_{ak}（kPa）	f_{ak} 对应沉降量（mm）	变形模量 E_0（MPa）	备注
天然土	天然	100	2.82	14.3	
		100	1.77	22.8	
		125	4.02	12.5	
	浸水饱和	35	1.31	10.8	
		35	4.07	3.5	

试验位置	工况	f_{ak}（kPa）	f_{ak}对应沉降量（mm）	变形模量 E_0（MPa）	备注
S1	夯后	725	4.44	65.8	
		700	4.57	61.7	
	夯后浸水	275	11.90	9.3	
		275	11.25	9.8	
S2	夯后	810	5.64	57.9	超过设备极限
	夯后浸水	400	12.01	13.4	
S3	夯后	700	2.74	102.9	
	夯后浸水	150	9.93	6.1	
S4	夯后	915	5.64	65.4	超过设备极限
	夯后浸水	225	9.31	9.7	

注：设备压力极限为 1500kPa。

分析图 10.23、图 10.24 及表 10.11 可得到以下认识：

（1）强夯加固地基效果明显，加固后的地基承载力显著提高。

（2）强夯处理后，各试验区地基承载力特征值 f_{ak} 在 700～900kPa 之间，较夯前提高 7～9 倍，土体变形模量均大于 57MPa；各试验区浸水饱和条件下地基承载力特征值 f_{ak} 均在 150kPa 及以上，其中 S2 试验区可达 400kPa，较夯前提高了 11 倍，土体变形模量为 13.4MPa。

（3）红砂含水率的变化对其承载力具有显著影响，含水率增加，地基承载力明显降低，即使经过强夯加固处理，地基承载力衰减幅度依旧较大，考虑到当地雨季较长，降雨量大，设计施工直接采用天然条件下的承载力特征值是不够安全的，宜充分考虑含水率对地基承载力的影响。

第11章　非洲某红砂地基多层建筑
工程变形开裂案例分析

11.1　工程概况

罗安达某项目包括数栋1~3层建筑物，因未对红砂地基进行处理，项目竣工投入使用后不久，陆续出现建筑物开裂现象。经中方勘察发现，建筑物的开裂为地基土浸水湿陷并导致地基承载力大幅降低所致。

11.1.1　建筑物概况

罗安达某项目位于安哥拉首都罗安达港口南约15km。该项目于2004年7月开始建设，2005年10月竣工。该工程由数栋1~3层建筑物组成，占地面积约5ha，建筑面积约为7900m²。所有建筑物均采用框架结构，独立基础，基础埋深约为1.5m。

该工程勘察单位为安哥拉当地的一家地质技术公司，勘察报告仅提供了建筑场地地层结构和一些土工试验数据及标准贯入试验数据，未对红砂地基的湿陷性和强度随含水率变化等性质进行评价。

11.1.2　场地工程地质条件

根据建筑物开裂后中方勘察单位对建筑场地的勘察资料，建设场地的工程地质条件如下：

（1）场地地层

根据钻探现场描述、原位测试结果及室内土工试验结果，将勘探深度范围内的地基土共分为5层，现自上而下分层描述如下：

① 回填粉砂 Q_4^{ml}：黄褐色，稍湿—湿，松散—稍密。以粉砂为主，含少量圆砾、碎砖块、植物根须等杂物，多见黑色斑点。层厚0.50~2.10m，层底高程75.88~78.28m。

②层粉砂 Q_4：该层为陆相沉积地层，无层理。褐黄色，稍湿—饱和，松散—稍密。颗粒矿物成分以长石、石英为主，含较多细粒土，小于0.075mm的颗粒含量平均值为47%，接近粉土。该层显著的特点是在浸水（上层滞水）饱和地段土的强度较低，标准贯入试验锤击数多为2~3击，在没有上层滞水分布的稍湿—湿地段，标准贯入试验锤击数为4~7击。该层在天然状态（一般含水率在5%~10%）下具湿陷性，根据现场2个载荷试验实测结果，湿陷系数分别为0.053和0.062。该层层厚0.80~4.20m，层底深度1.70~4.80m，层底高程73.81~76.76m。

③层粉土 Q_4：该层为陆相沉积地层和海相沉积地层的过渡带，无层理。褐黄色—黄

灰色，具褐红色斑点，呈花斑状，湿—饱和，稍密—中密。以粉土为主，含有粉细砂颗粒，大于 0.075mm 的颗粒含量约占 50%，局部地段黏性较大，相变为粉质黏土。该层实测标准贯入试验锤击数平均值 $\overline{N}=7$ 击，压缩系数平均值 $\overline{a}_{1-2}=0.26\mathrm{MPa}^{-1}$，属中压缩性。该层层厚 0.20~1.90m，层底深度 2.20~6.00m，层底高程 72.51~75.98m。

④层砂质泥岩：属前第四纪沉积的海相地层，成岩作用较差，为半成岩状态，属极软岩，灰绿色—灰色。该层具有明显的薄层理，层理厚度多在 2~5cm，主要为粉砂和黏性土的互层，大部分地段以黏性土薄层为主，局部地段以粉砂薄层为主，未见明显的分布规律。实测标准贯入试验锤击数平均值 $\overline{N}=26$ 击，压缩系数平均值 $\overline{a}_{1-2}=0.18\mathrm{MPa}^{-1}$，属中压缩性。该层层厚 2.80~7.20m，层底深度 7.80~9.80m，层底高程 68.45~70.70m。

⑤层粉砂岩：属前第四纪沉积的海相地层，成岩作用较差，为半成岩状态，属极软岩，灰白色及灰黄色，稍湿。该层具明显层理，大部分地段以粉砂为主，夹黏性土薄层，局部地段以黏性土薄层为主。实测标准贯入试验锤击数平均值 $\overline{N}=42$ 击。该层未钻穿，最大钻探深度 15.00m，最大揭露厚度 6.10m，钻至最低标高 63.50m。

场地典型工程地质剖面图见图 11.1。

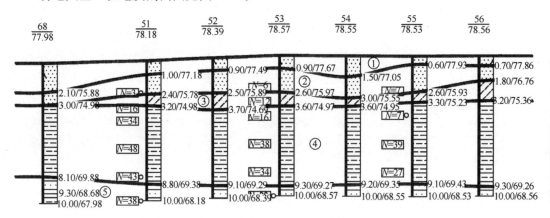

图 11.1　场地典型工程地质剖面图

（2）地下水

本工程勘察期间（2010 年 9 月），在多数钻孔出现②层粉砂底部和③层粉土缩孔（饱和状态）的现象，在部分钻孔中量测到了地下水位。根据量测结果，地下水位埋深为 1.50~3.80m，相应标高为 74.51~76.38m，地下水类型属上层滞水。

本场地地下水具有如下显著特点：靠近已有建筑物的钻孔②层粉砂底部和③层粉土在钻探时几乎都有不同程度的缩孔现象，少量钻孔在该孔钻探完成后即可量测到地下水位，另有一部分钻孔在结束钻探 2~3d 后亦可量测到地下水位；而距离建筑物较远的钻孔则未见到地下水，土层呈稍湿—湿状态。

根据罗安达地区已有的勘察资料及罗安达地区的地质条件，该地区表层砂土或粉土层中一般没有地下水。本场地大约在 3m 以上为陆相沉积的粉砂或粉土，具孔隙，有地下水赋存的条件；其下地层为前第四纪沉积的海相地层（砂质泥岩或粉砂岩），成岩作用较差，接近密实的粉土或粉砂，尤其是④层砂质泥岩，以薄层黏性土为主，形成了厚度较大的相对隔水层，具备了上层滞水形成的地质条件。

（3）地基土物理力学性质

各层地基土的物理力学性质指标统计值见表11.1。

地基土物理力学性质指标统计表　　　　　　　　　　表 11.1

层号	值别	含水率 w（%）	重度 γ （kN/m³）	干重度 γ_d （kN/m³）	饱和度 S_r （%）	塑性指数 I_P （%）	液性指数 I_L	湿陷系数 δ_s	压缩系数 a_{1-2} （MPa⁻¹）	压缩模量 E_{s1-2} （MPa）	标贯实测锤击数 （击）
②层粉砂	最大值	23.4	20.4	18.2	90	11.7	0.90	0.020	0.42	20.1	12
	最小值	4.6	16.7	15.3	20	7.9	−0.16	0.000	0.06	2.8	2
	平均值	14.8	19.0	16.6	65	9.8	0.32	0.005	0.22	9.1	5
	标准差	5.23	1.23	0.80	21.7	1.26	0.343	0.0067	0.112	5.10	2.5
	变异系数	0.35	0.06	0.05	0.34	0.13	—	—	0.50	0.56	0.51
	统计频数	32	33	32	32	12	11	31	32	32	43
③层粉土	最大值	23.8	20.8	17.9	93	13.9	0.76	0.003	0.42	9.6	17
	最小值	14.3	19.3	15.7	74	7.2	−0.44	0.000	0.16	4.0	3
	平均值	18.7	20.1	17.0	84	9.8	0.28	0.001	0.26	6.4	7
	标准差	2.80	0.39	0.64	5.1	2.05	0.385	0.0009	0.074	1.68	3.9
	变异系数	0.15	0.02	0.04	0.06	0.21	—	—	0.28	0.26	0.54
	统计频数	20	19	19	20	18	19	19	19	20	27
④层砂质泥岩	最大值	17.3	20.9	18.5	85	17.5	0.03	0.007	0.28	16.6	45
	最小值	12.2	19.1	16.6	61	7.8	−0.61	0.000	0.05	3.1	7
	平均值	14.9	20.4	17.8	76	12.6	−0.35	0.003	0.18	8.7	25
	标准差	1.15	0.38	0.45	5.2	2.17	0.140	0.0013	0.051	2.47	9.1
	变异系数	0.08	0.02	0.03	0.07	0.17	—	—	0.28	0.28	0.36
	统计频数	59	58	58	59	56	55	60	61	60	121
⑤层粉砂岩	最大值										65
	最小值										22
	平均值										42
	标准差										9.5
	变异系数										0.23
	统计频数										21

11.2　建筑物变形开裂情况

根据现场调查，已有建筑物均有不同程度的开裂，尤以 2 栋 2～3 层建筑物较为明显，建筑物开裂比较明显的部位多位于厕所或洗手池附近。较典型的裂缝如图 11.2～图 11.6 所示。

图 11.2　建筑物东南角室外墙面裂缝

图 11.3　建筑物室内墙面裂缝

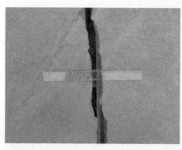

图 11.4　建筑物外地面裂缝

图 11.5　地面变形破损（左：室外；右：室内）

图 11.6　散水下沉破损

11.3　建筑物变形开裂原因分析

11.3.1　建筑物使用过程中排水不畅产生上层滞水

查阅本项目建设时安哥拉当地勘察单位完成的勘察报告,建设场地在勘探深度 20m 内未见地下水。

在本项目重建勘察过程中,发现本场地地下水具有如下显著特点:靠近已有建筑物的钻孔中,②层粉砂底部和③层粉土在钻探时几乎都有不同程度的缩孔现象,少量钻孔在钻探完成后即可量测到地下水位,另有一部分钻孔在钻探完成 2～3d 后亦可量测到地下水位;而距离建筑物较远的钻孔则未见到地下水,土层呈稍湿—湿状态。

综合分析,本项目场地在建筑物投入使用后靠近建筑物的部分地段出现地下水的原因有如下几方面:

(1)生活废水就近通过渗井排入地下

安哥拉是南部非洲一个比较落后的国家,几乎整个罗安达市没有市政排水系统。罗安达医院的废水均排放至建筑物周围的若干个渗井,随着医院投入使用时间的增长,渗井周围的砂土逐渐饱和形成上层滞水。

(2)管道渗漏致使渗漏部位附近的地基土逐渐饱和

建筑物开裂比较明显的部位多位于厕所或洗手池附近的现象说明,管道渗漏也可能是导致局部具有上层滞水的原因之一。

(3)大气降水

罗安达地区年均降水量为 413mm,降水量虽然不大,但主要集中在 2 月份和 3 月份。短期内大气降水的入渗也是地下水的重要补给来源之一。建筑物周边散水的下沉破损(图 11.6)即说明雨水渗入地下后导致砂土或回填砂土湿陷。

(4)常年绿化浇水也有部分渗入地下。

11.3.2　地基土增湿饱和产生湿陷

南部非洲地区的红砂天然含水率一般在 10％以下,属非饱和土。在增湿饱和过程中,在上覆基础的压力下,会产生湿陷。有关增湿湿陷的详细试验研究见第 6 章和第 7 章。本项目在拆除重建勘察时，采用现场浸水载荷试验测定了湿陷系数，试验共 2 组，编号分别为 Z2 和 Z3。现将试验有关参数和试验过程说明如下：

该二组载荷试验采用圆形承压板，面积为 $0.25m^2$，先在天然土层上加压至 200kPa，每级压力增加值为 25kPa，在每级压力下均测读至沉降稳定。在 200kPa 压力下沉降稳定后，将载荷板周围的土层浸水饱和（此过程不补压），浸水时间不少于 7h。随着载荷板下土层逐渐被浸湿饱和，加载系统逐渐松弛，压力随之下降，至浸水结束后，测读松弛后的压力。根据载荷试验自动记录仪显示，两个载荷试验应力松弛后，Z2 和 Z3 压力分别稳定在 112kPa 和 105kPa。浸水测读沉降稳定后，将压力再次增补至 200kPa，并测读承压板沉降稳定后的最终沉降量。Z2 和 Z3 承压板的最终沉降量分别为 30.0mm 和 35mm（图 11.7）。由此计算的湿陷系数（湿陷附加沉降与承压板直径之比）分别为 0.053 和 0.062。

图 11.7 地基土沉降量达 35mm

在浸水载荷试验前，在载荷坑内采用灌水法进行了砂土的干密度试验，试验结果见表 11.2。

载荷试验坑现场干密度试验结果表   表 11.2

试验编号	湿土质量 (g)	体积 (cm³)	密度 (g/cm³)	含水率 (%)	干密度 (g/cm³)
Z2-1	5208	3000	1.74	7.0	1.63
Z2-2	5796	3390	1.71	7.2	1.60
Z2-3	5538	3180	1.74	7.2	1.62
Z2-4	6476	3740	1.73	6.8	1.62
Z3-1	3288	1950	1.69	9.4	1.54
Z3-2	5172	3000	1.72	9.4	1.57
Z3-3	6184	3570	1.73	9.8	1.58
Z3-4	6236	3640	1.71	9.4	1.56

　　浸水载荷试验试验结果（p-s 曲线和 s-$\lg t$ 曲线及试验土层的含水率、干密度）分别见图 11.8 和图 11.9。

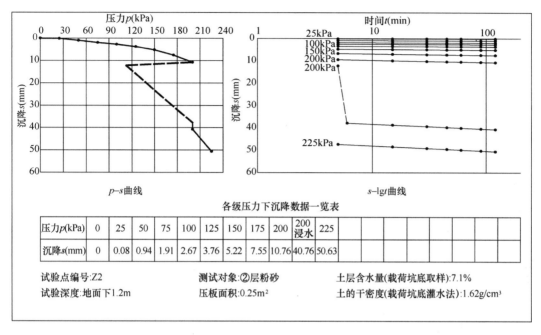

各级压力下沉降数据一览表

压力 p(kPa)	0	25	50	75	100	125	150	175	200	200浸水	225
沉降 s(mm)	0	0.08	0.94	1.91	2.67	3.76	5.22	7.55	10.76	40.76	50.63

试验点编号:Z2　　　　　测试对象:②层粉砂　　　　　土层含水量(载荷坑底取样):7.1%
试验深度:地面下1.2m　　　压板面积:0.25m²　　　　　土的干密度(载荷坑底灌水法):1.62g/cm³

图 11.8　载荷试验成果图表（Z2）

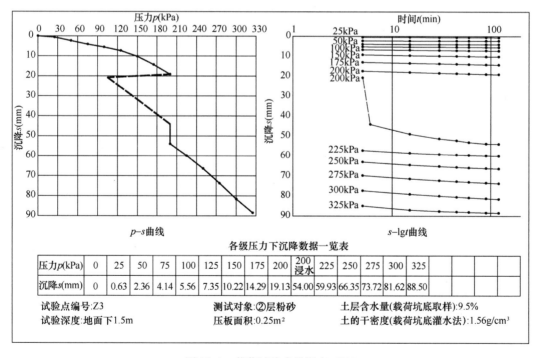

各级压力下沉降数据一览表

压力 p(kPa)	0	25	50	75	100	125	150	175	200	200浸水	225	250	275	300	325
沉降 s(mm)	0	0.63	2.36	4.14	5.56	7.35	10.22	14.29	19.13	54.00	59.93	66.35	73.72	81.62	88.50

试验点编号:Z3　　　　　测试对象:②层粉砂　　　　　土层含水量(载荷坑底取样):9.5%
试验深度:地面下1.5m　　　压板面积:0.25m²　　　　　土的干密度(载荷坑底灌水法):1.56g/cm³

图 11.9　载荷试验成果图表（Z3）

该两组浸水载荷试验测试土层均为粉砂层，与该层土室内试验结果对比，现场实测的湿陷系数明显比室内试验结果大（室内测得的湿陷系数为 0.000～0.020，平均值为 0.005）。偏大的原因可能是以下两种因素之一或两种因素都有：一种是现场浸水载荷试验在 200kPa 压力下产生的沉降量除了有湿陷变形外，可能还有因红砂浸水饱和其强度显著降低而导致的塑性变形；另一种是载荷板下发生湿陷变形的土层厚度比规范假定的 1.5 倍载荷板宽度还要大。

11.3.3 地基土饱和软化引起承载力大幅降低

本项目除了布置两组浸水载荷试验外，还布置并完成了一组天然地基载荷试验（编号为 Z1），测试土层仍然为粉砂层。加载最大压力为 225kPa，试验结果（p-s 曲线和 s-$\lg t$ 曲线及试验土层的含水率、干密度）见图 11.10。

根据《建筑地基基础设计规范》GB 50007—2002 关于浅层平板载荷试验的有关规定，地基承载力特征值可取 100kPa。

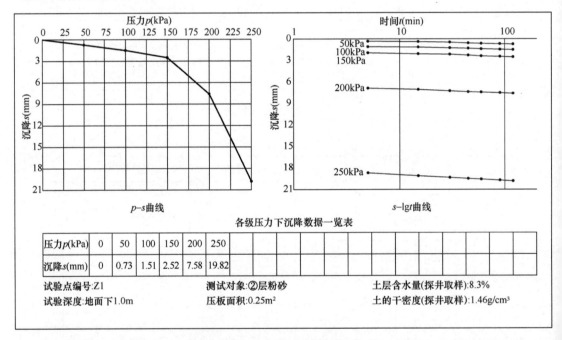

图 11.10　载荷试验成果图表（Z1）

浸水载荷试验 Z2 和 Z3 在天然状态下没有达到极限状态，但在 200kPa 浸水饱和时，随着承压板的下沉，压力逐渐松弛，为了观察松弛后的稳定压力，从另一方面估计饱和砂土的地基承载力，浸水时未进行补压，直到沉降稳定，测读稳定沉降后的松弛压力，Z2 和 Z3 浸水载荷试验压力分别稳定在 112kPa 和 105kPa，稳定后的压力值较为接近，也与 Z1 载荷试验得出的地基承载力特征值接近。此 3 个载荷试验砂土的含水率均较高（7.1%～9.5%），与罗安达地区其他项目天然地基载荷试验（详见 8.1.3 节）相比较，当含水率小于 4%～5% 时，地基承载力会高出很多，当地基砂土含水率小于 3% 时，部分载荷试验加压至 800kPa，沉降不到 8mm。

另外，标准贯入对比试验和不同含水率的直接剪切试验也同样说明这个问题（详见第2 章 2.6.2 节），即随着含水率的增大，地基砂土的强度会大幅度降低。

11.4 案例启示

本工程事故的出现在安哥拉及国际社会产生了一些不良影响，一些欧美媒体借题发挥，在其网站、报纸等发表恶意诋毁中国建筑质量和建设水平的言论。这给中国在安各有关建设单位提出了警示，对类似场地或地基条件工程应予以足够的重视。对于地基基础工程而言，主要有以下几方面的启示：

11.4.1 全面认识红砂地基土的特殊性

根据在南部非洲地区的诸多工程实践，罗安达地区的红砂地层在很多地方均有分布，在安哥拉、纳米比亚、赞比亚、津巴布韦、莫桑比克等国的一些工程中见过类似砂土。这种砂土有两个非常显著的特性，即湿陷性和显著的遇水软化特性。

南部非洲地区的红砂地层虽然有湿陷性，但其物质组成、颗粒级配、沉积环境等与中国西北地区的湿陷性黄土有很大的差别，其工程性质有一定的相似性，但不完全一致。《湿陷性黄土地区建筑标准》GB 50025 是在总结我国西北黄土地区的大量科研成果与工程经验的基础上制定的，有关规定不一定适合南部非洲地区的红砂地层。在这种红砂地层上进行工程建设，要做到既安全又经济，就需要对红砂地基土从土质学和土力学方面进行研究，全面认识其特殊性及产生特殊性的机理。

11.4.2 红砂地基土处理的必要性

本工程在勘察设计阶段，红砂地基土处于天然状态，由安哥拉国当地勘察单位提交的勘察报告没有给出地基土含水率数据，根据罗安达地区诸多工程勘察资料和中方施工单位有关人员的描述（基槽开挖时用镐挖有困难，人工开挖很慢），地基土天然含水率应该不超过 5％。天然地基承载力特征值估计至少在 200kPa 以上。按天然状态地基承载力和压缩模量进行设计，红砂地基完全能够满足 1～3 层建筑物对地基强度和变形的要求，是不需要进行处理的。当时的勘察方和设计方均未考虑红砂地基土的特殊性（湿陷性和显著的遇水软化特征），未对地基进行处理，采用了天然地基方案。

该工程在投入使用后，因将废水排入建筑物周围的渗井，再加上管道渗漏、雨水和绿化浇水的渗入，地基土含水率普遍升高。重建勘察时，地基持力层粉砂层的含水率为4.6％～23.4％，平均值高达 14.8％，含水率分布不均匀，局部已饱和，钻孔中可见上层滞水。部分独立基础随着地基含水率的增加产生湿陷变形（甚至可能还叠加有塑性变形），最终导致建筑物开裂损坏。

由此可见，虽然红砂地基土在天然状态下强度和变形均能够满足设计要求，但因其具有特殊性（湿陷性和显著的遇水软化特征），仍然需要对其进行有效处理，以改善其工程性质，避免在增湿过程中产生湿陷及强度大幅度降低，对建筑物产生不利影响。

11.4.3 合理进行建筑设计

对于地基土具有一些特殊性的场地，除了对地基岩土进行必要的地基处理外，还需要进行合理的建筑设计，以尽量避免因地基土的特殊性对建筑物产生不利影响。对于南部非洲的红砂地基土，合理的建筑措施主要包括以下几方面：

（1）对场地的排水和防水进行合理设计

南部非洲的红砂地基土与我国西北地区的黄土有一定的相似性，即遇水湿陷和软化。为了尽量减少水对建筑物地基的不利影响，可参照现行国家标准《湿陷性黄土地区建筑标准》GB 50025 的有关规定，对地表水的排泄及上下水管道的防渗漏及检修等方面进行合理的设计。

（2）对建筑物采取适当的结构措施

为减少因地基土浸水湿陷或软化对建筑结构产生的不利影响，可采取适当的结构措施，如尽量避免采用对差异沉降敏感的结构，增强建筑物的整体刚度，设置沉降缝等。

第12章 安哥拉 K.K. 社会住房项目案例分析

12.1 K.K. 社会住房项目简介

拟建社会住房项目建设场地位于安哥拉首都罗安达南部 Kilamba Kiaxi 区，简称"K.K. 社会住房项目"，距离罗安达市区约 20km。建设场地东西长约 6km，南北宽约 3.5km，占地面积约 16.2km²。一期工程位于 K.K. 社会住房项目建设场地北部，占地面积约 8.5km²。一期工程包含 24 个地块，拟建 710 栋住宅楼及公共建筑（配套的学校、公共服务中心、变电站）和市政设施（净水厂、道路、管线）等。

12.1.1 建筑物概况

拟建 K.K. 社会住房项目一期工程主要建筑物概况如下：

(1) 拟建社区住宅楼 710 栋：住宅主要包括 G+4、G+8、G+10、G+12 四种楼型，层数分别为 5 层、9 层、11 层和 13 层，拟建建筑物均无地下室，基础埋深分别为 1.5m、1.8m、2.0m 和 2.2m，要求地基承载力达到 150kPa。

(2) 拟建公共建筑部分主要包括：幼儿园、小学（3 层）、中学（3 层）、开闭站、公共服务中心、变电站、泵房、净水厂等，以上拟建建筑物均无地下室，基础埋深 1.5~2.6m。

(3) 拟建市政设施部分包括：市政道路、市政管线、永久取水管线和高压输电线路。

12.1.2 场地工程地质条件

(1) 地形地貌

安哥拉地处南非高原西北部，2/3 国土海拔在 1000m 以上。根据地表形态和组成物质的不同，将全国分为大西洋沿岸平原区、西北部下几内亚高原区、东北部隆达高原区、中西部比耶高原区、西南部威拉高原区和东南部卡拉哈迪盆地区 6 个区。

本工程建设场地属大西洋沿岸平原区，该区是一北宽（约 90km）南窄（约 30km）的狭长平原，平均海拔不到 200m，地形平坦，平原上间有低丘。罗安达市位于大西洋沿岸平原区中北部，西临本戈湾，南邻宽扎河，建设场地位置详见图 12.1。

本场地所在地区地貌为典型的构造剥蚀平原，地形基本平坦，呈微弱波状起伏，钻孔地面标高介于 96.57~104.11m。

(2) 气象水文

根据当地气象资料：1941~1970 年罗安达地区年平均气温 24.8℃，年平均最低气温为 21.9℃，年平均最高气温为 37.6℃，年均降水量为 413mm，一般空气相对湿度 80%，

图 12.1　建设场地位置示意图

年均蒸发量为 1362mm。罗安达地区风向以西南风和西风为主，一般风力 2～4 级，无台风或热带风暴影响，近 50 年以来，有记载的最大风速为 108km/h（1958 年）。5 年一遇的最大风速为 94km/h，10 年一遇的最大风速为 104km/h，90 年一遇的最大风速为 137 km/h。

　　场地以南有宽扎河自东向西流入大西洋（见图 12.1）。宽扎河是安哥拉第一大河流，源自比耶高原东南部山地，向北流经内韦斯费雷腊附近转向西北，在场地南侧约 20km 处注入大西洋。宽扎河长 960km，流域面积 15.6 万 km²，有卢安多河等支流。

　　宽扎河谷标高一般不到 10m，本场地地面标高远大于宽扎河谷标高，宽扎河的河流地质作用未影响到本项目建设场。

　　（3）区域地层

　　自晚侏罗世开始，非洲大陆发生大范围海侵。白垩纪以后，海域范围缩小，在北非隆起上保存了一系列始新世—上新世的湖相沉积，赤道以南的卡拉哈里系为多相砂岩，海相沉积仅出现于北非和大陆东、西海岸一带。

　　本场地处于南部非洲西海岸，浅层土为陆相沉积的棕红色、棕黄色粉细砂层；其下为中生界白垩纪到早第三纪海相沉积岩系，岩性主要为海相砂岩、泥岩、页岩、泥灰岩等，含石油、天然气等矿产。

　　（4）建设场地地层结构

　　本次勘察所揭露地层的最大深度为 20.1m。场地内表层为耕植土层，浅部为第四纪陆相沉积地层，岩性以棕红色及棕黄色粉细砂为主，其下为前第四纪海相沉积层，岩性以灰黄灰白色砂岩与泥岩互层，这套地层由于其地质历史相对较短且上覆地层较薄（一般小于

20m)，受到上覆地层的压力较小，一般呈密实的砂状（砂岩）或土状（泥岩），远没有达到正常岩石的成岩作用。

根据钻探揭露与原位测试及室内试验结果，按照其成因类型及岩性，在勘察深度范围内该地块地层共分为 5 大层，地层层序自上而下依次为：

①层表土：以棕黄色—灰白色粉细砂为主，稍湿，松散，表层主要为耕植土，含较多植物根，多鼠洞、虫孔；该层整个场地普遍分布；本层层厚 0.5～1.5m，层底标高 96.07～103.61m，层底标高随地面标高而起伏。

②层粉砂：棕红—棕黄色，干—稍湿，松散—稍密。该层上部可见少量虫孔及植物根茎。本层土无明显层理，矿物成分主要为石英，小于 0.075mm 的细粒土含量约占 20%～30%，含氧化铁和高岭土。由于细粒土的胶结作用，该砂土层直立性较好，场地东侧取土坑直立可达 5m 以上。干时呈块状，手捻即碎，在水中浸泡后很快崩解。本砂土层实测标准贯入试验锤击数受土中含水率的影响显著，标准贯入试验锤击数从 5 击到 30 余击不等。

③层粉细砂：棕黄—灰黄色（花斑状），稍湿，中密，局部含大量铁锰质斑点，砂粒主要成分为石英，含较多黏粒与粉粒，小于 0.075mm 细粒土含量约占 35%。实测标准贯入试验锤击数平均值 $\overline{N}=21$ 击。该层为陆相沉积的粉细砂层与下伏海相沉积的泥岩砂岩互层的过渡带。

④层泥岩：灰黄—黄褐色，以砂质泥岩为主，局部夹泥质砂岩。该岩层成岩作用差，基本呈密实的土状，硬塑—坚硬，含大量铁锰质斑点与棕褐色黏土团块。泥岩断口具油质光泽，锤击声哑，干时坚硬，遇水易软化，实测标准贯入试验锤击数平均值 $\overline{N}=38$ 击。该层中偶见泥质砂岩夹层。

⑤层砂岩：灰白色为主，局部呈褐黄色。该岩层成岩作用差，基本上呈密实的砂状，稍湿，密实，成分以石英质为主，小于 0.075mm 细粒土含量约占 8%～16%，实测标准贯入试验锤击数平均值 $\overline{N}=54$ 击。局部夹泥岩夹层或透镜体。

（5）地下水

本次勘察在 20m 深度范围内未见稳定的地下潜水位，个别钻孔内见到的地下水属上层滞水，通过对本项目临舍场地内水井调查了解到，本地区地下水稳定水位埋藏较深，约在地面下 80m 以下。

本场地上部地层主要以粉细砂层为主，渗透性较好，其下的④层泥岩为相对隔水层，在雨季时局部地段见上层滞水，但水量很小，一般对工程建设的影响很小。

根据本项目地下水位观测结果，住宅小区投入使用后，由于长时间的小区绿化用水、雨水渗入等因素的影响，在④层泥岩的相对隔水作用下，在局部低洼地段，地下水位（上层滞水）有逐年上升的趋势。

12.2　场地岩土工程勘察

本项目场地共分 24 个地块，共计 710 栋建筑物及配套市政设施，建筑物层数分别为 5 层、9 层、11 层和 13 层。全部从 2008 年初开始勘察，至 2010 年底完成。

12.2.1　勘察工作量布设原则

依据《岩土工程勘察规范》GB 50021—2001（2009 年版）规定，本项目场地地基复杂程度等级可按中等复杂考虑，主要建筑物勘探孔按角点和周边线布置，钻孔间距一般在 30m 左右。

勘探孔中控制孔和鉴别孔一般均占总孔数的 1/4，采取不扰动土试样孔不少于总孔数的 1/2，标准贯入试验孔约占总孔数的 1/3。

在钻孔中采取不扰动土试样和标准贯入试验间距，在深度 6m 以上一般为 1m 左右，在深度 6m 以下一般为 2m 左右。

为评价地基土工程性质竖向变化情况并进行地层分层，在每个地块选择有代表性的地段，进行不少于 6 个孔的连续贯入重型动力触探试验，根据试验结果绘制动力触探试验锤击数随深度变化曲线。

为评价地基土的湿陷性、遇水软化程度及地基承载力，在每个地块内进行不少于 1 组天然状态和浸水 24h 后的浅层平板载荷对比试验。

12.2.2　勘探及取样

（1）勘探手段

现场勘探手段主要有：不扰动土试样钻孔、标准贯入，扰动试样试验钻孔、鉴别钻孔、连续贯入重型动力触探试验孔及浅层平板载荷试验（含地基土天然状态载荷试验和浸水载荷试验）。

（2）取样

不扰动土试样的采取主要在钻孔中进行，少量在载荷坑和探槽中由人工刻取。由于罗安达地区的红砂在细粒土和黏粒的胶结作用下具有一定的结构强度，取样时采用黄土薄壁取土器重锤冲击或静压采取。经前期与人工探坑土样对比，采用机械取样只要能够采取到较完整的块状土样（不碎裂），取样等级基本能达到Ⅰ级试样。

不扰动土试样主要在进行标准贯入试验时从标贯器中采取。

12.2.3　土工试验

土的物理力学性质室内试验项目主要包括含水率、相对密度、密度、液限与塑限、湿陷系数、压缩系数与压缩模量、黏聚力与内摩擦角等，化学试验主要进行土的易溶盐及腐蚀性试验。所有土工试验均按照《土工试验方法标准》GB/T 50123—1999 的有关规定执行。

12.2.4　原位测试

本工程原位测试主要包括标准贯入试验、重型圆锥动力触探试验、轻型圆锥动力触探试验和浅层平板载荷试验（含地基土天然状态载荷试验和浸水载荷试验）。试验均按《岩土工程勘察规范》GB 50021—2001（2009 年版）和《建筑地基基础设计规范》GB 50007—2002 的有关规定执行。

12.3　红砂地基土工程性质试验研究

12.3.1　标准贯入试验

前已述及，南部非洲红砂具有非常显著的遇水软化性质，标准贯入试验锤击数随着含水率的增加而显著降低（详见 2.6.2 节）。本工程红砂同样具有这种性质。根据勘察时观察，一般位于大树（多为腰果树和芒果树）附近的钻孔，目测红砂的干湿状态基本为干燥，标准贯入试验锤击数明显偏高，一般能达到 20 击以上；而位于木薯地中的钻孔，目测红砂基本为潮湿状态，标准贯入试验锤击数明显偏低，一般小于 10 击。

本工程根据红砂的含水率及标准贯入试验锤击数的不同，将基础直接持力层红砂层分为 5 个亚层，每个亚层的特征描述、含水率及标准贯入试验锤击数统计值见表 12.1。

红砂层含水率及标准贯入试验锤击数统计表　　　　　　　　　表 12.1

亚层号	特征描述	含水率（%）		标贯锤击数 N（击）		湿陷系数	
		范围值	平均值	范围值	平均值	范围值	平均值
1	棕红色为主，局部棕黄色，稍湿，主要位于木薯地等含水率稍大地段。在钻孔内可取原状土试样，试验室内可开出环刀，局部具湿陷性	2.5～8.8	5.1	5～11	8	0.000～0.031	0.014
2	棕红色为主，局部棕黄色，干，主要位于灌木附近含水率较小地段。该层土由于含水率较小，一般不易取到原状土试样，局部具有轻微湿陷性	2.4～6.2	4.2	8～25	15	0.006～0.038	0.018
3	棕红色为主，局部棕黄色，干，含水率一般小于3%，主要位于灌木附近含水率较小地段，具有轻微湿陷性	含水率太小，未取得试样		31～38	35		

12.3.2　湿陷性试验

本工程为在 200kPa 压力下进行的湿陷性试验。湿陷系数试验方法有两种：一种是采取不扰动土样在试验室按《湿陷性黄土地区建筑规范》GB 50025—2004 的有关规定进行试验；另一种是在现场进行的浸水载荷试验。

室内试验测得的湿陷系数的大小亦与含水率的大小有关，红砂层各亚层的湿陷系数统计值见表 12.1。

本项目在现场完成了 2 组双线法浸水载荷试验，试验采用面积 0.25m² 的圆形板（直径 564mm），试验结果如下：

（1）第一组试验

在载荷试验板侧取样进行干密度和含水率测试结果为：天然状态含水率为 4.1%，干密度为 1.61g/cm³；浸水状态含水率为 8.7%，干密度为 1.65g/cm³。试验结果见表 12.2，

试验 p-s 曲线见图 12.2。

双线法载荷试验结果表（第一组） 表 12.2

压力 p （kPa） 沉降 s （mm）	30	60	90	120	150	180
天然状态	0.16	0.22	0.37	0.50	0.66	0.96
浸水状态	0.35	0.85	1.62	2.69	3.77	7.04
压力 p （kPa） 沉降 s （mm）	210	240	270	330	390	
天然状态	1.13	1.60	1.86	2.87	4.43	
浸水状态	10.03		20.27	30.35	42.07	

　　由表 12.2 所列沉降数值经线性内插，200kPa、300kPa 压力下的沉降差分别为 7.96mm、22.81mm，计算所得的湿陷系数分别为 0.014、0.040。至试验最大压力 390kPa，湿陷系数有不断扩大的趋势（0.067）。

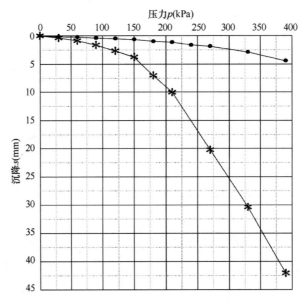

图 12.2　双线法载荷试验 p-s 曲线（第一组）

（2）第二组试验

　　在载荷试验板侧取样进行干密度和含水率测试结果为：天然状态含水率为 6.1%，干密度为 1.65g/cm³；浸水状态含水率为 7.7%，干密度为 1.64g/cm³。试验结果见表 12.3，试验 p-s 曲线见图 12.3。

双线法载荷试验结果表（第二组） 表 12.3

压力 p （kPa） 沉降 s （mm）	30	60	90	120	150	180
天然状态	0.45	0.77	1.05	1.75	2.66	4.38
浸水状态	0.44	1.70	2.88	4.78	7.16	10.95

续表

压力 p（kPa） 沉降 s（mm）	200	240	300	360		
天然状态	5.60	9.46	14.77	22.99		
浸水状态	13.13	18.70	27.54	38.15		

由表 12.3 所列沉降数值可见，200kPa、300kPa 压力下的沉降差分别为 7.96mm、22.81mm，计算所得的湿陷系数分别为 0.013、0.023。至试验最大压力 360kPa，湿陷系数有不断扩大的趋势（0.027）。

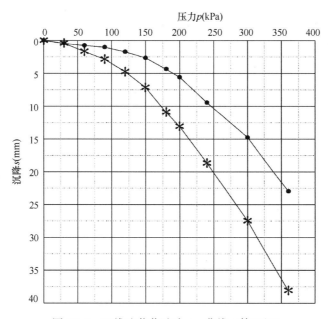

图 12.3　双线法载荷试验 $p\text{-}s$ 曲线（第二组）

由上述两组载荷试验可见，200kPa 压力下的湿陷系数分别为 0.014 和 0.013。按《岩土工程勘察规范》GB 50021—2001（2009 年版）的有关规定，浸水载荷试验测得的湿陷系数大于 0.023 的土才判定其具有湿陷性，判定的假定前提是载荷板下受压缩的土层厚度为载荷板宽度的 1.5 倍。但这种假定不一定与实际情况相符。但从湿陷系数数值看，浸水载荷试验测得的湿陷系数与室内试验大体相当。

12.3.3　地基承载力

确定红砂地基承载力主要根据土工试验、标准贯入试验和载荷试验结果，同时考虑地基土浸水后强度下降的因素综合分析确定的。本工程红砂地基承载力特征值按 120kPa 采用。

12.4　地基处理效果现场试验研究

考虑到本工程作为基础直接持力层的红砂层具有湿陷性且遇水后地基承载力大幅降低

的特性，对于本项目一般建筑物，基本考虑进行地基处理。根据对罗安达当地建筑经验的调查并考虑建筑材料的供应、施工机具等因素，拟采用换填垫层对地基进行处理。垫层材料可就地取材采用基坑开挖出来的红砂，垫层的厚度按建筑物层数及重要程度的不同而不同，一般为 0.5～2.0m，具体各类型建筑物的层数、结构、基础埋深及垫层厚度见表 12.4。

建筑物基本概况及地基处理情况一览表 表 12.4

建筑物类型	层数（层）	结构概况	基础埋深（m）	换填垫层概况
G+4	5	砌体结构，条形基础，基础宽度 1.0～1.6m	1.0	厚度 1.0m，换填范围为基础外扩 2.0m
G+8	9	异形柱框架-剪力墙结构，柱下条形基础，基础宽度 1.2～1.8m	1.5	厚度 2.0m，换填范围为基础外扩 2.4m
G+10	11	异形柱框架-剪力墙结构，柱下条形基础，基础宽度 1.2～1.8m	1.5	厚度 2.0m，换填范围为基础外扩 2.4m
G+12	13	异形柱框架 剪力墙结构，筏板基础	2.3	厚度 2.0m，换填范围为基础外扩 2.4m
其他	<3	—	—	垫层厚度 0.5m

12.4.1 换填垫层碾压质量试验与检测

本工程在每栋楼布置 3 组重型击实试验，通过试验求得回填砂土的最大干密度和最优含水率。碾压后的干密度由现场取环刀进行室内试验计算得出，或者由核子密度仪现场测出。通过试验，本项目回填红砂最大干密度和最优含水率、实测干密度及压实系数试验情况见表 12.5。由该表试验数据可见，各地块垫层的压实系数平均值基本能够达到 0.97，个别地块压实系数平均值为 0.96，压实系数最小值为 0.95，满足设计不小于 0.95 的要求，碾压回填垫层施工质量良好。

回填砂土重型击实及干密度试验结果一览表 表 12.5

地块编号	最优含水率（%）		最大干密度（kN/cm³）		实测干密度（kN/cm³）		压实系数	
	范围值	平均值	范围值	平均值	范围值	平均值	范围值	平均值
1 号	6.2～7.4	6.9	2.05～2.13	2.09	1.98～2.07	2.03	0.95～0.99	0.97
2 号	6.4～7.4	7.0	2.06～2.13	2.11	1.99～2.09	2.05	0.96～0.99	0.97
3 号	6.2～9.2	7.0	2.01～2.12	2.07	1.94～2.08	2.01	0.95～0.99	0.97
4 号	6.5～7.4	7.0	2.07～2.13	2.11	1.97～2.07	2.03	0.95～0.98	0.96
5 号	5.9～7.6	6.7	2.04～2.13	2.10	2.01～2.08	2.04	0.95～0.97	0.97
6 号	6.0～8.9	7.1	2.00～2.12	2.07	1.91～2.01	2.01	0.95～1.00	0.97
7 号、8 号	5.0～7.3	6.8	2.02～2.14	2.08	1.97～2.06	2.01	0.95～0.98	0.97
9 号	5.2～7.1	6.6	2.05～2.11	2.07	1.97～2.04	2.01	0.95～1.00	0.97
10 号	6.0～7.6	7.0	2.05～2.12	2.08	1.96～2.07	2.01	0.95～0.99	0.97
11 号	6.1～7.2	6.7	2.06～2.11	2.08	1.97～2.02	2.00	0.95～0.99	0.97
24 号、25 号	6.4～7.5	6.9	2.05～2.13	2.08	1.97～2.07	2.01	0.95～0.99	0.97
污水厂	6.8～7.8	7.2	2.10～2.11	2.10	1.99～2.07	2.02	0.95～0.98	0.96

12.4.2　换填垫层地基承载力

本工程对每栋主要建（构）筑物采用浅层平板载荷试验检测垫层承载力，载荷试验采用堆重平台提供反力，堆载总重约为 150kN，试验承压板为圆形钢板，钢板直径 564mm，承压板面积为 0.25m²。浅层平板载荷试验按照国家标准《建筑地基基础设计规范》GB 50007—2002 附录 C 的有关规定执行。

根据设计要求，浅层平板载荷试验的终止压力为设计承载力特征值的 2 倍，各建（构）筑物加压情况如下：学校、G＋4 楼型每级加载增量为 45kPa，第一级荷载为 45kPa，终止荷载为 360kPa；G＋8、G＋10、G＋12 楼型每级加载增量为 50kPa，第一级荷载为 50kPa，终止荷载为 400kPa；幼儿园等每级加载增量为 37.5kPa，第一级荷载为 37.5kPa，终止荷载为 300kPa。试验数据表明，各地块碾压垫层加载至终止荷载沉降达到稳定时，累计沉降量一般不超过 8mm，最大沉降 10.63mm，平均沉降量一般在 1.5～4.0mm 之间。加载至终止荷载后，地基均未发生破坏。根据《建筑地基基础设计规范》GB 50007—2002 的有关规定，碾压垫层承载力完全满足设计要求。

12.5　项目使用情况及启示

12.5.1　项目使用情况

本项目所有建筑物基本在 2012 年前全部交付使用，经近 10 年的实际使用情况反馈看，未发现有明显的因地基处理不当而导致的建筑质量问题。各建筑物沉降及差异沉降都在我国相关规范规定的范围内（详见 12.5.2 节），建筑物使用状况良好。

本项目成功地在非洲湿陷性红砂地区进行了大片多层及高层建筑群的建设，极大地改善了安哥拉人民的住房条件，受到了安哥拉人民的好评。

12.5.2　建筑物沉降观测结果

本工程建筑物在施工和使用期间，业主在每个地块选择了有代表性建筑物进行了沉降观测，现将部分地块沉降观测结果列于表 12.6。其他地块建筑物沉降观测结果与该表所列地块建筑物沉降观测结果基本一致，不再罗列。

代表性建筑物沉降观测结果一览表　　　　　　　　　　　　表 12.6

地块号	建筑物编号	层数	垫层厚度（m）	施工期间沉降（mm）		主体封顶一年后沉降（mm）		备注
				范围值	平均值	范围值	平均值	
2	8	G＋4	1.0	−1.58～−1.30	−1.38	−1.50～−1.10	−1.36	
	23	G＋12	2.0	−7.08～−6.08	−6.56	−2.82～−1.61	−2.10	
	25	G＋8	2.0	−8.81～−6.58	−7.75	−1.55～−1.05	−1.28	
	27	G＋10	2.0	−6.12～−3.04	−4.33	−3.79～−2.47	−2.94	

地块号	建筑物编号	层数	垫层厚度（m）	施工期间沉降（mm）		主体封顶一年后沉降（mm）		备注
				范围值	平均值	范围值	平均值	
3	9	G+4	1.0	−2.82～−1.77	−2.25	−3.34～−2.37	−2.79	
	28	G+8	2.0	−7.38～−4.33	−5.65	−3.26～−1.16	−2.49	
	29	G+12	2.0	−9.21～−5.99	−7.31	−2.86～−1.24	−2.20	
	33	G+10	2.0	−9.18～−7.57	−8.08	−3.91～−1.71	−3.19	
5	10	G+4	1.0	−3.34～−2.23	−2.66	−1.35～−0.90	−1.09	
	22	G+12	2.0	−12.45～−3.36	−9.16	−3.33～−1.99	−2.34	
	24	G+10	2.0	−7.27～−5.61	−6.48	−2.09～−0.40	−1.28	
	32	G+8	2.0	−4.89～−2.96	−3.99	−4.24～−1.31	−2.58	
6	7	G+4	1.0	−4.51～−2.36	−3.23	−0.56～−0.22	−0.42	
	13	G+8	2.0	−8.83～−1.99	−3.34	−5.24～−2.72	−3.91	
	25	G+12	2.0	−10.83～−1.32	−4.44	−8.35～−2.30	−5.19	
	26	G+10	2.0	−11.06～−5.17	−7.25	−2.37～−0.70	−1.36	
26	6	G+4	1.0	−2.43～−2.10	−2.21	−1.56～−0.93	−1.27	
	15	G+8	2.0	−7.30～−2.50	−4.24	−2.14～−0.55	−1.46	
	19	G+10	2.0	−8.37～−5.80	−6.82	−1.94～−0.79	−1.46	
	21	G+12	2.0	−10.04～−7.85	−8.84	−1.95～−0.97	−1.47	

由表 12.6 可见，各型建筑物采用换填砂土垫层处理后，建筑物施工期间的平均沉降一般不超过 10mm，主体结构封顶一年后的沉降一般不超过 3mm，建筑物的总沉降和倾斜远小于《建筑地基基础设计规范》GB 50007—2002 的规定限值。

值得一提的是，6 号地块部分建筑物因地势低洼，在相对隔水层（海相沉积的前第四系泥岩砂岩互层）的作用下，局部上层滞水水位上升，导致部分建筑物主体封顶后的沉降明显比其他建筑物沉降偏大，但主体封顶后的平均沉降也不超过 6mm，总沉降量仍然远小于《建筑地基基础设计规范》GB 50007—2002 的规定限值。

12.5.3　本工程的启示

本工程是我院在海外特殊岩土地区开展工程建设的一个典型成功案例，建筑物沉降观测与后续使用情况调查结果表明本工程运行良好，未出现明显的因地基处理不当而导致的建筑质量问题。本工程实施过程中采用详细的岩土工程勘察、大量的室内试验和现场原位测试，系统揭示了红砂的基本物理性质、力学性质和特殊的工程性质，根据试验结果进行地基处理方案的设计与论证，最终确保了本工程的安全运营，并节约了大量的建设成本。从岩土工程方面考虑，本工程有如下启示：

（1）分布于世界各地的岩土种类复杂多样，当其具有特殊的成分、状态和结构性时，往往表现出湿陷性、溶陷性、腐蚀性、软化性等特殊工程性质，在这些特殊岩土地区开展工程建设时，一定要考虑其给地基基础造成的潜在不利影响。如本工程结合我院前期完成的安哥拉罗安达新国际机场项目，在勘察过程中及时发现红砂的特殊性并布置了有针对性的试验，系统揭示了红砂的湿陷性和软化性，有效指导本工程的地基基础设计并选择了合适的地基处理方案，成功避免了因红砂湿陷性可能导致的工程事故。

（2）特殊岩土在其形成和存在的整个地质历史过程中，经受了各种复杂的地质作用，由于经历的地质作用过程不同，各地区各类岩土不仅其组成成分存在差异，而且其结构也有很大差异，使得特殊岩土体的工程性质复杂而且其表现出较强的区域性和地域性。我国现行的岩土工程建设规范多是针对我国不同岩土地区工程建设成功经验的积累，其是否适用于其他国家还有待于进一步验证，因此，应用我国现行的岩土工程建设规范指导海外开展工程建设时，一定要注意我国规范的适用性。如本工程遇到的非洲红砂具有与我国西北地区黄土表现出相似的湿陷性和软化性。但非洲红砂的颗粒组成、矿物成分、沉积时代、地质成因等都与我国西北地区的黄土存在较大差异。《湿陷性黄土地区建筑规范》的有关规定是在我国长期在湿陷性黄土地区进行工程建设的经验总结，其有关条款不能完全适用于非洲红砂。本工程在进行地基处理方案的分析选择时结合罗安达地区有关建筑经验的调研结果和大量的室内外试验结果，并对比地基土的工程性质和我国湿陷性黄土地区建筑经验等综合分析确定，并未按《湿陷性黄土地区建筑规范》的有关规定照搬。本工程采用的地基处理技术首先经过了现场原型试验（详见第 9 章）的验证。

（3）在海外开展工程建设，当缺乏该区的工程经验时，应广泛调研当地的建筑经验并对其进行总结。如本工程勘察阶段，我院组织项目工程技术负责人、审核人及复审人对罗安达地区的建筑经验和建筑现状进行了详细调研，发现：1）罗安达地区现单体别墅均采用天然地基和筏板基础，这些建筑物经历多年雨季后极少出现房屋因地基土湿陷而导致的结构损坏问题；2）罗安达地区新修的公路路基多采用就地取材的红砂垫层。基于以上调研结果，结合本工程场地红砂的工程性质和湿陷性黄土地区建设经验，最终提出了对主要建筑物采用换填垫层地基处理方案的建议。换填垫层材料采用基坑开挖出的红砂，避免了大量土方外运与垫层材料用土的购入，大大节约了成本并减少了工期。换填垫层地基处理方案的建议最终被总包方和设计院采纳，后经原型试验（详见第 9 章）证明是安全可靠的，成功避免了因未进行地基处理而可能出现的工程问题。

参 考 文 献

[1] 陈正汉，刘祖典. 黄土的湿陷变形机制[J]. 岩土工程学报，1986，8(2)：1-12.

[2] 董进，王永，张世红，等. 内蒙古黄旗海全新世湖泊沉积物粒度分析及其沉积学意义[J]. 地质通报，2014，33(10)：1514-1522.

[3] 高国瑞. 中国黄土的微结构[J]. 科学通报，1980(20)：945-948.

[4] 高英. 西宁地区湿陷性黄土变形特性及微观机理研究[D]. 青海大学，2020.

[5] 《工程地质手册》编委会. 工程地质手册(第五版)[M]. 北京：中国建筑工业出版社，2018.

[6] 侯晓坤. 黄土非饱和湿陷变形特性研究[D]. 长安大学，2015.

[7] 黄雪峰，杨校辉. 湿陷性黄土现场浸水试验研究进展[J]. 岩土力学，2013，34(S2)：222-228.

[8] 黄雪峰，杨校辉，殷鹤，等. 湿陷性黄土场地湿陷下限深度与桩基中性点位置关系研究[J]. 岩土力学，2015，36(S2)：296-302.

[9] 沈孝宇，孙愫文，温彦，等. 郑州地区黄土微观结构及其工程地质性质特征[J]. 水文地质工程地质，1985(1)：20-22+29.

[10] 晋良海，吴志鹏，陈述，等. 杨房沟水电站料场开挖爆破粉尘粒度分布特征[J]. 防灾减灾工程学报，2020，40(6)：1045-1052.

[11] 井彦林，张旭彬，黄月，林杜军，等. 黄土自重湿陷下限深度确定方法研究[J]. 北京交通大学学报，2021，45(1)：136-142.

[12] 雷祥义. 西安黄土显微结构类型[J]. 西北大学学报(自然科学版)，1983(4)：56-65.

[13] 雷祥义，王书法. 黄土的孔隙大小与湿陷性[J]. 水文地质工程地质，1987(5)：15-18.

[14] 李博鹏. 浸水过程中自重湿陷性黄土渗透和变形特性研究[D]. 西北农林科技大学，2019.

[15] 李大展，何颐华，隋国秀. Q₂黄土大面积浸水试验研究[J]. 岩土工程学报，1993(2)：1-11.

[16] 李恩菊. 巴丹吉林沙漠与腾格里沙漠沉积物特征的对比研究[D]. 陕西师范大学，2011.

[17] 李富祥，张春鹏，王路，等. 基于表层沉积物粒度特征的鸭绿江口沉积环境分析[J]. 海洋科学，2014，38(5)：100-106.

[18] 李骏，邵生俊，佘芳涛，等. 砂井浸水试验在黄土隧道地基湿陷变形评价中的应用研究[J]. 岩石力学与工程学报，2019，38(9)：1937-1944.

[19] 李开超，高虎艳，郑建国，等. 西安地铁四号线南段大厚度湿陷性黄土浸水试验研究[J]. 地下水，2017，39(2)：133-137.

[20] 李永伟. 大厚度湿陷性黄土场地浸水试验与地基设计优化[J]. 中国勘察设计，2015(12)：84-89.

[21] 刘海松. 考虑沉积环境和应力历史的黄土力学特性研究[D]. 长安大学，2008.

[22] 刘明振. 湿陷性黄土间歇浸水试验[J]. 岩土工程学报，1985(1)：47-54.

[23] 刘争宏，廖燕宏，张玉守. 罗安达砂物理力学性质初探[J]. 岩土力学，2010，31(S1)：121-126.

[24] 刘争宏，于永堂，唐国艺，等. 安哥拉 Quelo 砂场地渗透特性试验研究[J]. 岩土力学，2017，38(S2)：177-182.

[25] 罗松英，全晓文，陈碧珊，等. 湛江湾红树林湿地沉积柱粒度特征及沉积动力分析[J/OL]. 现代地质；2021，1-13.

[26] 马茜茜，谢小松，肖建华，等. 阿联酋迪拜中部沙漠沉积物粒度特征及其沉积环境分析[J]. 干旱

区资源与环境，2020，34(11)：104-109.

[27] 马倩雯，来风兵. 塔克拉玛干沙漠和田河西侧胡杨沙堆粒度特征[J]. 沙漠与绿洲气象，2020，14(6)：114-120.

[28] 米文静，张爱军，刘争宏，等. 黄土自重湿陷变形的多地层离心模型试验方法[J]. 岩土工程学报，2020，42(4)：678-687.

[29] 苗天德. 湿陷性黄土的变形机理与本构关系. 岩土工程学报[J]. 1999，21(4)：383-387.

[30] 南京水利科学研究院. GB/T 50123—1999 土工试验方法标准[S]. 北京：中国计划出版社，1999.

[31] 彭友君，岳栋，彭博，等. 安哥拉格埃路砂地层的承载力研究[J]. 岩土力学，2014，35(增刊2)：332-337.

[32] 齐静静. 湿陷性黄土地区地基处理试验研究[D]. 东南大学，2005.

[33] 邵生俊，李骏，李国良，等. 大厚度湿陷性黄土隧道现场浸水试验研究[J]. 岩土工程学报，2018，40(8)：1395-1404.

[34] 邵生俊，李骏，李国良，等. 大厚度自重湿陷黄土湿陷变形评价方法的研究[J]. 岩土工程学报，2015，37(6)：965-978.

[35] 邵生俊，李骏，邵将，等. 大厚度湿陷性黄土地层的现场砂井浸水试验研究[J]. 岩土工程学报，2016，38(9)：1549-1558.

[36] 邵显显. 黄土湿陷过程中微观结构的动态变化研究[D]. 兰州大学，2014.

[37] 沈亚萍，张春来，李庆，等. 中国东部沙区表层沉积物粒度特征[J]. 中国沙漠，2016，36(1)：150-157.

[38] 中华人民共和国水利部. SL 345—2007 水利水电工程注水试验规程[S]. 北京：中国水利水电出版社，2008.

[39] 司月君，李保生，李志文，等. 北部湾海岸现代风沙与海滩沙粒度特征对比[J]. 中国沙漠，2020，40(6)：43-52.

[40] 苏立海，姚志华，黄雪峰，等. 自重湿陷性黄土场地的水分运移规律研究[J]. 岩石力学与工程学报，2016，35(S2)：4328-4336.

[41] 苏忍，张恒睿，张稳军，等. 兰州地铁大厚度湿陷性黄土地层的现场浸水试验研究[J]. 土木工程学报，2020，53(S1)：186-193.

[42] 孙磊. 黄土地基载荷浸水湿陷变形计算方法研究[D]. 西北农林科技大学，2020.

[43] 王辉，岳祖润，叶朝良. 原状黄土及重塑黄土渗透特性的试验研究[J]. 石家庄铁道学院学报(自然科学版)，2009，22(2)：20-22，31.

[44] 王庆满，李开超，顾宏伟，等. 现场试坑浸水试验在湿陷性黄土地区地铁工程中的应用[J]. 地下水，2019，41(1)：115-120.

[45] 王永鑫，邵生俊，韩常领，等. 湿陷性黄土砂井浸水试验的应用研究[J]. 岩土工程学报，2018，40(S1)：159-164+7.

[46] 王有林. 黄土湿陷及其评价方法[D]. 兰州大学，2009.

[47] 吴爽. 黄土增湿变形的试验研究[D]. 长安大学，2019.

[48] 吴爽，高玉广，赵权利，等. 黄土地场自重湿陷量实测值与计算值差异的原因分析[J]. 西北地质，2019，52(4)：263-269.

[49] 吴兴辉. 黄土的水敏性与结构性研究[D]. 西安理工大学，2006.

[50] 乌日查呼，春喜，张卫青，等. 浑善达克沙地沙粒特征及其沉积环境[J]. 西北林学院学报，2021，36(1)：69-76.

[51] 肖晨曦，李志忠. 粒度分析及其在沉积学中应用研究[J]. 新疆师范大学学报(自然科学版)，2006，(3)：118-123.

[52] 肖靖安，裴亮，孙莉英，等. 额济纳旗两种地貌类型戈壁纵剖面沉积物粒度特征[J]. 水土保持研究，2021，28(3)：38-44＋52.

[53] 辛海龙. 自重湿陷性黄土场地桩侧负摩阻力特性试验研究[D]. 兰州大学，2020.

[54] Xing，H.，Liu，L.，2018. Field tests on influencing factors of negative skin friction for pile foundation in collapsible loess regions. Int. J. Civ. Eng.，16：1413-1422.

[55] 徐喜庆，杨正红. 激光衍射法粒度分析的准确性及其与图像法分析结果的比较[J]. 仪器仪表与分析监测，2020(4)：26-32.

[56] 杨华. 裂隙性黄土渗透特性试验研究[D]. 长安大学，2016.

[57] 杨宁宁. 察尔汗盐湖周边风沙沉积物粒度和重矿物特征[D]. 陕西师范大学，2012.

[58] 杨校辉，黄雪峰，朱彦鹏，等. 大厚度自重湿陷性黄土地基处理深度和湿陷性评价试验研[J]. 岩石力学与工程学报，2014，33(5)：1063-1074.

[59] 杨仲康，陈冠，孟兴民，等. 基于现场渗透试验的黄土滑坡体入渗特性[J]. 兰州大学学报(自然科学版)，2017，53(3)：285-291.

[60] Yao Z.，Lian J.，Zhang J.，Zhu M.，2019b. On erosion characteristics of compacted loess during wetting procedure under laboratory conditions. Environ. Earth Sci.，78：570.

[61] 姚志华，陈正汉，方祥位，等. 非饱和原状黄土弹塑性损伤流固耦合模型及其初步应用[J]. 岩土力学，2019，40(1)：216-226.

[62] 于永堂，郑建国，刘争宏. 安哥拉 Quelo 砂抗剪强度特性试验研究[J]. 岩土力学，2012，33(S1)：136-140.

[63] Yuan，Z.，Wang，L.，2009. Collapsibility and seismic settlement of loess. Eng. Geol.，105(1)：119-123.

[64] 袁红旗，王蕾，于英华，等. 沉积学粒度分析方法综述[J]. 吉林大学学报(地球科学版)，2019，49(2)：380-393.

[65] 岳黎斌. 降雨入渗下黄土地基渗流规律与湿陷特征研究[D]. 西安理工大学，2019.

[66] 张虎才，兰州大学地理科学系. 撒哈拉沙漠东北部苏丹境内东西断面粒度分布特征及其成因与环境[J]. 中国沙漠，1996，(3)：34-38.

[67] 张兰川，顾洁怀. 简易法判定黄土湿陷性的初步应用[J]. 工程勘察，1980(4)：22-24.

[68] 张苏民，张炜. 减湿和增湿时黄土的湿陷性[J]. 岩土工程学报，1992，14(1)：57-61.

[69] 张晓光，余航飞，高强，等. 地铁穿越湿陷性黄土地层浸水破坏机制试验[J]. 水利与建筑工程学报，2020，18(5)：91-96.

[70] 张炜，张苏民. 我国黄土工程性质研究的发展[J]. 岩土工程学报，1995(6)：80-88.

[71] 张炜，张苏民. 非饱和黄土地基的变形特性[J]. 岩土工程学报，1998(4)：101-104.

[72] 张炜. 黄土力学性质试验中的若干问题[J]. 工程勘察，1995(3)：6-12.

[73] 张炜，张苏民. 非饱和黄土室内力学性质试验研究[J]. 工程勘察，1991(3)：6-11.

[74] 张炜，张苏民. 非饱和黄土的结构强度特性[J]. 水文地质工程地质，1990(4)：22-25＋49.

[75] 张娅璐. 蒙古高原戈壁沙漠表层沉积物的理化性质及物源分析[D]. 内蒙古师范大学，2020.

[76] 张娅璐，春喜，周海军，等. 沙漠沙地风沙与湖相沉积物粒度判别方法及环境指示意义[J]. 中国沙漠，2020，40(5)：1-9.

[77] 张玉芬，李长安，赵举兴，等. 江汉平原东北缘末次冰消期沉积物粒度特征及环境意义[J/OL]. 沉积学报：1-14[2021-04-29].

[78] 张玉巧. 兰州湿陷性黄土场地桩基侧摩阻力特性研究[D]. 兰州理工大学，2020.

[79] 赵明珠，俎瑞平，王军战，等. 哈罗铁路沿线沉积物粒度特征[J]. 中国沙漠，2021，41(1)：19-27.

［80］ 赵江涛，沈军，刘智荣，等. 沉积物粒度特征在地层划分中的应用［J］. 地质论评，2017，63(S1)：307-308.

［81］ 郑建国，邓国华，刘争宏，等. 黄土湿陷性分布不连续对湿陷变形的影响研究［J］. 岩土工程学报，2015，37(1)：165-170.

［82］ 郑建国，张苏民. 黄土的湿陷起始压力和起始含水量［J］. 工程勘察，1989(2)：6-10.

［83］ 中华人民共和国住房和城乡建设部. 建筑地基基础设计规范：GB 50007—2011［S］. 北京：中国建筑工业出版社，2012.

［84］ 中华人民共和国建设部. 湿陷性黄土地区建筑规范：GB 50025—2004［S］. 北京：中国建筑工业出版社，2004.

［85］ 中华人民共和国住房和城乡建设部. 湿陷性黄土地区建筑标准：GB 50025—2018［S］. 北京：中国建筑工业出版社，2019.

［86］ 中华人民共和国建设部. 岩土工程勘察规范：GB 50021—2001(2009 年版)［S］. 北京：中国建筑工业出版社，2009.

［87］ Zhou，Y.，Tham，L.，Yan，W.，et al.，2014. Laboratory study on soil behavior in loess slope subjected to infiltration. Eng. Geol.，183：31-38.

［88］ 朱彦鹏，杜晓启，杨校辉，等. 挤密桩处理大厚度自重湿陷性黄土地区综合管廊地基及其工后浸水试验研究［J］. 岩土力学，2019，40(8)：2914-2924.

［89］ 朱彦鹏，杨奎斌，王海明，等. 微浸水对桩基负摩阻力影响的试验初探［J］. 岩土工程学报，2018，40(S1)：1-7.

后　记

——致敬为海外岩土工程事业做出奉献的劳动者

在五一国际劳动节前一天，我拿到了出版社责任编辑转交的《非洲红砂工程特性研究与应用》印刷初稿。正赶上劳动节，我不禁想起 20 年来与机勘院的同志们走出国门开展国际业务的艰辛历程，想到为海外岩土工程事业做出奉献的众多劳动者，一时思绪万千……

（一）

在非洲我们遇到了各种各样的专业难题，红砂的工程特性就是其中的典型之一。

2000 年起，我院积极响应国家"走出去"的号召，主动开拓国际市场，在东帝汶、吉布提、苏里南承接一些小型援外项目的岩土工程勘察任务。2005 年上半年，我院承担了安哥拉新罗安达国际机场的勘察与测量任务，这在当时算是一个较大的勘测项目，也是我们正式走向海外的第一步。那是我担任院长的第二年，院里的基础还比较薄弱，但我已坚定信念，决心要带领机勘院"走出去"。于是，我亲自组织项目团队，还请张苏民大师作为技术审定人。

工程开始不久，现场人员就敏锐地发现了一个不寻常的专业问题。

拟建的新罗安达机场位于罗安达市东南方向约 40km 处，场地内主要分布着一种我们从未见过的红砂。当时，该区域研究基础薄弱，基础资料几乎为零，我们完全是拿着中国的标准，带着中国的经验，去摸索安哥拉的地质情况与岩土特性。在这个过程中，项目技术负责人夏玉云同志发挥了重要作用，可以说他是发现红砂湿陷性和水敏性的第一人。有一次他电话里告诉我，打标贯时土的含水量稍有差别，其击数差异非常大，这引起了我的重视，告诉他一定关注这种土的湿陷性及水敏性，随即又向张苏民大师汇报了这一情况。老先生以他深邃的学术思想，在现场试验、砂土分类等方面给出了很多有益指导。之后，我们通过各种试验对红砂进行了初步研究，首次发现了罗安达机场红砂的湿陷性和水敏特性。

对红砂土这种特殊性质的初步认识，为我们后来许多类似情况的工程建设规避了风险。

2007 年底，凭借过硬的技术和严谨的态度，我们又承担了安哥拉 K.K. 社会住房项目岩土工程勘察任务，该项目是当时中国企业在海外承揽的同类项目中合同额最大的 EPC 总承包项目。

该项目同样是在红砂场地。基于对新罗安达国际机场红砂湿陷性和水敏性的初步认识，在制定勘察方案时，除进行常规试验与原位测试项目外，我们还有针对性地布置了大量现场浸水载荷试验和不同含水率的抗剪强度试验。通过试验，我们较为全面地掌握了该场地红砂水敏性和浸水载荷特性，提出了红砂具有湿陷性的重要结论，建议对地基进行换填处理。

而当时，初勘单位却认为红砂的强度很好，不需要进行地基处理，致使建设单位向业主报价时未考虑场地内七百多栋建筑的地基处理费用。而仅地基处理这一项费用，就额外增加了 6000 万美元的成本。但总包方最终还是采纳了我们的建议，从当时的认识出发决定对地基进行换填处理，并将地基处理作为 K.K. 项目的一个关键技术。

就连我们也没有想到，多增加的这 6000 万美元费用，后来为项目规避了几十亿的工程风险。

2010 年下半年，K.K. 项目陆续建成，等待业主验收前，几公里外刚建成投入使用的一项工程出现了建筑质量事故。这导致了安哥拉业主对 K.K. 项目的质量也产生怀疑，要求所有待验收项目必须提供建筑质量的技术论证材料，这使 K.K. 项目面临巨大的压力。

那段时间我正好在安哥拉 K.K. 项目现场，先后 4 次前往事故现场调查研究，随后应相关方邀请，我院夏玉云带队又进行了现场试验研究，最终判定事故的发生是由于红砂地基未经处理，而在建筑使用过程中地基浸水湿陷所致。而对 K.K. 项目，虽然我们已进行了稳妥的地基处理，但还必须向安哥拉业主和他们聘请的西方咨询公司提供项目安全性的科学论证。于是，我反复思考，连夜在现场拟定了一份针对红砂工程特性及 K.K. 项目地基基础的研究大纲，计划从宏-细-微观入手对红砂材料性质和工程特性以及 K.K. 项目中典型工程的地基基础性状进行系统研究。次日，我向中信建设领导同志进行了汇报，并就研究大纲与国内的张苏民大师进行了汇报。K.K. 项目总承包商中信建设吴之忻总工程师带领各参建单位，进行了红砂地基基础专题研讨，各方均表示全力支持这项研究，为此还专门组建了一个由张苏民大师、吴之忻总工为顾问，我为组长的研究攻关小组，中信建设非洲公司抽调力量全力协调相关事宜。我又向时任国机集团总经理兼总工程师的徐建教授及集团科技部汇报了此事，并得到了大力支持，集团批准了以我为项目负责人的"安哥拉湿陷性土工程特性及地基处理技术研究"科技基金项目。我抽调刚刚参加完郑西高铁桩基及试坑浸水试验的刘争宏、唐国艺等数名技术人员，赶赴安哥拉开展试验研究，在各方共同努力下，研究计划迅速推进。

2011 年下半年，在现场试验过程中，张苏民大师不远万里赶赴安哥拉试验现场指导工作，而当时他已经年近 80 岁高龄。

我们凭借专业的精神和执着的追求，用科学数据向业主方证明了 K.K. 项目的安全可靠性，最终七百多栋建筑全部通过验收，顺利交接。

正是由于我们在项目之初的坚守，为建设单位规避了巨大的工程风险，赢得了业主的充分肯定，也为中国企业在国际上赢得了良好的声誉。

（二）

在非洲，不仅要面对专业难题，还有很多工作与生活中的现实挑战。我至今仍难忘那些感人的场面。

2005 年 6 月开展新罗安达国际机场项目时，安哥拉近 30 年的内战刚刚结束，整个国家千疮百孔，枪支泛滥，基础设施极为落后，疾病肆虐，安全形势不容乐观。想到这些同志们将身怀使命进入一个完全陌生的环境，他们会遭遇我们难以想象的困难与挑战，还有难以预测的安全威胁。他们的安危、他们家人的牵挂，使我的内心经历着各种煎熬。在临行前，强忍着泪水与杨永林、潘东峰、何晓刚、齐振江、刘云峰等在院门口合影留念，这是我一生中最揪心的合影！之后不久，夏玉云、廖承琪、赵文胜、李西宁、刘争宏也奔赴现场。

这个项目条件非常艰苦，我们的人员到现场要自己动手清理场地，在荒野中搭帐篷露营，帐篷外常常会出没各种毒蛇猛兽。有一天晚上，项目经理杨永林熟睡时床下竟然爬进去一条蛇，第二天起床后他才发现，大家合力打死的是条 2 米长的毒蛇。

2011 年下半年，唐国艺带队在非洲南部进行社会住房项目勘察试验。试验现场位于当地一个坟场，由于安哥拉当地下葬属于浅葬，有些尸骨还裸露在地面！就是在这样一个特殊的环境下，他们依然在坟场里坚持开展了 3 个月的现场试验！

2012 年 4 月，夏玉云在津巴布韦开展项目考察，却遭遇了重大危险。他白天工作了一整天，深夜在室内休息时突然遭到当地强盗抢劫并被打伤，幸亏他从容应对，才好不容易躲过了"死神"！

非洲大陆和我国距离上万公里，由于时差，常常项目现场在施工，而国内已经深夜。开展国际业务 20 年里，我晚上睡觉电话从不敢关机，但我更担心深夜接到国外打来的电话。2012 年 5 月的一个晚上，手机突然响起，安哥拉分院院长廖燕宏在安哥拉现场告诉我，我们市政项目的现场负责人——中国联合工程有限公司市政院的副院长唐苍松同志因交通事故当场牺牲。他是我们唯一一个把生命奉献在海外的战友！那一夜我彻夜未眠，至今脑海中总是浮现与他共事的情景以及他家人接到噩耗的种种反应……

在非洲开展工程建设的岁月里，我们的岩土工程业务取得了丰硕的成果，机勘院的同志们也为此做出了非常多的牺牲和奉献。可以说《非洲红砂工程特性研究与应用》这本书对非洲红砂湿陷特性和水敏特性所形成的这些认识，是大家顽强拼搏、不懈奋斗的结果，凝聚了机勘院几代人的心血！

（三）

截止 2019 年底，机勘院已经在海外承接了以岩土工程为主的各类项目二百多项，足迹遍布全球六十多个国家。

这背后，一件件机勘院劳动者们攻坚克难的事迹历历在目……

2007 年上半年开始的柬埔寨达岱水电站工程地质勘测项目，应该是我院在海外遇到最艰难的项目之一。该项目位于柬泰边境柬方一侧的原始森林里，方圆 50 公里没有道路，没有饮用水，也没有手机信号，大家在高达 40 米的密林中扛着钻探测绘设备砍树前进，而地上、树上到处都是随时来袭的蚂蟥，且疟疾、登革热在当地盛行。年过七旬的我国水利工程地质专家濮声荣老先生先后 6 次深入现场，与大家在原始森林中并肩奋战数月，张玉守副院长带领戴彦熊、任梦宁、朱显达、王冉、潘东峰、丁吉峰、刘兆惠等一批骨干先后坚守 1 年多，最终圆满完成任务，并创造了显著的社会经济效益。

2011 年初，在委内瑞拉社会住房项目的勘察与地基处理工作中，我与郑建国总工、马晓武、吴学林等同志通过对场地岩土条件的分析，提出了以中国的 CFG 桩取代当地的钢筋混凝土桩的技术方案，经过各种形式的复合地基与桩基的对比试验，让委内瑞拉住房部的专家及审图机构采纳了中国方案，并在其后的国防部大楼等一些重大工程中推广应用。

2012 年，在夏玉云、张玉守和王冉等同志负责伊拉克萨拉哈丁燃油电站岩土工程勘察过程中，经充分的分析论证，该电站所有建筑物均科学地采用天然地基，取代了战前伊拉克当地勘察单位提出的桩基方案，在保证项目安全性的同时，为项目节约成本数千万美元，取得了良好的社会经济效益。

……

20 年海外岩土工程的探索与实践，创造了多个中国同行及机勘院"第一"，相关成果得到了当地政府和人民的认可和赞誉，这些项目在帮助当地实现发展的同时，持久见证着我国与"一带一路"沿线国家的深厚友谊。机勘院也随之快速发展，年营收从几千万到十多亿元，从单一的工业与民用建筑勘察院迅速成长为拥有国内国际两个市场，集勘察、设计、测绘、检测、环境工程、工程总承包六大专业领域于一体的大型综合勘察设计企业。

这些伟大的奋斗故事，都是我们一起用劳动谱写而成的。在走向海外、融入"一带一路"的伟大进程中，作为一个与大家一起奋斗过的劳动者，我特别致敬那些为此付出汗水、青春、健康、甚至生命的所有劳动者们！

张炜

2021 年五一国际劳动节

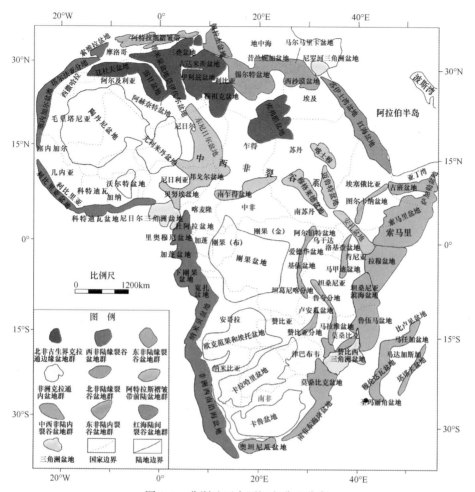

图 1.3 非洲地区主要沉积盆地分布

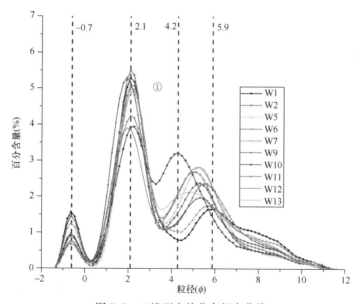

图 5.5 三峰型自然分布频率曲线

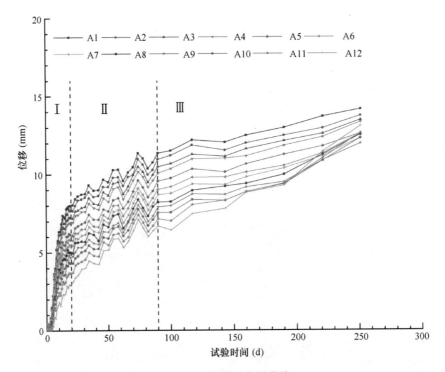

图 7.23　测线 A 变形曲线

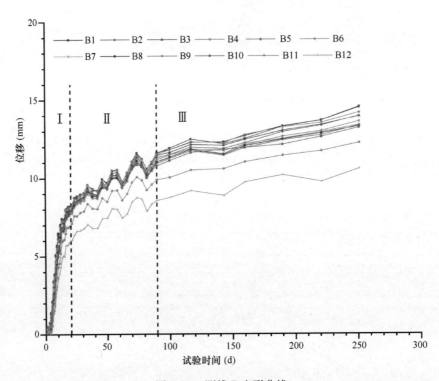

图 7.24　测线 B 变形曲线

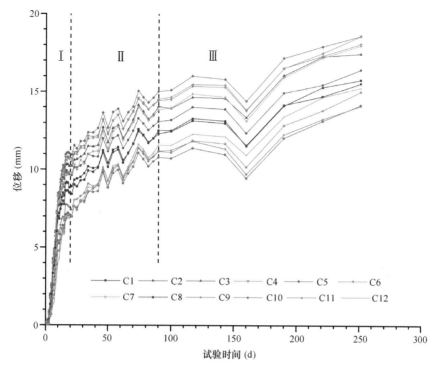

图 7.25　测线 C 变形曲线

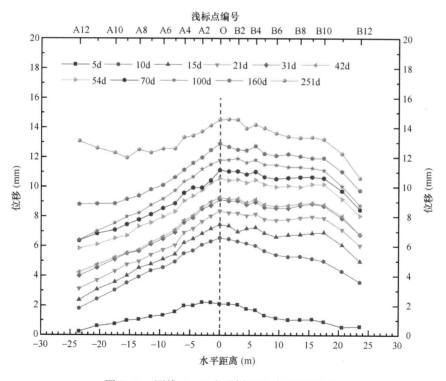

图 7.26　测线 A～B 变形剖面随时间变化曲线

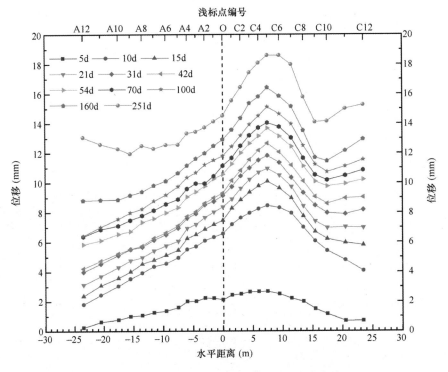

图 7.27 测线 A～C 变形剖面随时间变化曲线

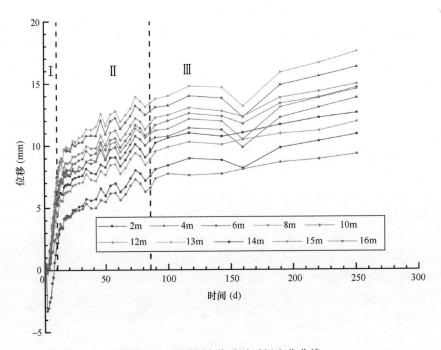

图 7.28 不同深度位移随时间变化曲线

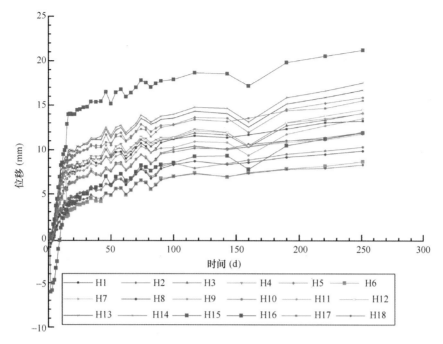

图 7.29　不同深标点位移随时间变化曲线

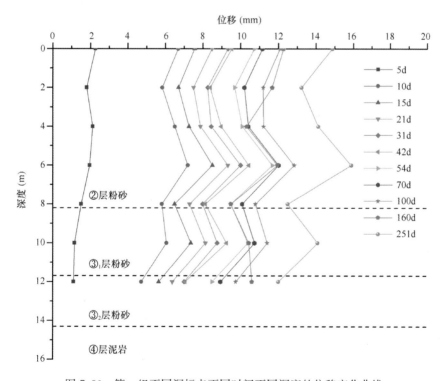

图 7.30　第一组不同深标点不同时间不同深度的位移变化曲线

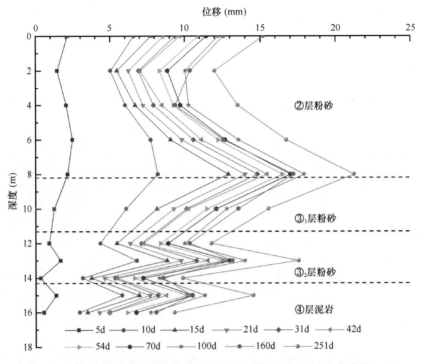

图 7.31　第二组不同深标点不同时间不同深度的位移变化曲线

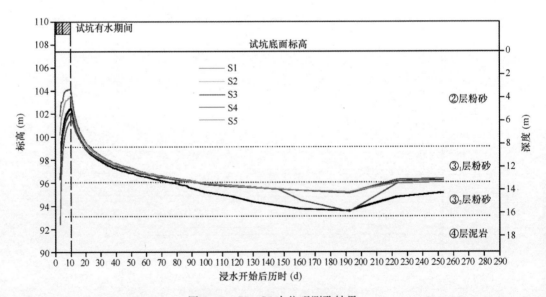

图 7.37　S1～S5 水位观测孔结果

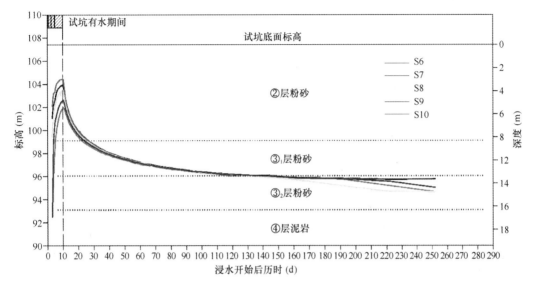

图 7.38　S6～S10 水位观测孔结果

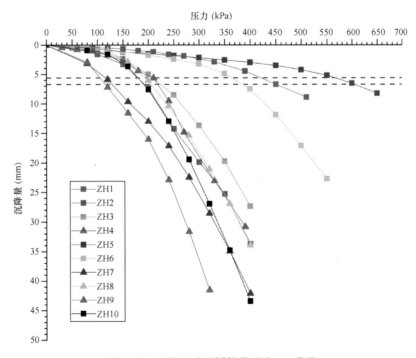

图 8.13　天然红砂不同载荷试验 p-s 曲线

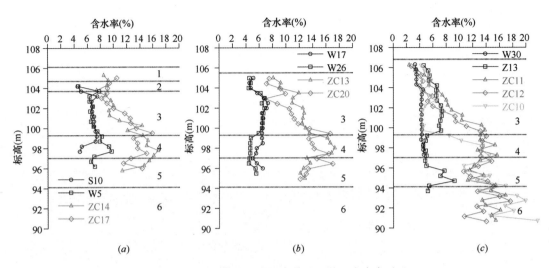

图 9.27 G+4 模型试验浸水前后地基土含水率对比

(a) 试坑内垫层区；(b) 试坑内天然土区；(c) 试坑外

1—房心、肥槽回填土；2—换填土垫层；3—②层粉砂；4—③₁层粉砂；5—③₂层粉砂；6—④层砂岩、泥岩

注：受钻探时间影响，上部土体含水率较浸水过程中有所降低。

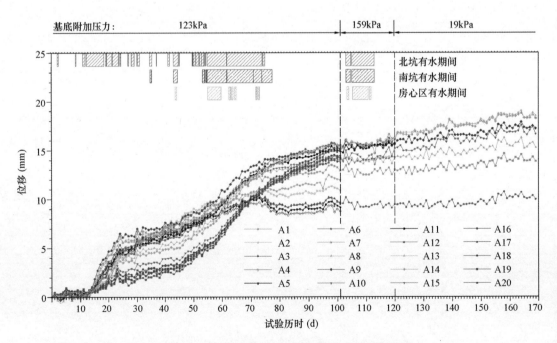

图 9.29 G+4 模型试验 A 系列标点变形随时间曲线

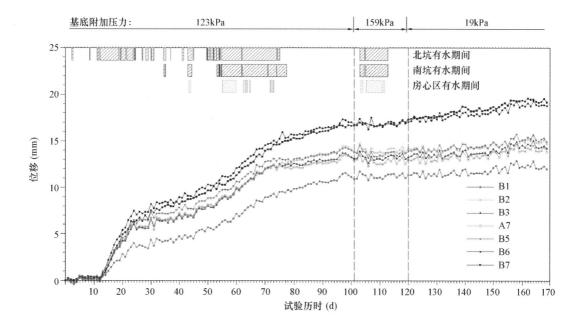

图 9.30　G+4 模型试验 B 系列标点变形随时间曲线

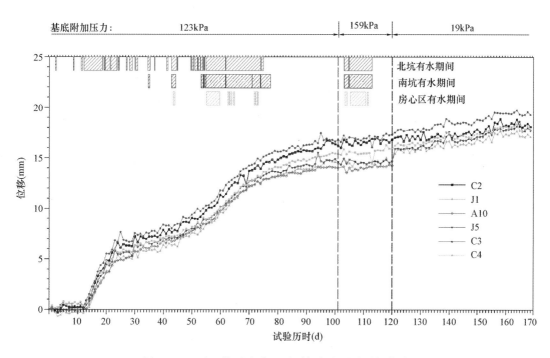

图 9.31　G+4 模型试验 C 系列标点变形随时间曲线

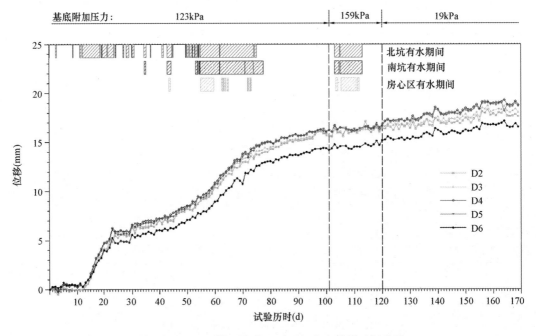

图 9.32　G+4 模型试验 D 系列标点变形随时间曲线

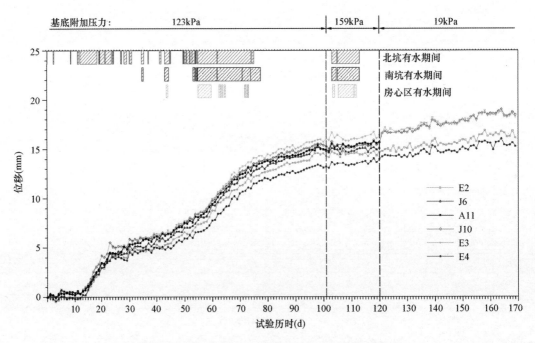

图 9.33　G+4 模型试验 E 系列标点变形随时间曲线

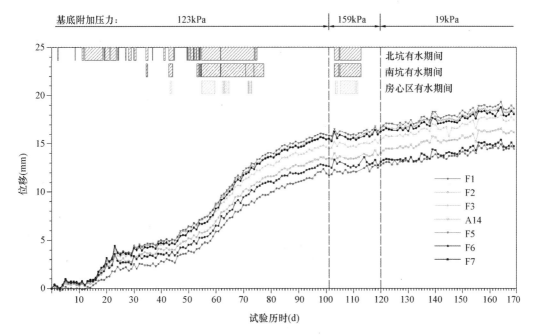

图 9.34　G＋4 模型试验 F 系列标点变形随时间曲线

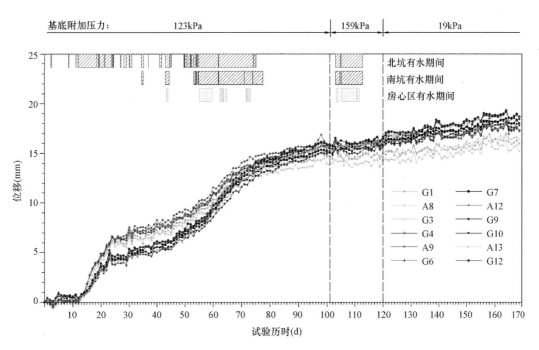

图 9.35　G＋4 模型试验 G 系列标点变形随时间曲线

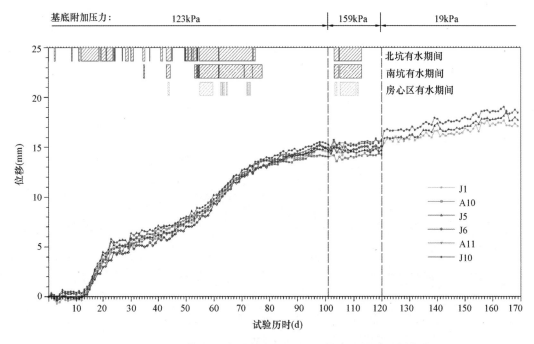

图 9.36　G＋4 模型试验 J 系列（基础上）标点变形随时间曲线

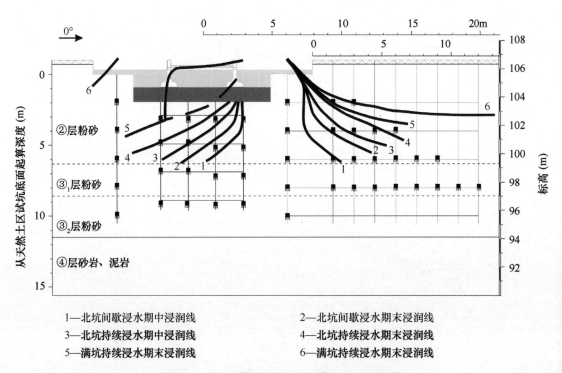

1—北坑间歇浸水期中浸润线　　　　　　2—北坑间歇浸水期末浸润线
3—北坑持续浸水期中浸润线　　　　　　4—北坑持续浸水期末浸润线
5—满坑持续浸水期末浸润线　　　　　　6—满坑持续浸水期末浸润线

图 9.49　G＋8 模型试验不同时期地基土浸润线

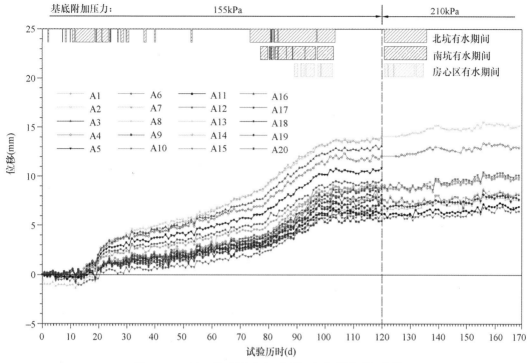

图 9.52　G+8 模型试验 A 系列标点变形随时间曲线

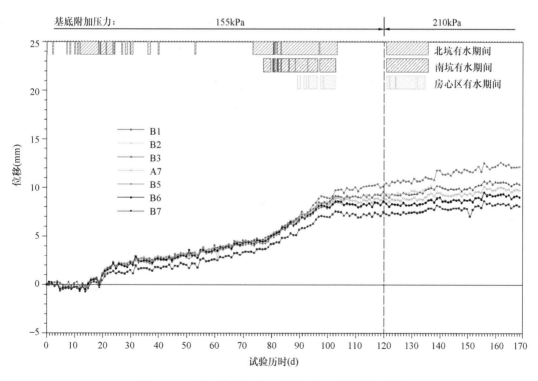

图 9.53　G+8 模型试验 B 系列标点变形随时间曲线

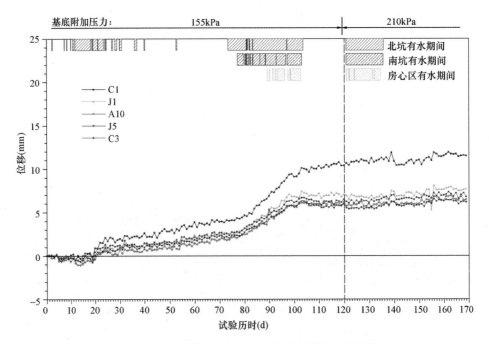

图 9.54　G+8 模型试验 C 系列标点变形随时间曲线

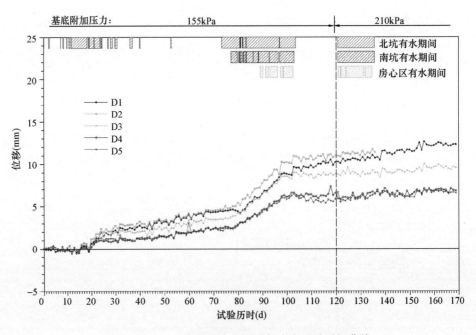

图 9.55　G+8 模型试验 D 系列标点变形随时间曲线

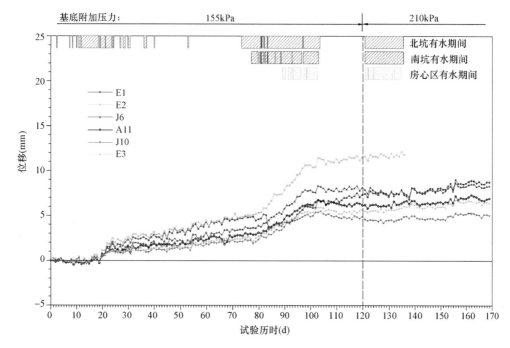

图 9.56　G＋8 模型试验 E 系列标点变形随时间曲线

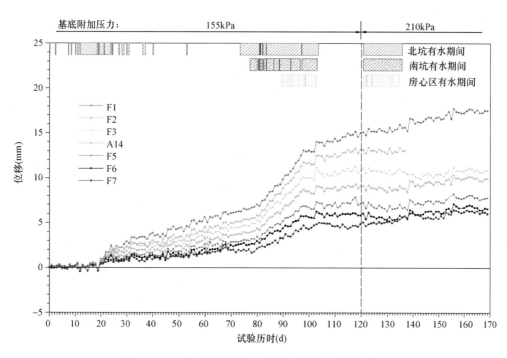

图 9.57　G＋8 模型试验 F 系列标点变形随时间曲线

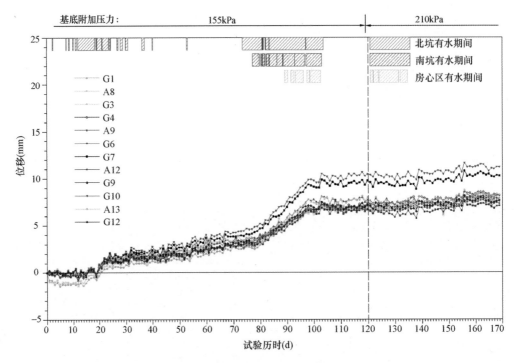

图 9.58　G+8 模型试验 G 系列标点变形随时间曲线

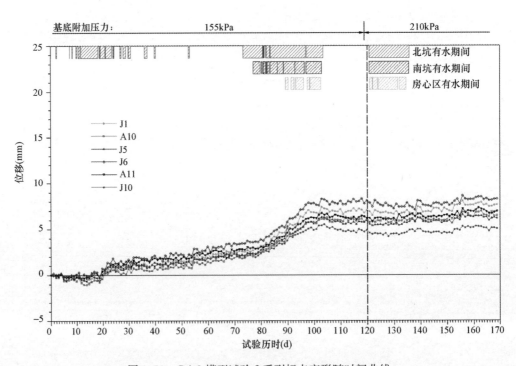

图 9.59　G+8 模型试验 J 系列标点变形随时间曲线